U0885501

"十四五"职业教育机电类专业系列教材

数控车削编程基础与技能实训

主　编◎徐会兰　孟宪磊
副主编◎贺军鹏　张　洁　杨　梅

中国铁道出版社有限公司
CHINA RAILWAY PUBLISHING HOUSE CO., LTD.

内容简介

本书遵循理实一体的教学模式，以岗位职业能力培养为出发点，精心选取车削加工基础理论知识、数控车削编程知识及技能实训项目。

本书内容包括两部分，一是车削加工理论知识和数控车削编程，二是数控车削技能实训。车削加工理论知识和数控车削编程包括数控机床概述、数控车削加工基础知识、数控车削编程、数控车削加工工艺基础知识。数控车削技能实训部分是根据企业生产需求，融入企业产品典型元素，精心设计实训项目，项目设置层次性、工艺性强，内容由易到难、层层递进，同时还增加了知识链接，很好地补充了数控加工的相关知识。

本书适合作为中等职业学校数控技术应用专业和模具制造技术专业的教材。

图书在版编目（CIP）数据

数控车削编程基础与技能实训/徐会兰，孟宪磊主编．—北京：中国铁道出版社有限公司，2022．2

"十四五"职业教育机电类专业系列教材

ISBN 978-7-113-28587-6

Ⅰ．①数… Ⅱ．①徐… ②孟… Ⅲ．①数控机床-车床-车削-程序设计-职业教育-教材②数控机床-车床-加工-职业教育-教材 Ⅳ．①TG519．1

中国版本图书馆 CIP 数据核字（2021）第 242502 号

书　　名：数控车削编程基础与技能实训
作　　者：徐会兰　孟宪磊

策　　划：徐海英　　　　**编辑部电话：**(010)63560043
责任编辑：何红艳　包　宁
封面设计：曾　程
封面制作：郑春鹏
责任校对：安海燕
责任印制：樊启鹏

出版发行：中国铁道出版社有限公司（100054，北京市西城区右安门西街 8 号）
网　　址：http://www.tdpress.com/51eds/
印　　刷：北京联兴盛业印刷股份有限公司
版　　次：2022 年 2 月第 1 版　2022 年 2 月第 1 次印刷
开　　本：787 mm×1 092 mm　1/16　**印张：**12．75　**字数：**336 千
书　　号：ISBN 978-7-113-28587-6
定　　价：38．00 元

前 言

随着我国数控技术的不断发展和应用领域的扩大，需要一批既懂数控设备、数控加工基本知识及数控编程知识，又能熟练操作数控设备、工件质量检测的高素质技能人才。本书内容融入数控车削加工新设备、新工艺、新方法。根据企业生产需求，重点培养学生编程能力和数控加工工艺分析能力，提高学生的机床操作水平，培养数控技术应用专业高技能人才。

本书是在遵循"学中做，做中学，理实一体"的教学模式下编写而成。精心选取理论知识内容，合理设计实训项目，注重学生技能培养。本书内容包括两部分，一是车削加工理论知识和数控车削编程，二是数控车削技能实训。车削加工理论知识和数控车削编程包括了数控机床概述、数控车削加工基础知识、数控车削编程、数控车削加工工艺基础知识。数控车削技能实训部分是根据企业生产需求，融入企业产品典型元素，精心设计实训项目，项目设置由浅入深、内容由简单到复杂、层层递进，同时还增加了常用量具及使用方法。

在本书编写过程中，注重教材的科学性、实用性和创新性，有利于丰富学生理论知识、有利于拓宽学生专业能力、有利于学生自主选择加工项目、有利于提高学生专业技能水平，有利于培养学生创新能力。数控车削加工理论知识为基础，做到目标明确，内容全面，突出能力，学做一体。

本书由"山东省职业教育技艺技能传承创新平台（模具加工技能传承创新平台）"资助出版。

本书由徐会兰、孟宪磊任主编，贺军鹏、张洁、杨梅任副主编。徐会兰编写了第1章、第2章，孟宪磊编写了第3章、第4章；孟宪磊、贺军鹏、张洁、杨梅编写了第5章。

由于编者水平和经验有限，书中难免有欠妥之处，恳请读者批评指正。

编 者
2021年10月

目　录

第 1 章 数控机床概述

数控技术是用数字信息对机械运动和工作过程进行控制的技术，它是集传统的机械制造技术、计算机技术、现代控制技术、传感检测技术、网络通信技术和光机电技术等于一体的现代制造业的基础技术，具有高精度、高效率、柔性自动化等特点。

本章主要介绍以下几方面内容：

1. 常见数控车床的型号及各代码的含义，数控车削的加工过程。
2. 数控机床的组成，数控机床的分类。
3. 数控加工技术，数控机床的产生，数控技术的发展。
4. 数控机床的主要性能指标。

1.1 数控车床简介

1.1.1 数控车床

数控是数字控制（Numerical Control，NC）的简称，是用数字化信号进行自动控制的技术，一般把用这种技术实现的数控车床称为 NC 车床。随着数控技术的发展，现代数控系统采用微处理器中的程序（软件）来实现逻辑控制，实现全部或部分数控功能，称为计算机数控（Computer Numerical Control）系统，简称 CNC 系统，具有 CNC 系统的车床称为 CNC 车床。目前人们提及的数控车床一般指 CNC 车床。

图 1-1 所示为卧式数控车床外形图。

图 1-1 卧式数控车床外形图

1.1.2 数控车床型号代码的含义

1. 数控车床 CKA6150 各代码的含义说明

数控车床 CKA6150 各代码的含义如下：

C：车床；

K：数控；

A：改型；

6：落地及卧式车床组；

1：卧式车床系；

50：床身上最大工件回转直径的 1/10（500 mm）。

2. 数控车床 CJK6140A 各代码的含义说明

C:车床;

J:经济型;

K:数控;

6:落地及卧式车床组;

1:卧式车床系;

40:床身上最大工件回转直径的 1/10(400 mm);

A:改型。

1.1.3 数控车削的加工过程

数控车削的加工过程如图 1-2 所示。其主要步骤是:

①分析被加工零件图样中的零件形状、尺寸、材料及技术要求等。

②制定零件加工的工艺过程、刀具相对零件的运动轨迹、切削参数及辅助动作顺序等。对零件图样尺寸进行数学计算。

③按规定的代码和程序格式,用手工编程或计算机自动编程的方法,编写零件加工程序。

④通过车床操作面板将加工程序输入数控装置,或通过纸带、磁带输入,或通过机床通信接口输入。

⑤在数控车床上对输入的程序进行校验,检查修改程序。

⑥程序检验无误后,完成首件试切,将准确无误的程序存盘。

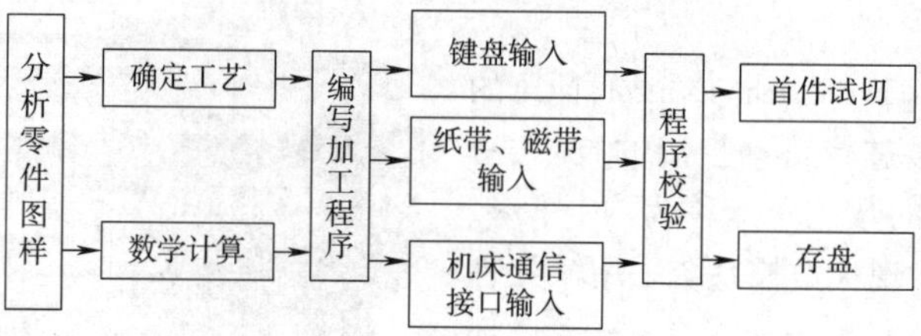

图 1-2 数控车削的加工过程示意图

1.2 数控机床的组成、分类及其功能

1.2.1 数控机床的组成

数控机床一般由输入/输出装置、CNC 装置、伺服单元、驱动装置(又称执行机构)、可编程控制器(PLC)、电气控制装置、辅助装置、机床本体及测量装置组成。图 1-3 所示为数控机床的组成框图。其中除机床本体之外(虚线框内)的部分统称为 CNC 系统。

1. 输入/输出装置

输入装置的作用是将程序载体上的数控代码变成相应的电脉冲信号,传送并存入数控装置内。目前,数控机床的输入装置有键盘、磁盘驱动器、光电阅读机等,其相应的程序载体为磁盘。

各种类型数控机床中最直观的输出装置是显示器,有 CRT 显示器和彩色液晶显示器两种。数控系统通过显示器为操作人员提供必要的信息,显示器的信息是正在编辑的程序、坐标值、报警信号等。

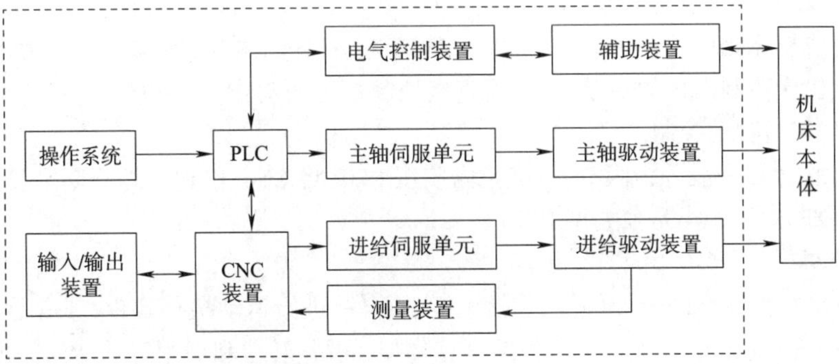

图 1-3　数控机床的组成

因此，输入/输出装置是机床数控系统和操作人员进行信息交流所必须具备和必要的交互设备。

2. 数控装置

数控装置（又称计算机数控装置、CNC 装置）是计算机数控系统的核心，它接收的是输入装置送来的脉冲信号。信号经过数控装置的系统软件或逻辑电路进行编译、运算和逻辑处理后，输出各种信号和指令，控制机床的各个部分，使其进行规定的、有序的动作。这些控制信号中最基本的信号是经插补运算决定的各坐标轴（即做进给运动的各执行部件）的进给速度、进给方向和位移量指令（送到伺服驱动系统驱动执行部件做进给运动），其他还有主轴的变速、换向和启停信号，选择和交换刀具指令信号，控制冷却液、润滑油启停，工件和机床部件松开、夹紧，分度工作台转位的辅助指令信号等。

数控装置主要包括微处理器（CPU）、存储器、局部总线、外围逻辑电路以及与 CNC 系统的其他组成部分联系的接口等。

3. 伺服单元

伺服单元接收来自数控装置的速度和位移指令。这些指令经变换和放大后通过驱动装置转换成执行部件进给的速度、方向和位移。因此，伺服单元是数控装置和机床本体的联系环节，它把来自数控装置的微弱指令信号放大成控制驱动装置的大功率信号。根据接收指令的不同，伺服单元有脉冲式单元和模拟式单元之分。伺服单元就其系统而言又有开环系统、半闭环系统和闭环系统之分，其工作原理也有所差别。

4. 驱动装置

驱动装置把经过放大的指令信号变为机械运动，通过机械连接部件驱动机床工作台，使工作台精确定位或按规定的轨迹做严格的相对运动，加工出形状、尺寸与精度都符合要求的零件。和伺服单元相对应，驱动装置有步进电动机、交流伺服电动机等。

伺服单元和驱动装置可合称为伺服驱动系统，它是机床工作的动力装置，用以实施计算机数控装置的指令，所以，伺服驱动系统是数控机床的重要组成部分。从某种意义上说，数控机床的功能主要取决于数控装置，而数控机床的性能主要取决于伺服驱动系统。

5. 可编程控制器

可编程控制器又称可编程逻辑控制器（Programmable Logic Controller，PLC）。

数控机床的控制是通过 CNC 和 PLC 的协调配合完成的。其中 CNC 主要完成与数字运算和管理等有关的功能，如零件程序的编译、插补运算、译码、位置伺服控制等。PLC 主要完成与逻辑运算有关的一些动作，而没有轨迹上的具体要求。它接收 CNC 的控制代码 M（辅助功能）、S（主轴转速)、T(选刀、换刀)等顺序动作信息,对顺序动作信息进行译码,转换成对应的控制信号,控制辅助装置完成机床相应的开关动作,如工件的装夹、刀具的更换、冷却液的开关等一些辅助动作。它还接收机床控制面板的指令,一方面直接控制机床的动作,另一方面将一部分指令送到数控装置,用于加工过程的控制。

数控机床的 PLC 一般分为两类:一类是内装型 PLC,将 CNC 和 PLC 综合起来设计,即 PLC 是 CNC 装置的一部分;另一类是独立型 PLC。

6. 机床本体

机床本体即数控机床的机械部件,包括主运动部件、进给运动执行部件(工作台、拖板及其传动部件)和支撑部件(床身立柱等),还包括具有冷却、润滑、转位和夹紧等功能的辅助装置。加工中心类的数控机床还有刀库、交换刀具的机械手等部件。数控机床机械部件的组成与普通机床类似,但是,由于数控机床的高速度、高精度、大切削用量和连续加工等要求,其机械部件在精度、刚度、抗振性等方面的要求更高。因此,近年来在设计数控机床时采用了许多新的加强刚性、减小热变形、提高精度等方面的措施。

1.2.2 数控机床的分类

数控机床的种类很多,常见的分类有以下几种。

1. 按工艺用途分类

(1)普通数控机床。包括数控车床、数控铣床、数控镗床、数控钻床、数控磨床等,而且每种类型中又有很多品种。

(2)加工中心机床。加工中心是在普通数控机床上加上刀库和自动换刀装置,工件经一次装夹后,可进行多道工序的集中加工,减少了工件装卸次数、更换刀具等辅助时间,机床的生产效率较高。

(3)多坐标数控机床。数控装置可同时控制 3 个以上坐标轴的数控机床称为多坐标数控机床。多坐标数控机床常见的是 4 ~ 6 个坐标,能加工复杂形状的零件,如螺旋桨、汽轮机叶片。

(4)数控特种加工机床。如数控线切割机床、数控电火花机床、数控激光切割机床等。

2. 按运动方式分类

(1)点位控制数控机床。这类机床的数控装置只控制机床移动部件从一个点位精确地移到另一个点位,而对它们的运动轨迹没有严格要求,在移动过程中不进行任何加工,如图 1-4(a)所示,常见的有数控钻床、数控冲床等。

(2)直线控制数控机床。直线控制数控机床的数控装置不仅要控制两点间的准确位置,还要控制移动速度和轨迹。刀具相对于工件移动时进行切削加工,其轨迹是平行于机床坐标轴的直线,如图 1-4(b)所示,常见的有数控车床、数控磨床和数控铣床等。

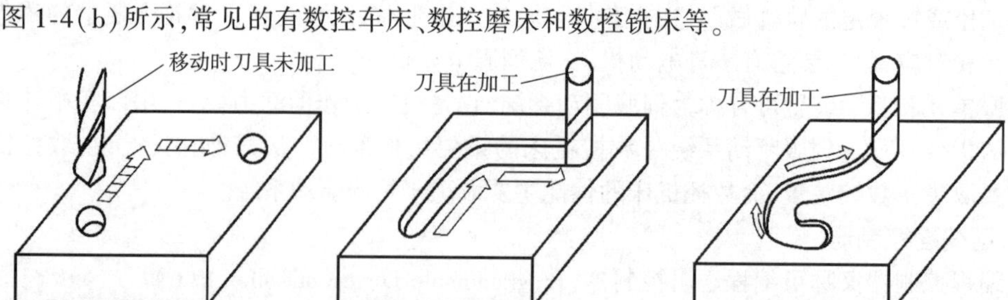

(a)点位控制　(b)直接控制　(c)连续控制

图 1-4　控制运动方式分类

(3)连续控制数控机床。连续控制数控机床的数控装置能够同时对两个以上坐标轴的位移和速度,进行连续相关的控制,加工出符合图样要求的复杂形状的零件,如图 1-4(c)所示,常见的有数控车床、数控铣床、加工中心等。

3. 按伺服系统的控制方式分类

(1)开环控制系统的数控机床。开环控制系统的数控机床没有位置检测装置,通常使用步进电动机作为执行元件,如图 1-5 所示。机床加工精度低,但是系统结构简单,工作平稳,容易调试和维修,成本低,常用于经济型数控机床。

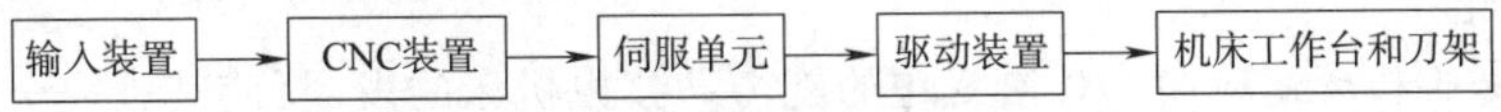

图 1-5　开环控制数控机床工作原理

(2)闭环控制系统的数控机床。闭环控制系统的数控机床在机床移动部件上装有位置检测装置,如图 1-6 所示。在加工中,随时将测量到的实际位移量反馈到数控装置中,与输入的指令位移值进行比较,及时消除误差,直到实现位移部件的最终定位。其特点是加工精度很高,但设计和调整困难,主要用于一些精度要求较高的数控镗床、铣床、超精车床和加工中心等。

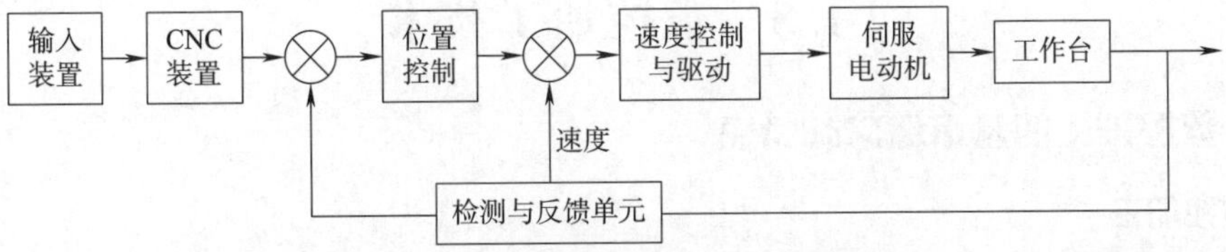

图 1-6　闭环控制数控机床工作原理

(3)半闭环控制系统的数控机床。将位置检测装置安装在驱动电动机或传动丝杠的端部,间接测量执行部件的实际位置或位移,如图 1-7 所示。其精度低于闭环系统,但测量装置结构简单,安装调试方便,常用于中档数控机床。

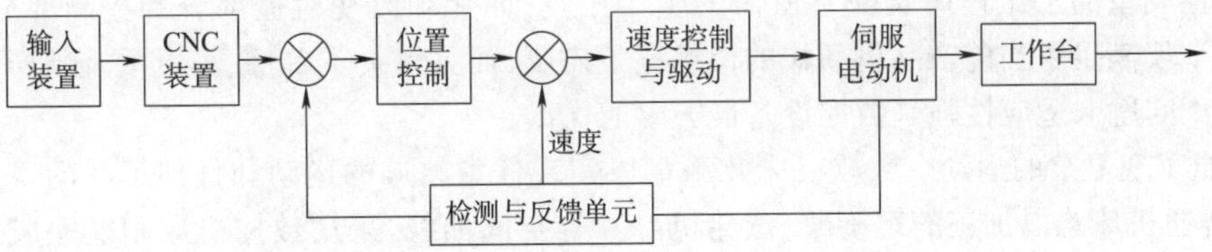

图 1-7　半闭环控制数控机床工作原理

1.2.3　数控机床的功能特点

数控机床在各行业得以日益广泛应用和迅速发展的主要原因,是数控机床具有如下特点。

1. 高速化与高精度化

数控机床高速化,是指计算机系统读入加工指令数据后能高速处理并计算出伺服电动机的移动量,伺服系统能快速地做出反应。为使数控机床在极短的空行程内由零加速到较高速度并在高速下保持高定位精度,必须具有高加速度、高精度的位置检测系统和伺服品质。数控机床加工精度的提高,一般通过减少数控系统的误差和采用补偿技术来达到。

2. 复合化

复合化包含工序复合化和功能复合化。例如,工件在一台设备上一次装夹后,可通过自动换刀等各种措施来完成多工序和多表面的加工。

3. 小型与开放式结构

机电一体化设备对CNC装置提出了小型化的要求,以便将机、电装置融为一体。目前,许多CNC采用的是最新的大规模集成电路(LSI)、新型TFT彩色液晶显示器和表面封装技术,实现了三维立体装配。

4. 高柔性化

柔性是指数控机床适应加工对象变化的能力。数控机床的发展,使其已完全能满足加工对象的变化。在提高单机柔性化的同时,数控机床也朝着单元柔性化和系统柔性化方向发展。

5. 智能化

随着人工智能的不断发展,为了适应制造业生产柔性化、自动化的需要,数控机床智能化程度也不断提高。例如,应用自适应控制技术,引入专家系统指导加工;加强故障自诊断功能;研究智能化交流伺服驱动装置等。

1.3 数控加工技术

1.3.1 数控加工的基本概念和特点

1. 数控加工

数控加工,即采用数控机床加工零件的方法。数控加工是随着数控机床的产生、发展而逐步完善的一种应用技术,它是人们长期从事数控加工实践的经验总结。

2. 数控加工的特点

与传统机械加工方法相比,数控加工具有以下特点。

(1)适应性强。数控机床在生产过程中是按照数控指令进行工作的,当生产对象改变时,只需改变数控设备的工作程序及配备所需的生产工具,而无须改变机械部分和控制部分的硬件。这一特点不仅满足了当前产品更新快的市场竞争需要,而且解决了单件、小批量及新产品试制的自动化生产问题。适应性强是数控设备最突出的优点。

(2)能实现复杂的运动。数控机床几乎可以实现任意轨迹的运动和任何形状的空间曲面的加工,如普通机床难以加工的螺旋桨、汽轮机叶片等空间曲线,采用数控机床则能完成这些曲面的加工。

(3)精度高,质量稳定。数控机床是按照预定的程序自动工作的,消除了操作者人为产生的错误,因而产品的生产质量十分稳定;而且数控机床的机械部分具有较高的动态精度,数控装置的脉冲当量(分辨率)可达0.001 mm,还可通过实时检测反馈修正误差或补偿获得更高的精度。因此,数控机床可以获得比设备自身精度还高的加工精度。

(4)生产率高。产品的生产时间主要包括工艺时间和辅助时间。数控机床可有效地减少这两部分时间。就数控机床而言,可采用大功率高速切削,缩短工艺时间;还可配备自动换刀装置、检测装置及交换工作台,减少工件的装卸次数和其他辅助时间,从而明显地提高生产效率。

(5)减轻劳动强度,改善劳动条件。数控机床在生产过程中不需要人工干预,又可在恶劣的环境下自动进行加工,从而降低了工人的劳动强度,并极大地改善了劳动条件。

(6)有利于生产管理。数控机床使用数字信息与标准代码处理、传递信息,有利于与计算机连接，构成由计算机控制、管理的生产系统，为产品的设计、制造及管理一体化奠定了基础。

1.3.2　数控机床的产生和数控机床的发展

1952 年，美国麻省理工学院成功地研制出一套三坐标联动，利用脉冲乘法器原理的试验性数字控制系统，并把它装在一台立式铣床上，当时用的电子器件是电子管，这就是第一代，也是世界上第一台数控机床。

1959 年，计算机行业研制出晶体管器件，因而数控系统中广泛采用晶体管和印制电路板，从而跨入第二代数控机床。1959 年 3 月，由卡耐 · 特雷克公司（Keaney & Trecker）发明了带有自动换刀装置的数控机床，称为“加工中心”。

从 1960 年开始，其他一些国家，如德国、日本陆续开发、生产及使用了数控机床。

1965 年，出现了小规模集成电路。由于它的体积小，功耗低，使数控系统的可靠性得以进一步提高，数控系统发展到第三代。

以上三代都属于普通数控机床（简称 NC 机床），它们均采用专用计算机的硬逻辑数控系统。

1967 年，英国首先把几台数控机床的硬逻辑连接成具有柔性的加工系统，这就是最初的 FMS（Flexible Manufacturing System，柔性制造系统）。之后，美国、日本及欧洲其他一些国家也相继进行了开发和使用。随着计算机技术的发展，小型计算机的价格急剧下降。小型计算机开始取代专用数控计算机，数控的许多功能由软件程序实现，这样组成的数控系统称为计算机数控系统（CNC）。1970 年，在美国芝加哥国际展览会上，首次展出了这种系统，称为第四代数控系统。

1970 年后，美国英特尔（Intel）公司开发和使用了微处理器。1974 年，美国、日本等首先研制出以微处理器为核心的数控系统。随后的 20 多年，微处理器数控系统的数控机床得到了飞速发展和广泛应用，这就是第五代数控系统（MNC）。

20 世纪 80 年代初，国际上又出现了柔性制造单元（Flexible Manufacturing Cell，FMC）。FMC 和 FMS 被认为是实现 CIMS（Computer Integrated Manufacturing System，计算机集成制造系统）的必经阶段和基础。

20 世纪 90 年代末，华中数控自主开发出基于 PC-NC 的 HNC 数控系统，达到了国际先进水平，加大了我国数控机床在国际上的竞争力。

未来数控机床的类型将更加多样化，多工序集中加工的数控机床品种越来越多；激光加工等技术将应用在切削加工机床上，从而扩大多工序集中的工艺范围；数控机床的自动化程度更加提高，并具有多种监控功能，从而形成一个柔性制造单元，更加便于纳入高度自动化的柔性制造系统中。

1.3.3　数控机床的发展趋势

随着计算机技术、测试技术、微电子技术、材料和机械结构各个方面的高速发展，国内外对数控技术的研究不断取得新成果，并出现了新的发展趋势。

（1）主控机向着多位的微处理器化发展。即越来越多的数控机床采用 32 位或 64 位微机，从而提高了数控系统的运算处理速度和能力。一般的数控系统都有远距离通信接口，高档系统还有 DNC 接口，便于实现数据通信、联网与控制。

（2）数控装置向着集成化和智能化的方向发展。新一代数控系统大量采用大规模及超大规模集成电路、表面安装技术，使整个系统小型化、经济、可靠，还引进了专家系统和知识库，增加了人工智能的功能，从而提高了排除故障的能力和加工精度。

(3)数控系统采用了模块化结构。即采用了模块化和总线结构,更加通用、方便,开放式模块化结构,便于各种功能的综合和扩展。

(4)数控编程更加图形化和自动化。无论是脱机编程,还是联机编程,其编程系统的功能更加强大。图形输入、轨迹生成与动态模拟等形象直观高效方法的采用,测量、编程、加工一体化的实现使数控编程更为方便、高效。

(5)数控系统更加可靠和拟人化。由于从数控系统的可靠性设计开始,实施了一整套的质量保证体系,采用了集成化结构、超大规模集成电路、表面安装工艺新技术等,使现代数控系统平均无故障时间已经达到了3万小时,可靠性大为提高。

(6)数控机床加工过程中进行检测和监控越来越普遍。如采用红外线、超声、激光检测装置,对刀具和工件进行在线检测。若发现工件超差、刀具磨损、破损可及时报警。

(7)自适应控制技术广泛应用。自适应控制的数控机床,能随着加工过程中条件的变化,自动调节工作参数,如伺服系统的参数、切削用量等,使加工过程达到或接近最佳状态。

1.4 数控机床的主要性能指标

从某种意义上说,数控机床的功能主要取决于数控装置,而数控机床的性能主要取决于伺服驱动系统。伺服系统是把数控信息转化为机床进给运动的执行机构。为确保机床的加工质量和效率,机床对伺服系统有严格的要求,概括为“稳、准、快、宽、足”五个字,即伺服系统的稳定性、准确性、快速响应性、宽的调速范围和足够的输出转矩或驱动功率五项主要性能指标。

1. 稳定性

稳定性是指系统在给定输入的外界干扰作用下,能在短暂的调节过程后,达到新的或恢复到原来的平衡状态。对伺服系统要求有较高的抗干扰能力,保证进给速度均匀、平稳,保证电源、环境、负载、速度变化等所产生的波动对其影响甚小,从而满足数控加工时,零件的尺寸精度、表面粗糙度和加工一致性的要求。

2. 准确性

伺服系统的准确性是指指令脉冲要求机床工作台进给的位移量和该指令脉冲经伺服系统转化为工作台实际位移量之间的符合程度,也称为位移的精度。两者误差越小,伺服系统精度越高。通常,伺服系统的准确性包括以下几个方面。

(1)定位精度。即要求定位位置与实际的定位位置所偏离的分散范围,也就是指工作台由一端移到另一端时,其指令和实际位移的最大偏差。由于数控机床是按加工程序一次完成加工,中间不可能由操作者进行工件测量,再通过操纵手轮来修正加工偏差,所以进给系统的定位精度直接决定了工件的加工精度。故定位精度是考核机床精度的一项至关重要的性能指标。一般数控机床伺服系统的定位精度为0.001~0.01 mm。

(2)重复定位精度。即重复定位时,实际定位位置在某一范围的精度。它影响零件加工的一致性。

(3)分辨率。即定位机构中最小的位置检测量(如0.001 mm),它一般与坐标显示中最小分辨率位数一致。

(4)脉冲当量。即数控系统送到伺服驱动系统的最小指令(即每一脉冲)所代表的位移量,其数值一般与系统分辨率一致,但单位不同。一般数控机床伺服系统的脉冲当量为0.005~0.01 mm/脉冲。

此外，为了能满足零件的轮廓精度要求，伺服系统还必须要在负载变化时有较强的抗扰动能力和高的调速精度。

3. 快速响应性

快速响应性是伺服系统动态品质的重要指标。它反映了系统的动态精度。机床进给伺服系统实际上就是一种高精度的位置随动系统，它不但要求静态误差小，也要求动态响应快。具体表现在启停的升降过程短，有较高的加速度，即要求系统反应灵敏，有很小的超调量。一般数控机床的加减速过渡时间在 200 ms 以内。

4. 宽的调速范围

调速范围是指生产机械要求电动机能提供的最低转速和最高转速的比值。在数控机床中，由于加工时的刀具、被加工材料的性质及零件加工要求的不同，为了保证在任何情况下都能得到最佳的切削状态（其切削进给速度也不同），因此，要求伺服系统具有足够宽的调速范围。另外，为了提高工效，减少机床辅助运行时间，要求伺服系统在非切削过程中（如换刀），能在保证定位准确的前提下，工作台以最快的速度移动，趋近某一指定位置。对一般数控机床而言，要求进给伺服系统在 1 ~ 254 m/min 进给速度范围内均匀、稳定、无爬行地运行；在 1 m/min 以下具有一定的瞬时速度，且平均速度很低；在零速时，即工作台停止运动时，伺服机构应处于锁住状态。目前较先进的伺服电动机的调速范围已达 1:20 000 以上。

5. 足够的输出转矩和驱动功率

机床加工的特点是，在低速时进行重切削。因此，要求伺服系统在低速时，要有较大的转矩输出，进给坐标的伺服控制属于恒转矩控制；而主轴坐标的伺服控制在低速时为恒转矩输出，在高速时为恒功率输出。

除以上五项主要性能指标外，伺服系统还具有温升低、噪声小、效率高、价格低、控制方便、线性度好（如输出速度与输出电压成线性）、可靠性高、维修保养方便、对温度等环境要求宽等性能要求。

习题

一、填空题

1. CNC 的含义是________。
2. 数控车床的型号代码：C 表示________，K 表示________，50 表示________。
3. 数控机床一般由输入/输出装置、________、________、驱动装置（又称执行机构）、________、________、辅助装置、机床本体及测量装置组成。
4. ________是计算机数控系统的核心。
5. 数控机床按运动方式分为________、________、________三类。
6. 世界上第一代数控机床使用的电子器件是________，第二代使用的电子器件是________，第三代使用的是________。

二、简答题

1. 简述数控车削的加工过程。
2. 说明 CKA6150 数控车床型号代码的含义。
3. 数控机床按伺服系统的控制方式分为哪几类？各有什么特点？
4. 简述数控加工的特点。
5. 简述数控机床的主要性能指标。

第 2 章 数控车削加工基础知识

切削加工是利用切削工具从工件上切除多余材料的加工方法。切削加工包括钳加工和机械加工。钳加工一般是在钳台上以手工工具为主,对工件进行各种加工的方法。通过工人操作机床设备机械的切削加工,称为机械加工。

使用机床进行切削加工,除了要有一定切削性能的切削工具外,还要有机床提供工件与切削工具间所必需的相对运动,这种相对运动应与工件各种表面的形成规律和几何特征相适应。

本章主要介绍各种切削加工方法中与加工质量和生产率有关的一些共性问题:

1. 金属切削运动及切削用量。
2. 数控车削刀具几何型号和角度。
3. 常用数控车削刀具材料及刀具选择原则方法。
4. 金属切削过程的基本理论和规律。
5. 切削用量及切削液的选择方法。
6. 工件在数控车床上的定位装夹。

2.1 数控车削运动与切削用量

2.1.1 金属切削运动及其形成的表面

1. 金属切削过程

金属切削过程是利用金属切削刀具去除零件表面的多余金属或预留金属,使其形成具有一定形状、一定精度和一定表面质量的加工过程。

切削过程必须具备以下 3 个条件。

(1)刀具材料的硬度必须大于被切削工件材料的硬度。

(2)刀具必须具备一定的几何形状,即刀刃要锐利,刀头强度要大。

(3)在切削过程中,刀具与工件必须产生相对运动。

2. 切削运动

切削时,工件与刀具的相对运动称为切削运动。各种切削运动都是由一些简单的运动单元组合而成的。直线运动和回转运动是切削加工的两个基本运动单元,如图 2-1 所示。

切削过程中的运动可以分为主运动、进给运动及合成切削运动。

1)主运动

主运动是刀具将切屑切下来所需要的最基本的运动,是速度最高、消耗功率最大的运动,如车削中工件的旋转运动、铣削中刀具的旋转运动等。

2)进给运动

进给运动是使新的金属层不断投入切削,以便切完工件表面上全部余量的运动。如车削中,车刀相对于工件在纵向和横向上的平移运动;铣削中,工件相对于刀具的纵向、横向、垂直方向的平移运动等。

3)合成切削运动

合成切削运动是由主运动和进给运动合成的运动。

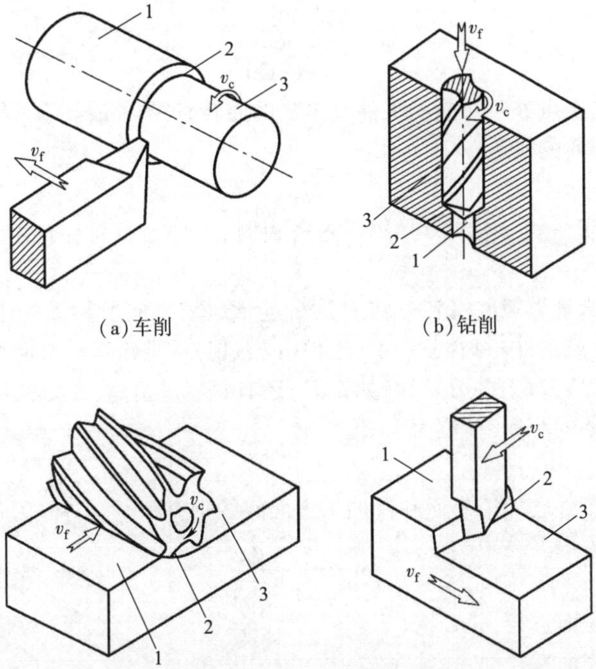

(a)车削　(b)钻削

(c)铣削　(d)刨削

图 2-1　切削运动与加工平面

1—待加工表面;2—过渡表面;3—已加工表面

3. 切削中形成的工件表面

在主运动和进给运动的作用下,工件表面上的一层金属不断地被刀具切下来转化为切屑,因而加工出所需要的工件新表面。在新表面的形成过程中,被加工工件上有三个依次变化着的表面:待加工表面、已加工表面和过渡表面,如图 2-1 所示。它们的含义分别如下。

(1)待加工表面:加工时工件上等待切除的表面。

(2)已加工表面:工件上经刀具切除多余金属后形成的工件新表面。

(3)过渡表面:工件上由切削刃正在形成的那部分表面。它在切削过程中不断变化,位于待加工表面与已加工表面之间。

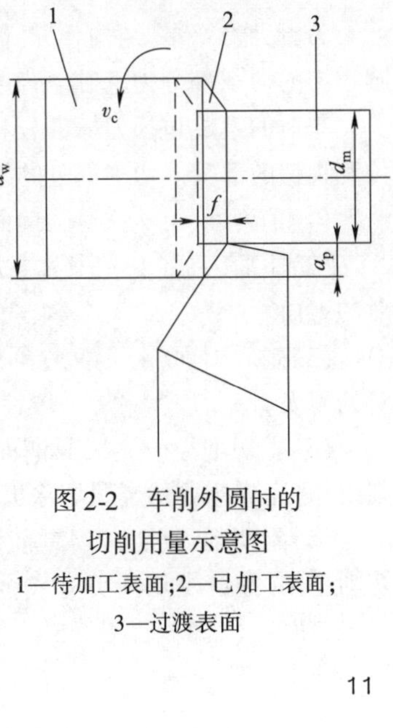

图 2-2　车削外圆时的切削用量示意图

1—待加工表面;2—已加工表面;3—过渡表面

2.1.2　切削用量

切削用量是在切削过程中的切削速度、进给量和背吃刀量的总称。图 2-2 所示为车削外圆时的切削用量示意图。

1. 切削速度 v_c

在进行切削加工时,刀具切削刃上的某一点相对于待加工表面在主运动方向上的瞬时速度称为切削速度。切削速度的单位为 m/min 或 m/s。通常,选定的某一点是瞬时速度(线速度)为最大的点。

$$v_c = \frac{\pi dn}{1\ 000}$$

式中 d——切削刃选定点处所对应的工件或刀具的回转直径,mm;

n——工件或刀具的转速,r/min。

2. 进给量 f

工件或刀具每转或往复一次或刀具每转过一齿时,工件与刀具在进给运动方向上的相对位移称为进给量。

车削外圆时的进给量为工件每转一转刀具沿进给运动方向所移动的距离,单位为 mm/r;刨削时的进给量为工具(或工件)每往复一次,工件(或刀具)沿进给运动方向所移动的距离,单位为 mm/str(毫米/往复行程);对于多刃刀具(如铣刀)还有每齿进给量,即刀具每转过一个刀齿,工件沿进给运动方向所移动的距离,单位为 mm/z。

3. 背吃刀量 a_p

背吃刀量一般指工件已加工表面和待加工表面间的垂直距离。背吃刀量的单位为 mm。

$$a_p = \frac{d_w - d_m}{2}$$

式中 d_w——待加工表面直径,mm;

d_m——已加工表面直径,mm。

镗孔时,则上式中的 d_w 与 d_m 互换一下位置。

2.2 数控车削刀具切削部分的几何形状和角度

2.2.1 刀具切削部分的组成

刀具种类繁多,结构各异,但其切削部分的几何形状和参数都有共性,总是近似地以普通外圆车刀的切削部分为基础。普通外圆车刀切削部分的组成如图 2-3 所示。

车刀的组成包括刀柄部分和切削部分。刀柄是车刀在车床上定位和夹持的部分。切削部分的组成要素如下。

(1)前刀面(A_γ):又称为前面,是刀具上切屑流出时经过的表面。

(2)主后刀面(A_α):又称主后面,是刀具上与工件上切削表面相对的刀面。

(3)副后刀面(A'_α):又称副后面,是刀具上与工件已加工表面相对的刀面。

(4)主切削刃(S):刀具前面与后面的交线。它担负着主要的切削工作(完成主要的金属切除工作)。

(5)副切削刃(S'):刀具前面与副后面的交线。它担负着部分切削工作(配合主切削刃完成金属切除工作,负责最终形成工件已加工表面)。

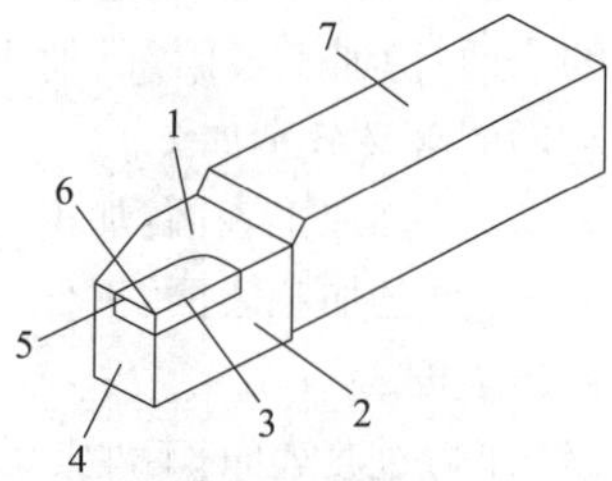

图 2-3 普通外圆车刀切削部分的组成

1—前面;2—主后面;3—主切削刃;4—副后面;5—副切削刃;6—刀尖;7—刀柄

(6)刀尖：刀具主切削刃与副切削刃连接处的那一部分切削刃。刀尖有三种不同类型，即两切削刃有实际交点($r_\varepsilon=0$)的锐刀尖、被磨成一小段圆弧形成的修圆刀尖($r_\varepsilon>0$)和被磨成一小段直线刃形成的倒角刀尖，如图 2-4 所示。

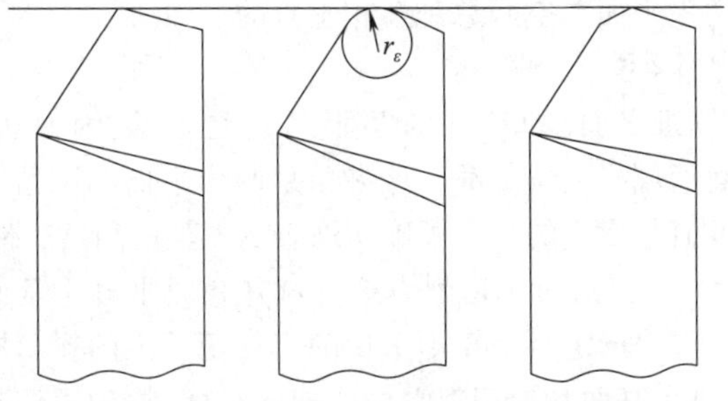

(a)锐刀尖　(b)修圆刀尖　(c)倒角刀尖

图 2-4　刀尖的类型

2.2.2　参考系

1. 刀具静止参考系的建立

为了确定刀具切削部分各表面和刀刃的空间位置，需要人为地假想一些辅助平面(即用于定义和规定刀具角度的各基准坐标平面和测量平面)，来组成刀具的平面参考系。

建立刀具角度的基准坐标平面，应该以切削运动为依据，预先给出假定工作条件，即给定假定运动条件与假定安装条件。假定运动条件是给出刀具的假定运动方向，可以近似地用平行和垂直于主运动方向的坐标平面构成静止参考系；假定安装条件是给出刀具的安装位置恰好使刀具底面平行或垂直于静止参考系的平面。

刀具的设计、制造、刃磨和测量几何参数，都是在非切削状态下进行的，故其所在的参考系统称为刀具静止参考系，如图 2-5 所示。

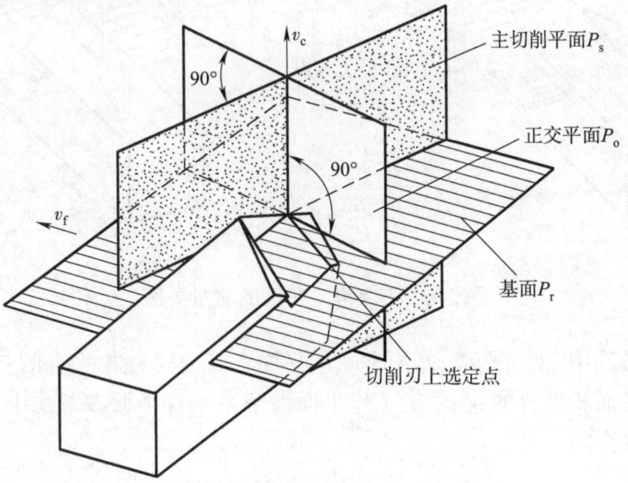

图 2-5　刀具的静止参考系与基准平面

2. 刀具的基准平面

(1)基面 P_r：是指过切削刃选定点并垂直于假定主运动方向的平面。它平行或垂直于刀具在制造、刃磨及测量时适合于安装或定位的一个平面或轴线。

(2)主切削平面 P_s:是指通过主切削刃选定点与主切削刃相切并垂直于基面的平面。由于刀具具有主切削刃和副切削刃,所以切削平面又分为主切削平面和副切削平面。

由定义可知,基面和切削平面在空间总是互相垂直的。

3. 刀具静止角度的测量平面

刀具静止参考系仅有基准平面(即基面和切削平面)还不够,因为互相垂直的基面和切削平面分别与车刀的前面、后面形成了夹角。由于该夹角是两个平面的夹角,故称两面角。在不同的剖面内测量,两面角的角度值是变化的。为了确切地表示刀具的角度,必须确定其测量平面。

(1)正交平面(主剖面)P_o:是通过主切削刃选定点并同时垂直于基面和副切削平面的平面。也可认为,正交平面是过切削刃选定点垂直于主切削刃在基面上的投影所作的平面。此外,通过副切削刃选定点并同时垂直于基面和副切削平面所作的平面,称为副切削刃的正交平面,即副交平面。

(2)法平面 P_n是通过切削刃选定点并垂直于切削刃的平面。

(3)假定工作平面(进给平面)P_f:是通过切削刃选定点并垂直于基面和平行于假定进给运动方向的平面。

(4)背平面(切深平面)P_p:是通过切削刃选定点并垂直于基面和假定工作平面的平面。

由基准平面和不同的测量平面组成了不同的参考系,如图 2-6 所示。

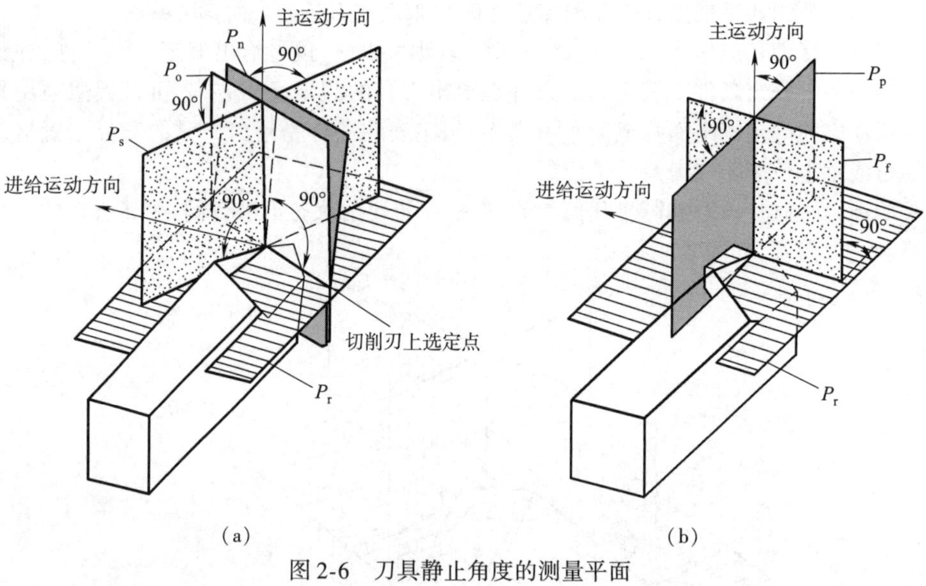

图 2-6　刀具静止角度的测量平面

在正交平面参考系中,正交平面、基面和切削平面三者总是互相垂直的;在法平面参考系中,法平面总是与切削平面相垂直的;在假定工作平面参考系和背平面参考系中,假定工作平面和背平面总是与基面相垂直的。

2.2.3　刀具的基本几何角度

1. 正交平面参考系内的刀具标注角度

正交平面参考系内的刀具标注角度如图 2-7 所示。

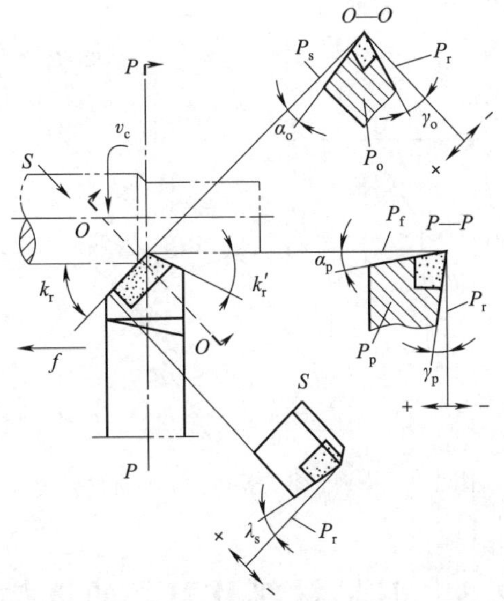

图 2-7　正交平面参考系内的刀具标注角度

1)在基面内测量的角度

(1)主偏角 k_r:主切削面与假定进给运动方向之间的夹角,它总是正值。

(2)副偏角 k_r':副切削面与假定进给运动反方向之间的夹角。

(3)刀尖角 ε_r:主切削平面和副切削平面间的夹角。它是由主偏角和副偏角得到的派生角度,其关系为

$$\varepsilon_r = 180° - (k_r + k_r')$$

2)在正交平面内测量的角度

(1)前角 γ_o:前刀面与基面之间的夹角。

(2)后角 α_o:后刀面与切削平面间的夹角。

前角 γ_o和后角 α_o都有正、负值和零度之分。其判断的方法是:当前面与基面重合时,$\gamma_o = 0°$;当前面与切削平面之间的夹角小于 90°时,γ_o为正值;大于 90°时,γ_o为负值。当后面与切削平面重合时,$\alpha_o = 0°$;当后面与基面之间的夹角小于 90°时,α_o为正值;大于 90°时,α_o为负值。

(3)楔角(β_o):前刀面与后刀面的夹角。它是由前角和后角得到的派生角度,其关系为

$$\beta_o = 90° - (\gamma_o + \alpha_o)$$

3)在主切削平面内测量的角度

刃倾角 λ_s:主切削刃与基面间的夹角。当刀尖相对于车刀刀柄安装面处于最高点时,λ_s为正值;当刀尖处于最低点时,λ_s为负值;当切削刃平行于刀柄安装面时,$\lambda_s = 0°$,这时,切削刃在基面内。

4)在副切削刃的正交平面内测量的角度

参照主切削刃的研究方法,在副切削刃上同样可定义一副正交平面(P_o')和副切削平面(P_s')。在副正交平面中测量的角度有副后角(α_o'),它是副后刀面与副切削平面间的夹角。在副后刀面与基面夹角小于 90°时,副后角为正值;大于 90°时,副后角为负值。它决定了副后刀面的位置。

2. 法平面参考系内的刀具标注角度

(1)法前角 λ_s:法平面内测量的前面与基面之间的夹角,如图 2-8 所示。

(2)法后角 α_n:法平面内测量的后面与切削平面之间的夹角,如图2-8所示。

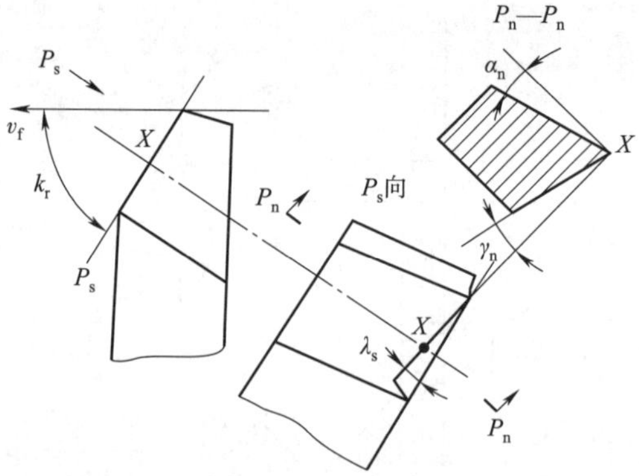

图2-8　法平面参考系内的刀具标注角度

2.3　刀具材料及刀具的选择

2.3.1　刀具材料

刀具材料一般是指刀具切削部分的材料,其性能的优劣是影响加工表面质量、切削效率、刀具寿命的重要因素。研究应用新型刀具材料不但能有效地提高生产率、加工表面质量和经济效益,而且是解决某些难加工材料工艺的关键。

1. 刀具材料必须具备的性能

1)高的硬度和耐磨性

刀具要从工件上切除多余的金属,其硬度必须大于工件材料的硬度。一般情况下,刀具材料的常温硬度应超过60 HRC(洛氏硬度)。

耐磨性与硬度有密切的关系,硬度越高,均匀分布的细化碳化物越多,则耐磨性就越好。

2)足够的强度和韧性

刀具切削时要承受很大的压力,同时还会出现冲击和振动,为避免崩刃和折断现象,刀具材料必须要具有足够的强度和韧性。

3)较高的热硬性(红硬性)

热硬性是指刀具材料在高温下保持硬度、耐磨性、强度和韧性的能力。高温下硬度越高,则热硬性就越好。

4)良好的导热性

刀具材料的导热性表示它传导切削热的能力。导热性越好,切削热就越容易传出。良好的导热性有利于降低切削温度和提高刀具寿命。

5)良好的工艺性

为了使刀具便于制造,刀具材料应具有容易锻造和切削、焊接牢固、热处理变形小、刃磨方便等工艺性能。

6)较好的经济性

刀具材料的经济性指取材资源丰富、价格低廉,能最大限度地降低生产成本。

在实际生产中,刀具材料不可能同时具备上述性能要求,选用者应根据具体工件材料的性能和切削要求，抓住性能要求的主要方面，其他只要影响不大就可以使用。

2. 常用刀具材料

目前最常用的刀具材料有高速钢和硬质合金。陶瓷材料和超硬刀具材料（金刚石和立方氮化硼）仅应用于有限场合，但它们的硬度很高，具有优良的抗磨损性能，刀具耐用度高，能保证较高的加工精度。

1）高速钢

高速钢是含有较多的钨、铬、钼、钒等合金元素的高合金工具钢。

高速钢按用途不同分为通用型高速钢和高性能高速钢。

（1）通用型高速钢。通用型高速钢具有一定的硬度（63 ~ 66 HRC）和耐磨性、高强度和韧性，切削速度（加工钢料）一般不高于 50 ~ 60 m/min，不适合高速切削和硬的材料切削。常用牌号有 W18Cr4V 和 W6Mo5Cr4V2。其中，W18Cr4V 具有较好的综合性能，W6Mo5Cr4V2 的强度和韧性高于 W18Cr4V，并具有热塑性好和磨削性能好的优点，但热稳定性低于 W18Cr4V。

（2）高性能高速钢。高性能高速钢是在通用型高速钢的基础上，通过增加碳、钒的含量或添加钴、铝等合金元素而得到的耐热性、耐磨性更高的新钢种。在 630 ~ 650 ℃ 时仍可保持 60 HRC 的硬度，其耐用度是通用型高速钢的 1.5 ~ 3 倍。适用于加工奥氏体不锈钢、高温合金、钛合金、超高强度钢等难加工材料。但这类钢种的综合性能不如通用高速钢，不同的牌号只有在各自规定的切削条件下，才能达到良好的加工效果。因此，其使用范围受到限制。常用牌号有 9W18Cr4V、9W6Mo5Cr4V2、W6Mo5Cr4V3、W6Mo5Cr4V2Co8 及 W6Mo5Cr4V2Al 等。

2）硬质合金

硬质合金是由硬度和熔点都很高的碳化物（WC、TiC、TaC、NbC 等），用 Co、Mo、Ni 作黏结剂制成的粉末冶金制品。其常温硬度可达 78 ~ 82 HRC，能耐 800 ~ 1 000 ℃ 高温，允许的切削速度是高速钢的 4 ~ 10 倍。但其冲击韧性与抗弯强度远比高速钢低，因此很少做成整体式刀具。在实际使用中，一般将硬质合金刀块用焊接或机械夹固的方式固定在刀体上。

常用的硬质合金有以下三大类。

（1）钨钴类硬质合金（YG）：由碳化物和钴组成。这类硬质合金韧性较好，但硬度和耐磨性较差，适用于加工脆性材料（铸铁等）。钨钴类硬质合金中含 Co 越多，则韧性越好。常用的牌号有 YG8、YG6、YG3，它们制造的刀具依次适用于粗加工、半精加工和精加工。

（2）钨钛钴类硬质合金（YT）：由碳化钨、碳化钛和钴组成。这类硬质合金耐热性和耐磨性较好，但抗冲击韧性较差，适用于切屑呈带状的钢料等塑性材料。常用的牌号有 YT5、YT15、YT30 等，其中的数字表示碳化钛的含量。碳化钛的含量越高，则耐磨性越好、韧性越低。这三种牌号的钨钛钴类硬质合金制造的刀具分别适用于粗加工、半精加工和精加工。

（3）钨钛钽（铌）类硬质合金（YW）：由在钨钛钴类硬质合金中加入少量的碳化钽（TaC）或碳化铌（NbC）组成。它具有上述两类硬质合金的优点，用其制造的刀具既能加工钢、铸铁、有色金属，也能加工高温合金、耐热合金及合金铸铁等难加工材料。常用牌号有 YW1 和 YW2。

3. 其他刀具材料简介

1）涂层刀具材料

这种材料是在韧性较好的硬质合金基体上或高速钢基体上，采用化学气相沉积（CVD）法或物理气相沉积（PVD）法涂覆一薄层硬质和耐磨性极高的难熔金属化合物而得到的刀具材料。通过这种方法，使刀具具有基体材料的强度和韧性，又具有很高的耐磨性。常用的涂层材料有 TiC、TiN、Al_2O_3 等。TiC 的硬度和耐磨性好，TiN 的抗氧化、抗黏结性好，Al_2O_3 耐热性好，使用时可根据不同的需要选择涂层材料。

2）陶瓷

陶瓷的主要成分是 Al_2O_3，刀片硬度可达 78 HRC 以上，能耐 1 200 ~ 1 450 ℃高温，故能承受较高的切削速度。但抗弯强度低、怕冲击、易崩刃。主要用于钢、铸铁、高硬度材料及高精度零件的精加工。

3）金刚石

金刚石分人造和天然两种。做切削刀刃材料的大多是人造金刚石，其硬度极高，可达 10 000 HV（硬质合金仅为 1 300 ~ 1 800 HV），其耐磨性是硬质合金的 80 ~ 120 倍。但韧性差，对铁族材料亲和力大。因此，一般不适宜加工黑色金属，主要用于有色金属以及非金属材料的高速精加工。

4）立方氮化硼（CNB）

立方氮化硼是人工合成的一种高硬度材料，其硬度可达 7 300 ~ 10 000 HV，可耐 1 300 ~ 1 500 ℃高温，与铁族元素亲和力小。其强度低，焊接性差。目前主要用于加工淬硬钢、冷硬铸铁、高温合金和一些难加工材料。

2.3.2 数控车削刀具的选择

刀具的选择是数控车削加工工艺设计的重要内容之一。刀具选择合理与否不仅影响机床的加工效率，而且还直接影响加工质量。选择刀具通常要考虑机床的加工能力、工序内容、工件材料等因素。

1. 常用数控车刀的种类和用途

常用数控车刀的种类和用途见表 2-1。

表 2-1 常用数控车刀的种类和用途

常用焊接车刀	外圆粗车刀	外圆精车刀	端面车刀	切槽车刀	螺纹车刀	内孔车刀
	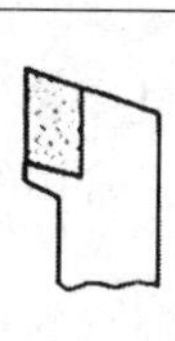			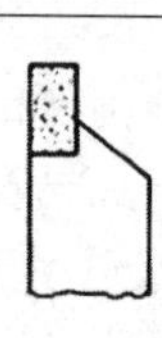		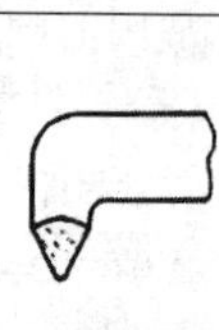
常用机夹可转位车刀	外圆右偏粗车刀	外圆右偏精车刀	45°端面车刀	外圆切槽车刀	外圆螺纹车刀	
				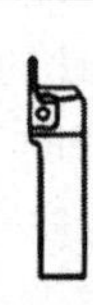		
内孔车刀	中心钻	麻花钻	粗镗孔车刀	精镗孔车刀		
	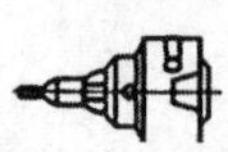					

与传统的车削方法相比，数控车削对刀具的要求更高。不仅要求精度高、刚度好、寿命长，而且要求尺寸稳定、安装调整方便。这就要求采用新型优质材料制造数控加工刀具，并优选刀具参数。根据刀头与刀体的连接方式，车刀主要分为焊接式、机械夹紧（机夹）式可转位车刀两大类。

1)焊接式车刀

将硬质合金刀片用焊接的方法固定在刀体上称为焊接式车刀。这种车刀的优点是结构简单,制造方便,刚性较好。缺点是由于存在焊接应力,使刀具材料的使用性能受到影响,甚至出现裂纹。另外,刀杆不能重复使用,硬质合金刀片不能充分回收利用,造成刀具材料的浪费。

根据工件加工表面以及用途不同,焊接式车刀又可分外圆车刀、端面车刀、切槽车刀、螺纹车刀、内孔车刀以及成形车刀等。

2)机械夹紧(机夹)式可转位车刀

机夹式可转位车刀由刀杆、刀片、刀垫以及夹紧元件组成,如图 2-9 所示。刀片每边都有切削刃,当某切削刃磨损钝化后,只需松开夹紧元件,将刀片转一个位置便可继续使用。

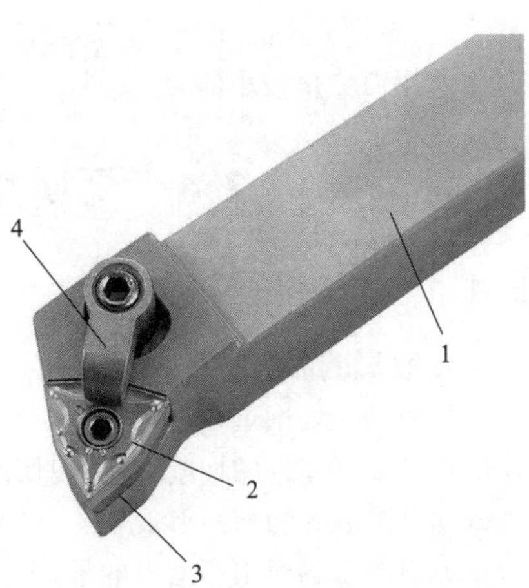

图 2-9　机夹式可转位车刀

1—刀杆;2—刀片;3—刀垫;4—夹紧元件

刀片是机夹式可转位车刀的一个最重要组成元件。形状有 T 型、F 型、W 型、S 型、P 型、D 型、R 型和 C 型等,如图 2-10 所示。

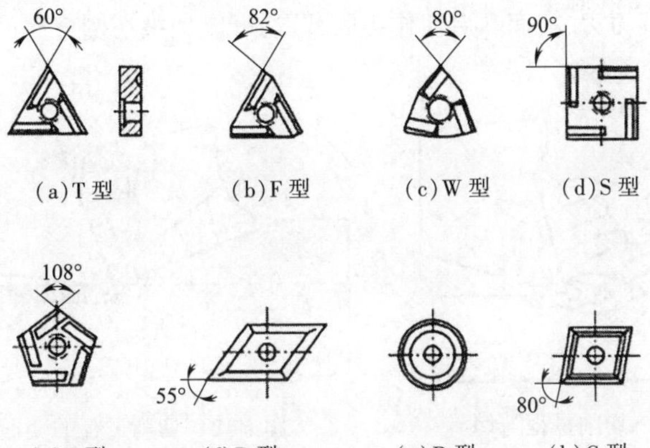

图 2-10　常用硬质合金车刀刀片

2. 机夹式可转位车刀的选择

为了减少换刀时间和方便对刀,便于实现机械加工的标准化,数控车削加工时应尽量采用机夹式可转位车刀。

1)刀片材料的选择

车刀刀片的材料主要有高速钢、硬质合金、涂层硬质合金、陶瓷、立方氮化硼和金刚石等。其中应用最多的是硬质合金和涂层硬质合金刀片。选择刀片材料,主要依据被加工工件的材料、被加工表面的精度、表面质量要求、切削载荷的大小以及切削过程中有无冲击和振动等。

2)刀片形状的选择

刀片形状主要与被加工工件的表面形状、切削方法、刀具寿命和有效刃数等有关。一般外圆车削常用 60°凸三边形(T 型)、四方形(S 型)和 80°棱形(C 型)刀片。仿形加工常用 55°(D 型)和圆形(R 型)刀片。不同的刀片形状有不同的刀尖强度,一般刀尖角越大,刀尖强度越大。圆形刀片(R 型)刀尖角最大,35°菱形刀片(V 型)刀尖角最小。在选用时,在机床刚性和功率允许的条件下,大余量、粗加工应选用刀尖角较大的刀片;反之,在机床刚性和功率较小时,小余量、精加工时宜选用刀尖角较小的刀片。

2.4 金属切削过程的基本理论及规律

2.4.1 切削过程中的变形

1. 切屑的形成过程

切屑是在切削过程中从工件材料上经过刀具的作用而形成的分离体。在切削过程中,刀具作用在被加工零件的切削层,迫使切削层金属产生应力与变形,并使被切金属层同时沿刀刃的运动方向分离成为切屑而形成了工件的已加工表面,如图 2-11 所示。切削层金属产生的应力与变形是刀刃的切割作用和前面的推挤作用所导致的。

当刀具相对于工件运动时,产生切削层应力;当应力超过材料的屈服极限(即许用应力)时,切削层金属便沿刀刃方向分离。切割是对金属切削过程中刀刃作用的总概括。实际上"切"与"割"的含义是有区别的。在切削过程中,工件相对于刀刃方向有速度分量时称为"割",若没有速度分量则称为"切"。只有当刀具的刃倾角 λ_s 不为0°时,刀刃不仅有切的作用而且还有割的作用。而刀具的刃倾角不为0°是刀具的普遍规律,因此把刀刃的作用总称为"切割"。

切割过程中考虑到刀刃、前面和后面作用的特点,可以把被切割金属的塑性变形分为 4 个变形区来分析,如图 2-12 所示。

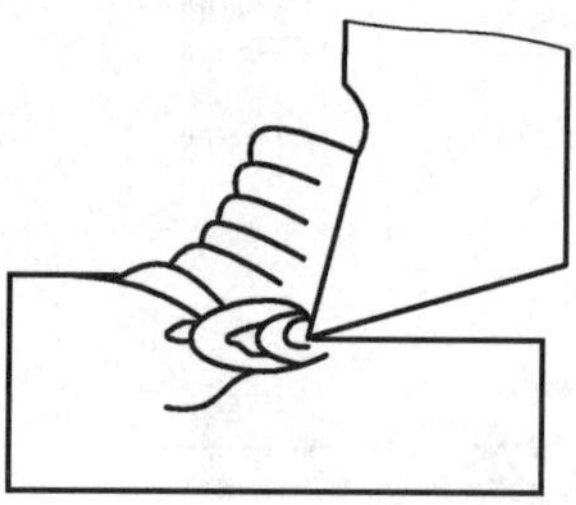

图 2-11　切削过程与切屑

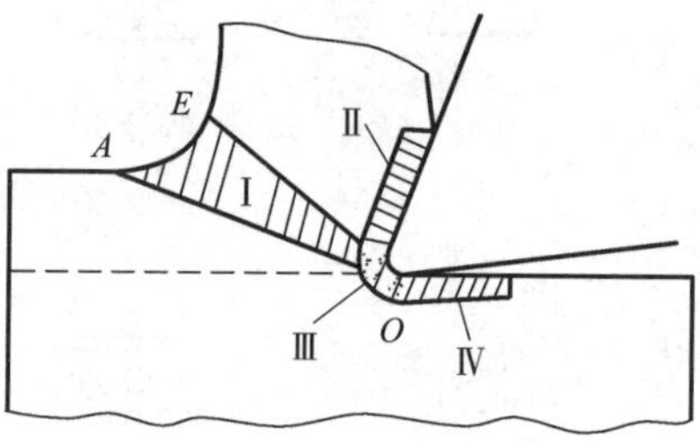

图 2-12　切削过程的变形区

1)基本变形区Ⅰ

在图 2-12 中 *OAE* 包容的范围,*OA* 线称始滑移线,该线以下的金属由于受刀刃切割作用而处于弹性变形阶段,到达该线即开始产生塑性变形。随着刀具相对于工件的连续运动,处于始滑移线上的金属到达 *OE* 线时,基本变形结束。

基本变形区主要是由刀刃的切割与前面的推挤作用而造成的。当刀具切割作用发挥得好时,其基本变形区的变形将减小;当刀具的前角减小时,则刀具前面的推挤作用加大,基本变形区变形增大。基本变形区的变形是4 个变形区中最大的一个,所以常用基本变形区变形的大小近似地表示切削过程的变形量。

2)前面摩擦变形区Ⅱ

切削层的金属变成切屑沿前面流出时,作用在前面上的正压力很大,切屑与前面之间的摩擦系数也很大,切屑底层流动受阻,从而产生平行于前面的剪切应力,使切屑底层的流动速度较切屑其他部分缓慢得多,这种现象称为滞流现象。产生滞流现象的切屑底层称为滞流层。在剪切应力作用下,切屑底层在刀具的前面上再次产生塑性变形。这种变形是由于切屑流出时与前面之间产生的摩擦所致,因此称为前面摩擦变形,其变形范围就是切屑与前面的接触摩擦范围。前角越小,前面的表面粗糙度值越大,则前面变形区的变形也就越大。

3)刃前变形区Ⅲ

刀刃位于前面的边缘,因为刀刃不可能做得绝对锐利而形成一定的刀刃圆弧半径。由于刀刃圆弧的存在,且刀刃圆弧与被切金属之间也存在正压力和摩擦力,所以圆弧上各点处的作用力的方向是变化的。刃前金属经过塑性变形后滑移分离,一部分留在了已加工表面上,另一部分则成为切屑而流走。

4)后面摩擦变形区Ⅳ

由于被切金属的分离点不在刀刃圆弧的最低点,所以有一薄层金属留下来,并受到刀刃圆弧下半部的挤压而使初形成的已加工表面变形。同时,由于刀具磨损,与已加工表面发生摩擦,加之初形成的已加工表面的弹性恢复,使已加工表面与后面的接触长度加大,增加了已加工表面的挤压与摩擦。由于该区域内的变形主要是后面直接作用的结果,又是后面与已加工表面的摩擦所致,所以称为后面摩擦变形区。

金属在上述四个变形区内变形的总和,就是被切削金属在刀具作用下塑性变形的全部内容。切削过程始终贯穿着变形,因此,切屑的形成过程也就是切削的变形过程。

2. 切屑的形状

在切削过程中,由于被加工材料的性质不同、刀具的几何参数不同、切削用量不同、切削过程中变形程度不同,因此将出现不同形态的切屑。从变形观点出发,可以将切屑形态归纳为四大类。

1)带状切屑

如图2-13(a)所示,切屑连续呈带状,横截面呈平行四边形,底部受前面的挤压而较平整光亮,上部呈茸毛状态,各单元切屑之间没有明显的界限。这种切屑通常在加工塑性材料(如软钢、铜、铝等)、切削厚度较小、进给速度较小、切削速度较高、刀具前角较大时产生。形成带状切屑时,切削过程较平稳,切削力波动较小,加工表面质量高。

2)节状切屑

如图2-13(b)所示,又称挤裂切削。节状切屑横截面内的切屑厚度比较大,截面呈三角形(也有呈平行四边形的),底部受前面的挤压而比较平整,但光滑程度较带状切屑差些,侧面呈锯齿状态,顶部粗糙,各单元切屑之间有明显的界限。这种切屑多在切削速度较低、切削厚度较大、进给速度较小、刀具前角较小、加工塑性金属或硬质金属时产生。产生挤裂切屑时,切削过程不太稳定,切削力波动也较大,已加工表面质量较低。

3)单元切屑

如图2-13(c)所示,单元切屑横截面内切屑厚度很大,截面呈三角形(或梯形),整个剪切面上的剪应力完全达到了材料的断裂强度,切屑以单元形式脱落母体。这种切屑多在切削速度很低、进给速度较大、刀具前角(或负前角)较小、加工材料硬度较高而韧性较低或硬质金属时产生。产生单元切屑时,切削过程不太稳定,切削力波动较大,已加工表面质量较差。

4)崩碎状切屑

如图2-13(d)所示,切屑呈不规则的碎片状,主要是加工脆性金属(如铸铁、铸铜等)时产生。由于脆性金属的塑性极小、抗拉强度很低,切削层金属未经塑性变形或只经很小塑性变形被挤裂,或在拉应力状态下脆断,形成不规则的碎片状切屑。工件材料越硬脆、刀具前角越小、切削厚度越大时,越容易产生崩碎状切屑。产生崩碎状切屑时,切削力波动较大,加工表面凹凸不平,切削刃容易损坏。

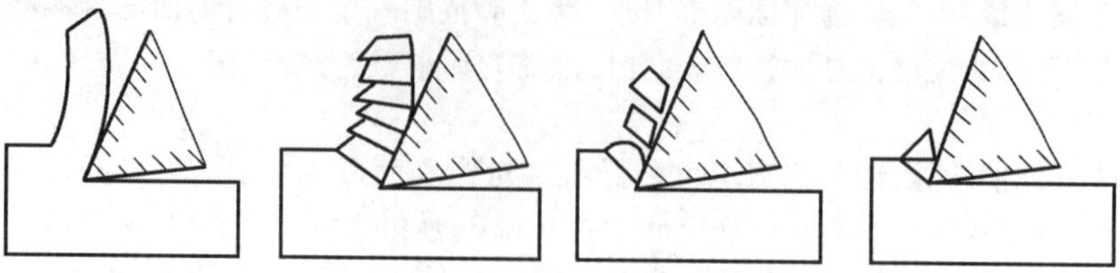

(a)带状切屑　(b)节状切屑　(c)单元切屑　(d)崩碎状切屑

图 2-13　切屑的形态

3. 积屑瘤

在一定条件下切削塑性或韧性金属时,切屑顺前面流出,受前面的挤压与摩擦作用,使切屑底层中的一部分金属微粒停滞和堆积在刃口附近成为楔形堆积物。这种楔形堆积物称为积屑瘤,如图 2-14 所示。

1)积屑瘤的变化规律

切削实验证明,积屑瘤是由紧贴前面上层组织的基体与基体前端由纤维组织构成的头部所组成的。头部与金属母体相连,与切屑底层没有明显的分界线,所以,积屑瘤并不是金属本身的一个分离体,而是一种动态结构。通过实验观察发现,积屑瘤具有相对稳定的基体和不稳定的头部。其不稳定的头部在切削中不断层积,同时又不断地被切屑底层或工件带走。

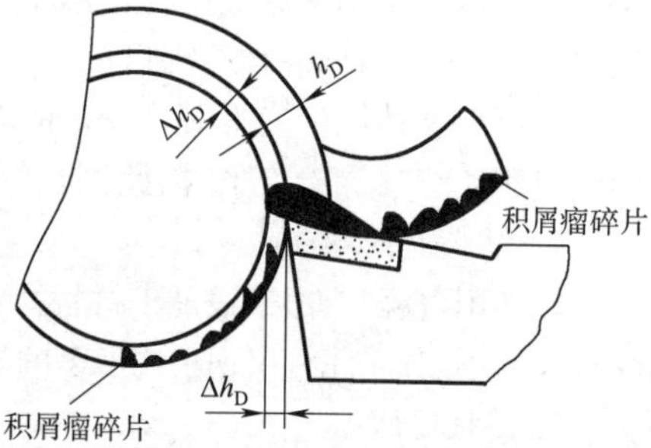

图 2-14　积屑瘤

2)积屑瘤对切削加工的影响

(1)有利方面。

①积屑瘤包覆在切削刃上,其硬度几乎为工件材料硬度的 2 ~ 3.5 倍,可代替刀刃进行切削,对刀刃起到一定的保护作用。

②积屑瘤改变了刀刃相对于工件轴线的高度,可增大实际工作前角(内表面加工则相反),有利于减小切削变形。

(2)不利方面。

①积屑瘤堆积到一定高度以后,切屑底层与积屑瘤的黏附力超过积屑瘤本身的强度,使积屑瘤拉裂黏附在切屑底层被切屑带走,另一部分黏附在已加工表面上被工件带走,如图 2-14 所示。黏附在已加工表面上的积屑瘤呈毛刺状态,严重影响了已加工表面的表面粗糙度。

②由于积屑瘤头部的不稳定性,其高度不断地变化,可引起实际工作前角的不断变化,也可引起切削力的不断变化,还会引起振动,影响工作表面加工质量。

③当积屑瘤凸出于刀刃之外时,会增大背吃刀量,造成一定的过量切削,影响零件加工的尺寸精度。此时积屑瘤形状不规则,会在工件表面上划出沟纹,影响加工表面粗糙度。积屑瘤形状不规则,使刀刃形状畸变,在成形刀具中将直接影响零件加工的形状精度。

4. 加工硬化

经切削加工后工作表面的硬度有所增加,这种现象称为加工硬化。其硬化层的硬度为原有表面硬度的 2 ~ 2.5 倍,硬化层的深度达几十至几百微米。

产生加工硬化的原因是:切削层金属沿剪切面滑移产生塑性变形,而这种变形往往深入到切削深层,使形成已加工表面的部分金属产生塑性变形;刃前金属受刀刃圆弧半径的影响,圆弧半径下侧与初形成的已加工表面相摩擦，也促使已加工表面变形；由于刀具后面的磨损，刀刃处的后角往往不可能大于零度，后面与已加工表面发生摩擦使之再次变形。所以，在已加工表面的形成过程中，表面层金属因多方面原因使其产生复杂的塑性变形，造成晶格被拉伸、压缩、扭曲与破碎，阻碍了进一步塑性变形而强化，造成了已加工表面层硬度的增加。

工件表面的加工硬化给下一道工序的切削加工增加了困难，如增大切削力、加速刀具磨损等，更重要的是影响了零件表面加工质量。由于加工表面的硬化时间与程度不一，容易造成表面微裂；其表面因硬度增加而变脆，降低了零件的抗冲击能力；因已加工表面的塑性变形经常产生内应力，而内应力分布不均匀，使工件表面在微观下形成不规则的凹坑，影响了零件的抗疲劳强度、抗磨损能力与抗腐蚀能力。加工表面硬化后，能获得较小的加工表面粗糙度值，可提高零件的耐磨性。

5. 鳞刺

切削塑性金属零件表面出现的一种鳞片状毛刺，称为鳞刺。它的存在，严重地影响了加工表面粗糙度。

在较低切削速度下切削低碳钢、中碳钢、铬钢、镍铬不锈钢、铝合金及紫铜等塑性金属，出现节状或单元切屑时，由于每一单元切屑形成的各个阶段都是周期性地变化，因此切屑与前面之间的摩擦力也产生周期性的变化，使切屑在前面上周期性地停留代替刀具去推挤切屑层而造成金属的积聚，使已加工表面出现拉应力而发生导裂，并使切削厚度向切削线以下增大，生成鳞刺。鳞刺的生成大致分为四个阶段，如图2-15所示。

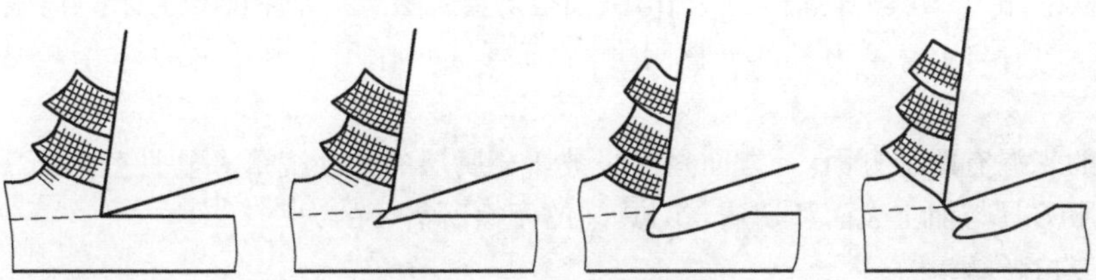

(a)抹拭　(b)导裂　(c)层积　(d)刮成

图2-15　鳞刺的生成

(1)抹拭。当切屑从前面流出时，逐步把摩擦面上由润滑作用的吸附膜擦拭干净，使摩擦系数逐渐增大，也使切屑与前面的实际接触面积增大，在切屑与前面的压力作用下，使切屑单元在瞬间黏结在前面上，暂时不顺前面流出。

(2)导裂。瞬间停滞在前面上的切屑单元，以圆钝的外形代替前面对切削层进行推挤，使切削刃前下方切屑与工件之间产生裂口，称为导裂。

(3)层积。当停滞在前面上的切屑单元继续对切削层进行推挤时，受到挤压的金属不断层积在切屑单元下面一起参加切削而使裂口扩大，此时的切削厚度与切削力都随之增大。

(4)刮成。切屑层积到某一高度以后，增大的背向力克服了切屑与前面之间的黏结和摩擦，推动切屑单元重新沿前面滑动，当切削刃切过去后，在已加工表面上便形成一个鳞刺。接着又开始另一个新鳞刺的形成过程，如此周而复始，则在已加工表面上不断生成一系列的鳞刺。

鳞刺对切削加工表面质量影响很大，必须采取措施对其加以控制，例如，通过热处理工艺适当提高零件材料的加工硬度，降低材料塑性，增大刀具前角等。

6. 控制切削变形的措施

1)采用热处理的方法

工件材料的硬度低、塑性大时，切削时产生的变形就大，并且容易产生积屑瘤和鳞刺，降低了零件的加工质量。采用热处理的方法,提高工件材料的硬度,降低工件材料的塑性,可以有效地改善零件的切削变形,从而达到提高加工质量的目的。

2)增大前角、减小主偏角

刀具的前角小,切屑顺刀具前面流出时对刀具前面的压力大,切削变形就增大。主偏角大,切削时产生的切削厚度就增大,切削变形就增大。若适当增大刀具前角、减小主偏角,则可以使切削变形减小。

3)合理选择切削用量

进给速度增大,切削时产生的切削厚度就增大,切削变形就增大。背吃刀量增大,切削时产生的切削宽度增大,切削变形将有所减小。提高切削速度,切削时产生的切削温度就高,切屑容易软化而增大切削变形。但是,若切削速度很高,切屑顺刀具前面流出的速度会很快,切屑来不及软化就会离开刀具前面,因而使切削变形增加不大。所以,加工时选择较小的进给速度、较大的背吃刀量和合理的切削速度,就可以较好地控制切削变形。

2.4.2 切削力

切削力是工件材料抵抗刀具切削所产生的阻力。切削力的大小直接影响着工件的加工质量及机床和刀具的损耗,有时还会引起振动、打刀、被迫停车等现象。

1. 切削力的产生

切削过程中,由于刀具的切割与推挤作用,使被切金属层产生弹性及塑性变形,产生了工件内部的变形抗力和切屑与工件对刀具的摩擦阻力,从而形成了作用在刀具上的合力 F,如图 2-16(a)所示。

切削力的来源有两个方面:一方面是克服被切金属层的弹性变形和塑性变形所需要的力;另一方面是克服刀具与加工表面和切屑与刀具间的摩擦所需要的力。

2. 切削力的分解

切削时,合力 F 作用在靠近切削刃空间某方向上,其大小与方向都不易确定。因此,为便于测量、计算和反映实际作用的需要,将合力 F 分解为 3 个相互垂直的分力,如图 2-16(b)所示。

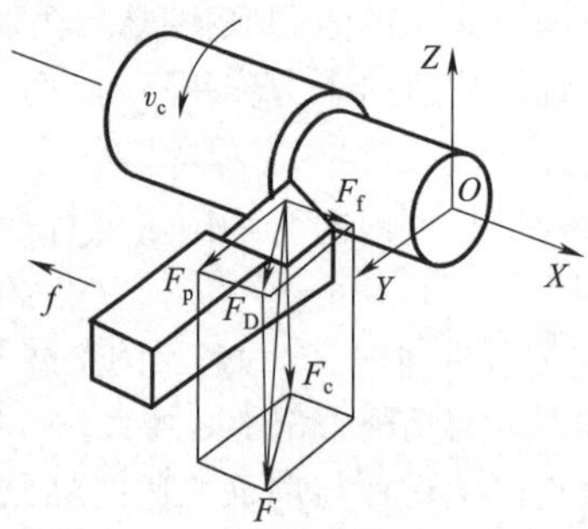

(a)

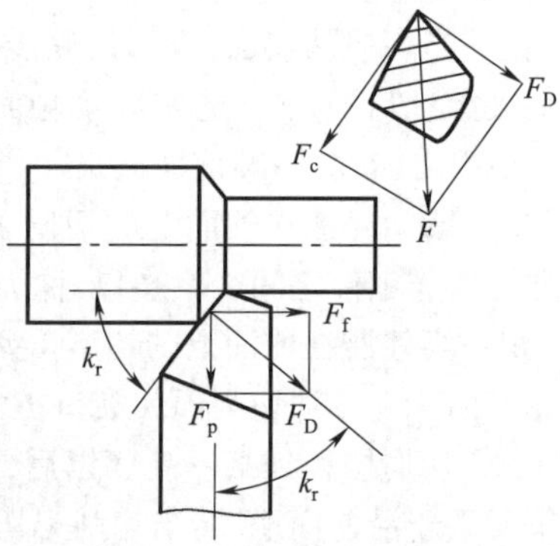

(b)

图 2-16 切削时的合力及分力

①切削力 F_c:作用在工件上,是合力 F 在主运动方向上的分力。它是设计机床主轴、齿轮和计算机床功率的主要依据。F_c 消耗机床功率的 95% 左右。

②背向力 F_p:在工作基面内,是合力 F 在背吃刀量方向上的分力。它是影响工件加工精度和

引起切削振动的主要原因，因在外圆车削时，该方向无相对运动，F_p不消耗机床功率。

③进给力 F_f：在工作基面内，是合力 F 在进给方向上的分力。F_f作用在进给机构上，消耗机床功率的 1%～5%。

合力 F、推力 F_D与各分力之间的关系如下。

$$F=\sqrt{F_D^2+F_c^2}=\sqrt{F_c^2+F_p^2+F_f^2}$$

$F_p=F_D\cos\ K_r;F_f=F_D\sin\ K_r$

上式表明，当 $K_r=0°$时，$F_p\approx F_D$、$F_f\approx 0$；当 $K_r=90°$时，$F_p\approx 0$，$F_f\approx F_D$，各分力的大小对切削过程会产生不同的作用。

3. 影响切削力的主要因素

1）工件材料的影响

工件材料的强度、硬度越高，材料的剪切屈服强度越高，切削力越大。在强度、硬度相近的情况下，材料的塑性、坚韧程度越大，则切削力越大。

2）切削用量的影响

（1）背吃刀量和进给量：当 a_p或 f 加大时，切削面积加大，变形抗力和摩擦阻力增加，从而引起切削力增大。实验证明，其他切削条件一定时，a_p加大一倍，切削力增加一倍；f 加大一倍，切削力增加 68%～86%。

（2）切削速度：切削塑性金属时，在形成积屑瘤范围内，v_c较低时，随着 v_c的增加，积屑瘤增高，γ_o增大，切削力减小；v_c较高时，随着 v_c的增加，积屑瘤逐渐消失，γ_o减小，切削力又逐渐增大。在积屑瘤消失后，v_c再增大，使切削温度升高，切削层金属的强度和硬度降低，切削变形减小，摩擦力减小，因此切削力减小。v_c达到一定值后再增大时，切削力变化减缓，渐趋稳定。

切削脆性金属（如铸铁、黄铜）时，切屑和前刀面的摩擦小。v_c对切削力无显著的影响。

（3）刀具几何角度的影响：前角 γ_o增大，被切金属变形减小，切削力减小。切削塑性大的材料，加大 γ_o可使塑性变形显著减小，故切削力减小得多一些。主偏角 k_r对进给力 F_f、背向力 F_p影响较大，增大 k_r时，F_p减小，但 F_f增大。刃倾角 λ_s对主切削力 F_c影响很小，但对背向力 F_p、进给力 F_f影响显著。λ_s减小时，F_p增大，F_f减小。

（4）刀具磨损的影响：当刀具后刀面磨损后，形成零后角，且切削刃变钝，后刀面与加工表面间挤压和摩擦加剧，使切削增大。

（5）切削液的影响：以冷却作用为主的水溶液对切削力影响很小。以润滑作用为主的切削油能显著地降低切削力，由于润滑作用，减小了刀具前刀面与切屑、后刀面与工件表面间的摩擦。

2.4.3 切削热与切削温度

1. 切削热的产生与传散

1）切削热的产生

切削热是由切削功转变而来的，一是切削层发生的弹、塑性变形功；二是切屑与前刀面、工件与后刀面间消耗的摩擦功。切削热的来源与传散如图 2-17 所示。其中包括以下三部分。

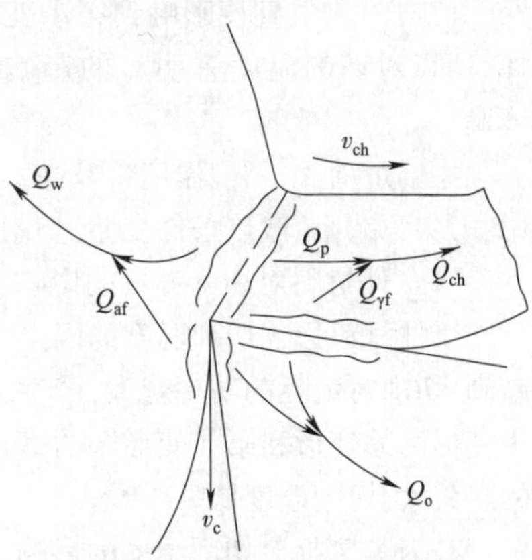

图 2-17　切削热的来源与传散

(1)剪切区的变形功转变的热 Q_p。

(2)切屑与前刀面的摩擦功转变的热 $Q_{\gamma f}$。

(3)已加工表面与后刀面的摩擦功转变的热 Q_{af}。

产生的总热量 Q 为

$$Q = Q_p + Q_{\gamma f} + Q_{af}$$

切削塑性金属时切削热主要由剪切区变形和前刀面摩擦形成,切削脆性金属时则后刀面摩擦热占的比例较多。

2)切削热的传散

切削热由切屑、工件、刀具和周围介质传出,可分别用 Q_{ch}、Q_w、Q_c、Q_f表示。切削热产生与传出的关系为

$$Q = Q_p + Q_{\gamma f} + Q_{af} = Q_{ch} + Q_w + Q_c + Q_f$$

切削热传出的大致比例如下。

(1)车削加工时,Q_{ch}占 50%~86%,Q_c占 40%~10%,Q_w占 9%~3%,Q_f占 1%。

(2)钻削加工时,Q_{ch}占 28%,Q_c占 14.5%,Q_w占 52.5%,Q_f占 5%。

切削速度越高,切削厚度越大,则由切屑带走的热量越多。

影响切削热传出的主要因素是工件和刀具材料的热导率以及周围介质的状况。

2. 切削温度及其影响因素

通常所说的切削温度,如无特殊注明,都是指切屑、工件和刀具接触区的平均温度。

1)切削用量对切削温度的影响

(1)切削速度对切削温度影响显著。实验证明,随着切削速度的提高,切削温度明显上升。因为当切屑沿前刀面流出时,切屑底层与前刀面发生强烈摩擦,因而产生大量的热量。

(2)进给量对切削温度有一定的影响。随着进给量的增大,单位时间内的金属切除量增多,切削过程产生的切削热也增多,切削温度上升。

(3)背吃刀量对切削温度影响很小。随着背吃刀量的增大,切削层金属的变形与摩擦成正比增加,切削热也成正比增加。但由于切削刃参加工作的长度也成正比地增长,改善了散热条件,所以切削温度的升高并不明显。

2)刀具几何参数对切削温度的影响

前角的数值直接影响到第Ⅰ变形区的变形大小和第Ⅱ变形区摩擦的大小及散热条件的好坏,所以对切削温度有明显的影响。前角大,产生的切削热少,切削温度低;前角小,切削温度高。

主偏角增大,切削温度将升高。因为主偏角加大后,切削刃工作长度缩短,切削热相对地集中,刀尖角减小,散热条件变差,切削温度升高。

3)工件材料对切削温度的影响

工件材料影响切削温度的因素主要有强度、硬度、塑性及传热系数。工件材料的强度与硬度越高,切削时消耗的功率越大,产生的切削热也越多,切削温度越高;工件材料塑性主要影响到第Ⅰ变形区的变形和第Ⅱ变形区的摩擦,从而影响切削温度;工件材料传热系数大,从工件传出去的热量大,切削温度低。

4)刀具磨损对切削温度的影响

刀具磨损后切削刃变钝,刃区前方的挤压作用增大,切削区金属的塑性变形增加;同时,磨损后的刀具后角基本为零,使工件与刀具的摩擦加大,两者均使切削热增多。

5）切削液对切削温度的影响

切削液能降低切削区的温度，改善切削过程中的摩擦状况，减少刀具和切屑的黏结，减少工件热变形，保证加工精度，减小切削力，提高刀具耐用度和生产效率。

2.4.4　刀具磨损与耐用度

1. 刀具磨损形式

刀具失效的形式分为正常磨损与破损两大类。下面主要介绍正常磨损的形态，如图 2-18 所示。

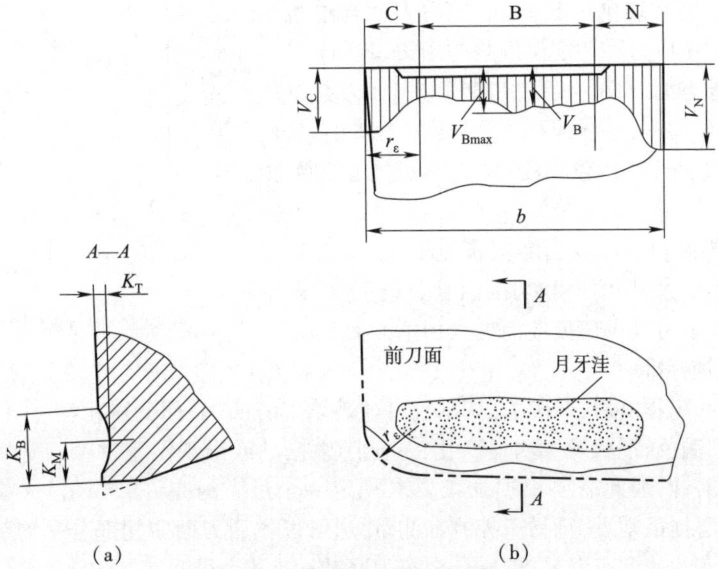

图 2-18　刀具的正常磨损状态

1）前刀面磨损

在切削速度较高、切削厚度较大的情况下，加工钢料等高熔点塑性金属时，在强烈的摩擦下，前刀面经常会磨出一个月牙形的洼坑。月牙洼中心即为前刀面上切削温度最高处。月牙洼与主切削刃之间有一条小棱边。在切削过程中，月牙洼的宽度与深度逐渐扩展，使棱边逐渐变窄，最后导致崩刃。月牙洼中心距主切削刃距离 K_M 为 1 ~ 3 mm，K_M 值的大小与切削厚度有关。前刀面磨损量，通常以月牙洼的最大深 K_T 度表示，如图 2-18（a）所示。

2）后刀面磨损

刀具主后刀面与工作过渡表面接触，产生强烈摩擦，在毗邻主切削刃的部位很快磨出后角等于零的小棱面，此种磨损形式称为后刀面磨损。

在切削速度较低、切削厚度较小的情况下，不管是切削脆性金属（如铸铁等）还是切削塑性金属，刀具都会产生主后刀面磨损。较典型的主后刀面磨损带，如图 2-18（b）所示。刀尖部分（C 区）由于强度较低，散热条件较差，磨损比较严重，其最大值用 V_C 表示。毗邻主切削刃且靠近工件外皮处的主后刀面（N 区）上，往往会磨出深沟，其深度用 V_N 表示，这是由于上道工序加工硬化层或毛坯表皮硬度高等的影响所致，称为边界磨损。在磨损带的中间部分（B 区），磨损比较均匀，用 V_{Bmax} 表示最大磨损值。

3)前刀面和主后刀面同时磨损

在中等切削速度和进给量的情况下,切削高熔点塑性金属时,经常发生前刀面月牙洼磨损和主后刀面磨损兼有的磨损形式。

2. 刀具磨损过程与磨钝标准

1)刀具磨损过程

在一定切削条件下,不论何种磨损状态,其磨损量都将随切削时间的增长而增长,如图 2-19 所示。由图可知:刀具的磨损过程可分为三个阶段。

(1)初期磨损阶段(*OA*):这一阶段磨损速率大,是因为新刃磨的刀具主后刀面存在粗糙不平、显微裂纹、氧化或脱碳层等缺陷,而且切削刃较锋利,主后刀面与过渡表面接触面积较小,压应力和切削温度集中于刃口所致。

(2)正常磨损阶段(*AB*):经过初期磨损后,刀具主后刀面粗糙表面已经磨平,承压面积增大,压应力减小,从而使磨损速率明显减小,且比较稳定,即刀具进入正常磨损阶段。

(3)急速磨损阶段(*BC*):当磨损带宽度 V_B 增大到一定限度后,摩擦力增大,切削力和切削温度急剧上升,刀具磨损速率增大,以致刀具迅速损坏而失去切削能力。

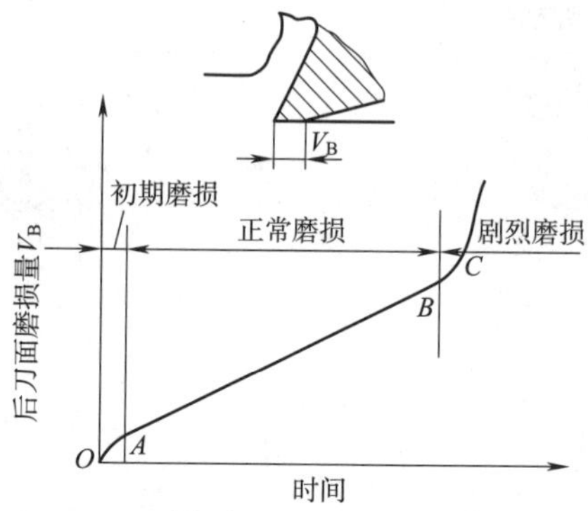

图 2-19　刀具磨损的典型曲线

2)刀具的磨钝标准

刀具磨损到一定程度后,切削力、切削温度显著增加,加工表面变得粗糙,工件尺寸可能会超出公差范围,切削颜色、形状发生明显变化,甚至产生振动或出现不正常噪声等。这些现象都可以说明刀具已经磨钝,因此需要根据加工要求规定一个最大的允许磨损值,这就是刀具磨钝标准。由于后刀面磨损最常见,且易于控制和测量,通常以主后刀面中间部分平均磨损量作为磨钝标准。根据生产实践的调查资料,硬质合金车刀磨钝标准推荐值见表 2-2。

表 2-2　硬质合金车刀的磨钝标准推荐值　(单位:mm)

加工条件	主后面 V_B 值
精车	0. 1 ~ 0. 3
合金钢粗车、粗车刚性较差工件	0. 4 ~ 0. 5
碳素钢粗车	0. 6 ~ 0. 8
铸铁件粗车	0. 8 ~ 1. 2
钢及铸铁大件低速粗车	1. 0 ~ 1. 5

3. 刀具寿命

1)刀具寿命的概念

所谓刀具寿命,指的是从刀具刃磨后开始切削,一直到磨损量达到磨钝标准为止所经过的总切削时间,用符号 *T* 表示,单位为 min。寿命应为切削时间,不包括对刀、测量、快进、回程等非切削时间。

2)影响刀具寿命的因素

(1)切削用量:切削用量是影响刀具寿命的一个重要因素。用硬质合金车刀切削 σ_b = 0. 736 GPa 的碳钢时,切削用量与刀具寿命的关系为

$$T=\frac{C_T}{v_c^5 f^{2.25} a_p^{0.75}}$$

从上式可以看出：v_c、f、a_p增大，刀具寿命 T 减小，且 v_c影响最大，f 次之，a_p最小。所以在保证一定刀具寿命的条件下，为了提高生产率，应首选取大的背吃刀量 a_p，然后选择较大的进给量 f，最后选择合理的切削速度 v_c。

(2)刀具几何参数：刀具几何参数对刀具寿命影响最大的是前角 γ_o和主偏角 k_r。

前角 γ_o增大，可使切削力减小，切削温度降低，寿命延长；但前角 γ_o太大会使契角 β_o太小，刀具强度削弱，散热差，且易于破损，刀具寿命反而缩短了。由此可见，对于每一种具体加工条件，都有一个使刀具寿命 T 最高的合理数值。

主偏角 k_r减小，可使刀尖强度提高，改善散热条件，延长刀具寿命；但主偏角 k_r过小则背向力增大，对刚性差的工艺系统，切削时易引起振动。

此外，如减小副偏角 k_r'，增大刀尖圆弧半径 r_ε，其对刀具寿命的影响与主偏角减小时相同。

(3)刀具材料：刀具材料的高温强度越高，耐磨性越好，刀具寿命越长。但在有冲击切削、重型切削和难加工材料切削时，影响刀具寿命的主要因素是冲击韧度和抗弯强度。韧性越好，抗弯强度越高，刀具寿命越长，越不易产生破损。

(4)工件材料：工件材料的强度、硬度越高，产生的切削温度越高，故刀具寿命越短。此外，工件材料的塑性、韧性越高，导热性越低，切削温度越高，刀具寿命越短。

3)刀具寿命的确定

合理选择刀具寿命，可以提高生产率和降低加工成本。刀具寿命定得过长，就要选取较小的切削用量，从而降低了金属切除率，降低了生产率，提高了加工成本；反之，刀具寿命定得过短，虽然可以采取较大的切削用量，但却因刀具磨损快，换刀、磨刀时间增加，刀具费用增大，同样会使生产率降低和加工成本提高。目前生产中常用的刀具寿命参考值见表 2-3。

表 2-3　刀具寿命参考值　（单位：min）

刀 具 类 型	刀具寿命 T 值
高速钢车刀	60～90
高速钢钻头	80～120
硬质合金焊接车刀	60
硬质合金可转位车刀	15～30
硬质合金面铣刀	120～180
齿轮刀具	200～300
自动机床用高速钢车刀	180～200

选择刀具寿命时，还应考虑以下几点：

(1)复杂的、高精度的、多刃的刀具寿命应比简单的、低精度的、单刃刀具长。

(2)可转位刀具换刃、换刀片快捷，为使切削刃始终处于锋利状态、刀具寿命可选得短些。

(3)精加工刀切削负荷小，刀具寿命应比粗加工刀具选得长一些。

(4)精加工大件时，为避免中途换刀，刀具寿命应选得长一些。

(5)数控加工中，刀具寿命应大于一个工作班，至少应大于一个零件的切削时间。

2.5 切削用量及切削液的选择

2.5.1 数控车削切削用量的选择

切削用量的大小对切削力、切削功率、刀具磨损、加工质量和加工成本均有显著影响。选择切削用量时，就是在保证加工质量和刀具耐用度的前提下，充分发挥机床性能和刀具切削性能，使切削效率最高，加工成本最低。

1. 切削用量选择原则

1）粗加工时切削用量的选择原则

首先选取尽可能大的背吃刀量；其次要根据机床动力和刚性的限制条件等，选取尽可能大的进给量；最后根据刀具耐用度确定最佳的切削速度。

2）精加工时切削用量的选择原则

首先根据粗加工后的余量确定背吃刀量；其次根据已加工表面粗糙度要求，选取较小的进给量；最后在保证刀具耐用度的前提下尽可能选用较高的切削速度。

2. 切削用量选择方法

1）背吃刀量 a_p 的选择

根据加工余量确定背吃刀量。粗加工（$Ra=10\sim80\ \mu m$）时，一次进给应尽可能切除全部余量。在中等功率机床上，背吃刀量可达 8～10 mm。半精加工（$Ra=1.25\sim10\ \mu m$）时，背吃刀量取为 0.5～2 mm。精加工（$Ra=0.32\sim1.25\ \mu m$）时，背吃刀量取为 0.1～0.4 mm。

在工艺系统刚性不足或毛坯余量很大，或余量不均匀时，粗加工要分几次进给，并且应当把第一、二次进给的背吃刀量尽量取得大一些。

2）进给量 f 的选择

粗加工时，由于对工件表面质量没有太高的要求，这时主要考虑机床进给机构的强度和刚性及刀杆的强度和刚性等限制因素。根据加工材料、刀杆尺寸、工件直径及已确定的背吃刀量来选择进给量，选择尽可能大的 f 值。

在半精加工和精加工时，则按表面粗糙度要求，根据工件材料、刀尖圆弧半径、切削速度选择进给量，应选择较小的 f 值。

3）切削速度 v_c（主轴转速 n）的选择

切削速度的选择应保证刀具的耐用度及切削负荷不超过机床额定功率。粗加工时，背吃刀量和进给量均较大，故选较低的切削速度；精加工时，则选较高的切削速度。主轴转速要根据允许的切削速度 v_c 来选择，$v_c=\dfrac{\pi dn}{1\ 000}$。

根据已经选定的背吃刀量、进给量及刀具耐用度选择切削速度。可用经验公式计算，也可根据生产实践经验在机床说明书允许的速度范围内查表选取。

在选择切削速度时，还应考虑以下几点。

（1）应尽量避开积屑瘤产生的区域。

（2）断续切削时，为减小冲击和热应力，要适当降低切削速度。

（3）在易发生振动的情况下，切削速度应避开自激振动的临界速度。

（4）加工大件、细长件和薄壁工件时，应选用较低的切削速度。

（5）加工带外皮的工件时，应适当降低切削速度。

切削用量的具体数值可参阅机床说明书、切削用量手册,并结合实际经验而确定,表 2-4 是参考了切削用量手册并结合学生实训的特点而确定的切削用量参考表。

表 2-4　切削用量选择参考表

<table>
<tr><th>零件材料及
毛坯尺寸/mm</th><th>加工内容</th><th>背吃刀量
a_p/mm</th><th>主轴转速
$n/(r \cdot mm^{-1})$</th><th>进给量
$f(mm \cdot r^{-1})$</th><th>刀具材料</th></tr>
<tr><td rowspan="5">45 钢,直径 $\phi20$ ~ $\phi60$ 坯料,内孔直径 $\phi13$ ~ $\phi20$</td><td>粗加工</td><td>1 ~ 2.5</td><td>300 ~ 800</td><td>0.15 ~ 0.4</td><td rowspan="3">硬质合金
(YT 类)</td></tr>
<tr><td>精加工</td><td>0.25 ~ 0.5</td><td>600 ~ 1 000</td><td>0.08 ~ 0.2</td></tr>
<tr><td>车槽、车断
(车刀宽度 3 ~ 5 mm)</td><td></td><td>300 ~ 500</td><td>0.05 ~ 0.1</td></tr>
<tr><td>钻中心孔</td><td></td><td>300 ~ 800</td><td>0.1 ~ 0.2</td><td>高速钢</td></tr>
<tr><td>钻孔</td><td></td><td>300 ~ 500</td><td>0.05 ~ 0.2</td><td>高速钢</td></tr>
</table>

2.5.2　切削液的选择

在金属切削过程中,合理选择切削液,可以改善工件与刀具间的摩擦状况,降低切削力和切削温度,减轻刀具磨损,减小工件的热变形,从而可以提高刀具耐用度,提高加工效率和加工质量。

1. 切削液的作用

1)冷却作用

切削液可以将切削过程中所产生的热量迅速地从切削区带走,使切削区温度降低。切削液的流动性越好,比热容、导热系数和汽化热等参数越高,则其冷却性能越好。

2)润滑作用

切削液能在刀具的前、后刀面与工件之间形成一层润滑薄膜,可减少或避免刀具与工件或切屑间的直接接触,减轻摩擦和黏结程度,因而可以减轻刀具的磨损,提高工件表面的加工质量。

为保证润滑作用的实现,要求切削液能够迅速渗入刀具与工件或切屑的接触界面,形成牢固的润滑油膜,使其不致在高温、高压及剧烈摩擦的条件下被破坏。

3)清洗作用

在切削过程中,会产生大量切屑、金属碎片和粉末,特别是在磨削过程中,砂轮上的砂粒会随时脱落和破碎下来。使用切削液便可以及时地将它们从刀具(或砂轮)和工件上冲洗下去,从而避免切屑黏附刀具、堵塞排屑和划伤已加工表面。这一作用对于磨削、螺纹加工和深孔加工等工序尤为重要。为此,要求切削液有良好的流动性,并且在使用时有足够大的压力和流量。

4)防锈作用

为了减轻工件、刀具和机床受周围介质(如空气、水分等)的腐蚀,要求切削液具有一定的防锈作用。防锈作用的好坏,取决于切削液本身的性能和加入的防锈添加剂品种和比例。

2. 切削液的种类

常用的切削液分为水溶液、乳化液和切削油三大类。

1)水溶液

水溶液是以水为主要成分的切削液。水的导热性能好,冷却效果好。但单纯的水容易使金属生锈,润滑性能差。因此,常在水溶液中加入一定量的添加剂,如防锈添加剂、表面活性物质和油性添加剂等,使其既具有良好的防锈性能,又具有一定的润滑性能。在配制水溶液时,要特别注意水质情况,如果是硬水,必须进行软化处理。

2)乳化液

乳化液是将乳化油用95%~98%的水稀释而成,呈乳白色或半透明状的液体,具有良好的冷却作用,但润滑、防锈性能较差。实际使用中,常需加入一定量的油性、极压添加剂和防锈添加剂,配制成极压乳化液或防锈乳化液。

3)切削油

切削油的主要成分是矿物油,少数采用动植物油或复合油。纯矿物油不能在摩擦界面形成坚固的润滑膜,润滑效果较差。实际使用中,常加入油性添加剂、极压添加剂和防锈添加剂,以提高其润滑和防锈作用。

3. 切削液的选用

1)粗加工时切削液的选用

粗加工时,加工余量大,所用切削用量大,产生大量的切削热。采用高速钢刀具切削时,使用切削液的主要目的是降低切削温度,减少刀具磨损。硬质合金刀具耐热性好,一般不用切削液,必要时可采用低浓度乳化液或水溶液。但必须连续、充分地浇注,以免处于高温状态的硬质合金刀片产生巨大的内应力而出现裂纹。

2)精加工时切削液的选用

精加工时,要求表面粗糙度值较小,一般选用润滑性能较好的切削液,如高浓度的乳化液或含极压添加剂的切削油。

3)根据工件材料的性质选用切削液

(1)切削塑性材料时需用切削液。切削铸铁、黄铜等脆性材料时,一般不用切削液,以免崩碎切屑黏附在机床的运动部件上。

(2)加工高强度钢、高温合金等难加工材料时,由于切削加工处于极压润滑摩擦状态,故应选用含极压添加剂的切削液。

(3)切削有色金属和铜、铝合金时,为了得到较高的表面质量和精度,可采用10%~20%的乳化液、煤油或煤油与矿物油的混合物。但不能用含硫的切削液,因硫对有色金属有腐蚀作用。

(4)切削镁合金时,不能用水溶液,以免燃烧。

2.6 工件在数控机床上的装夹

2.6.1 机床夹具的分类

在数控机床上加工零件时,为保证加工精度,必须先使工件在机床上占据一个正确的位置,即定位,然后将其夹紧。这种定位与夹紧的过程称为工件的装夹。用于装夹工件的工艺装备就是机床夹具。

1. 按专门化程度分类

(1)通用夹具:通用夹具是指已经标准化、无须调整或稍加调整就可用于装夹不同工件的夹具。如三爪自定心卡盘和四爪单动卡盘、平口钳、回转工作台、分度头等。这类夹具主要用于单件、小批量生产。

(2)专用夹具:专为某一工件的一定工序加工而设计的夹具。结构紧凑,操作方便,主要用于产品固定的大批量生产中。

(3)可调夹具:可调夹具是指加工完一种工件后,通过调整或更换个别元件就可加工形状相似，尺寸相近的工件。多用于中小批量生产。

(4)组合夹具：组合夹具是指按一定的工艺要求，由一套预先制造好的通用标准元件和部件组合而成的夹具。这类夹具使用完后，可进行拆卸或重新组装夹具，具有缩短生产周期，减少专用夹具的品种和数量的优点。适用于新产品的试制及多品种、小批量的生产。

(5)随行夹具：随行夹具是在自动线加工中针对某一种工件而采用的一种夹具。除了具有一般夹具所担负的装夹工件的任务外，还担负着沿自动线输送工件的任务。

2. 按使用机床类型分类

按使用机床类型可分为车床夹具、铣床夹具、钻床夹具、镗床夹具、加工中心机床夹具和其他机床夹具等。

3. 按驱动夹具工作的动力源分类

按驱动夹具工作的动力源可分为手动夹具、气动夹具、液压夹具、电动夹具、磁力夹具、真空夹具及自夹紧夹具等。

2.6.2　工件定位的基本原理

1. 六点定位原理

工件在空间具有六个自由度，即沿 x、y、z 三个坐标方向的移动自由度 $\vec{x}$、$\vec{y}$、$\vec{z}$ 和绕 x、y、z 三个坐标轴的转动自由度 $\widehat{x}$、$\widehat{y}$、$\widehat{z}$(见图 2-20)，因此，要完全确定工件的位置，就需要按一定的要求布置六个支承点(即定位元件)来限制工件的六个自由度。其中每个支承点限制相应的一个自由度。这就是工件定位的“六点定位原理”。

图 2-21 所示为长方形工件的六点定位情况。底面 A 放置在不在同一直线上的三个支承点，限制了工件的 $\vec{z}$、$\widehat{x}$、$\widehat{y}$ 三个自由度；工件侧面 B 紧靠在沿长度方向布置的两个支承点上，限制了 $\vec{x}$、$\widehat{z}$ 两个自由度；端面 C 紧靠在一个支承点上，限制了 $\vec{y}$ 自由度。

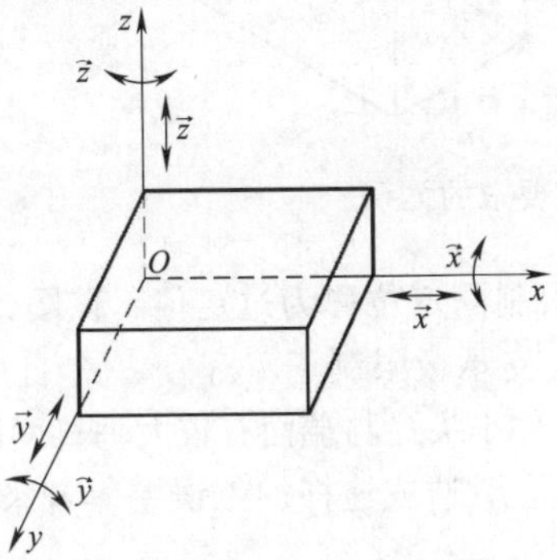

图 2-20　工件在空间的自由度

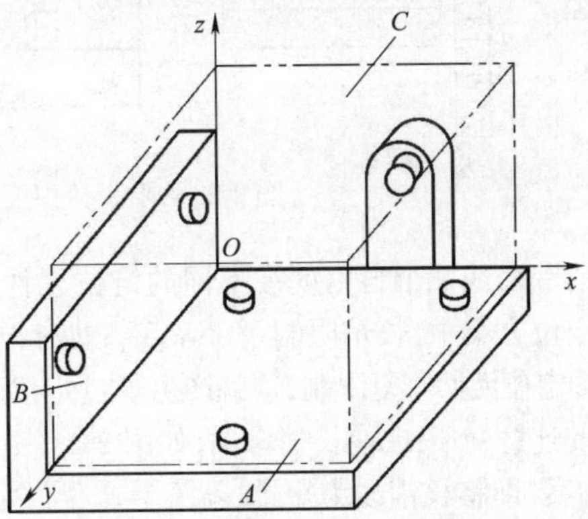

图 2-21　长方形工件的六点定位

图 2-22 所示为盘类工件的六点定位情况。平面放在三个支承点上，限制了 $\vec{z}$、$\widehat{y}$、$\widehat{x}$ 三个自由度；圆柱面靠在侧面的两个支承点上，限制了 $\vec{x}$、$\vec{y}$ 两个自由度；在槽的侧面放置一个支承点，限制了 $\widehat{z}$ 的自由度。

由图 2-21 和图 2-22 可知，工件形状不同，定位表面不同，定位点的布置情况会各不相同。

2. 限制工件自由度与加工要求的关系

根据工件加工表面的不同加工要求，有些自由度对加工要求有影响，有些自由度对加工要求无影响。如铣削图 2-22 所示零件上的通槽，$\widehat{x}$、$\widehat{y}$、$\vec{z}$三个自由度影响槽底面与 A 面的平行度及尺寸 $60_{-0.2}^{\ 0}$ mm 两项加工要求，$\vec{x}$、$\widehat{z}$ 两个自由度影响槽侧面与 B 面的平行度及尺寸(30 ± 0.1) mm 两项加工要求，$\vec{y}$ 自由度不影响通槽加工。$\vec{x}$、$\vec{z}$、$\widehat{x}$、$\widehat{y}$、$\widehat{z}$ 五个自由度对加工要求有影响，应该限制。工件定位时，影响加工要求的自由度必须限制，不影响加工要求的自由度不必限制。

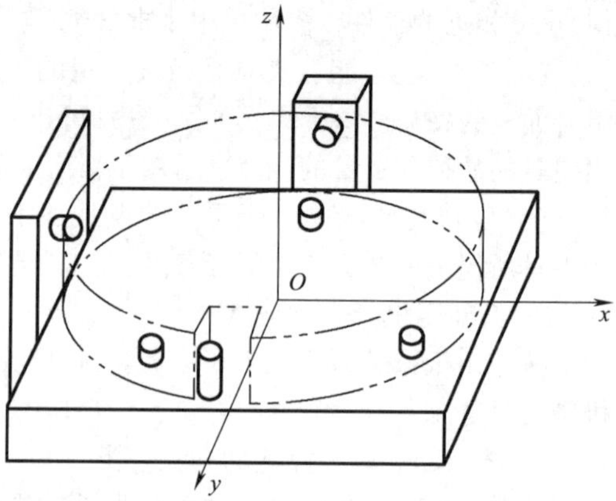

图 2-22　盘类工件的六点定位

3. 完全定位与不完全定位

工件的六个自由度都被限制的定位称为完全定位，如图 2-21 所示。工件被限制的自由度少于六个，但不影响加工要求的定位称为不完全定位，如图 2-22 所示。完全定位与不完全定位都是实际加工中最常用的定位方式。

4. 过定位与欠定位

按照加工要求应该限制的自由度没有被限制的定位称为欠定位。欠定位是不允许的。因为欠定位保证不了加工要求。在图 2-23 中，如果 $\vec{z}$ 没有限制，$60_{-0.2}^{\ 0}$ mm 就无法保证；$\widehat{x}$ 或 $\widehat{y}$ 没有限制，槽底与 A 面的平行度就不能保证。

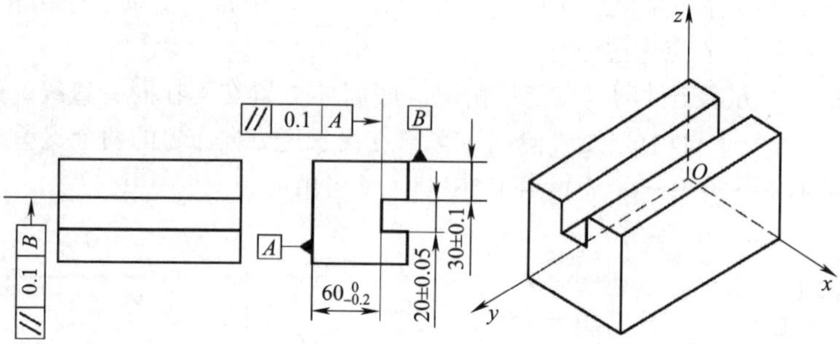

图 2-23　限制自由度与加工要求的关系

工件的一个或几个自由度被不同的定位元件重复限制的定位称为过定位。在图 2-24(a)所示的连杆定位方案中，长销限制了 $\vec{x}$、$\vec{y}$、$\widehat{x}$、$\widehat{y}$四个自由度，支承板限制了 $\widehat{x}$、$\widehat{y}$、$\vec{z}$ 三个自由度，其中 $\widehat{x}$、$\widehat{y}$ 被两个定位元件重复限制，这就产生了过定位。当工件小头孔与端面有较大垂直度误差时，夹紧力 F_J将使连杆变形，或使长销弯曲，如图 2-24(b)、(c)所示，造成连杆加工误差。若采用图 2-24(d)所示方案，即将长销改为短销，就不会产生过定位。

当过定位导致工件或定位元件变形，影响加工精度时，应严禁采用，但当过定位不影响工件的正确定位，对提高加工精度有利时，也可以采用。过定位是否采用，要具体情况具体分析。

2.6.3 定位基准的选择

1. 基准及其分类

零件图、实际零件或工艺文件上用来确定某一点、线、面的位置所依据的点、线、面，称为基准。根据基准功用的不同，分为设计基准和工艺基准。

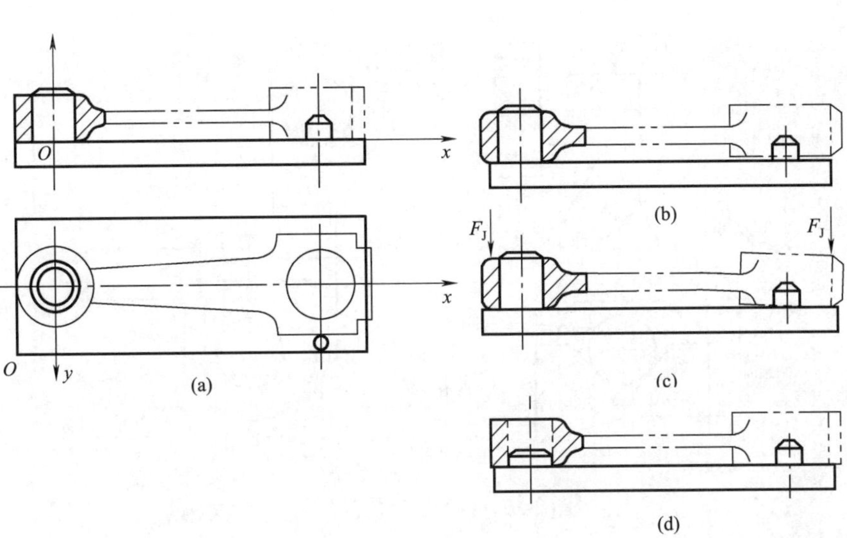

图 2-24　连杆定位方案

1）设计基准

设计图样上所采用的基准，称为设计基准。例如，图 2-25 所示的衬套零件，轴心线 $O—O$ 是各外圆表面和内孔的设计基准；端面 A 是端面 B、C 的设计基准；ϕ30H7 内孔的轴心线是 ϕ45h6 外圆表面径向跳动和端面 B 端面圆跳动的设计基准。

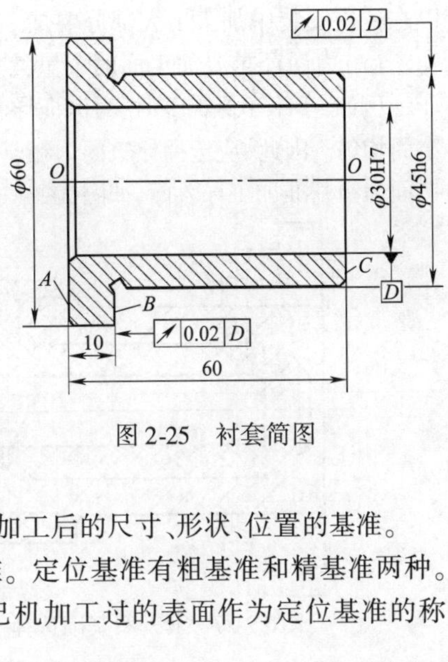

图 2-25　衬套简图

2）工艺基准

在工艺过程中所采用的基准，称为工艺基准。它包括以下几个方面。

（1）装配基准：装配时用以确定零件在部件或产品中的相对位置所采用的基准。

（2）测量基准：测量时所采用的基准。

（3）工序基准：在工序图上用来确定本工序所加工表面加工后的尺寸、形状、位置的基准。

（4）定位基准：在加工中确定工件的位置所采用的基准。定位基准有粗基准和精基准两种。用未机加工过的毛坯表面作为定位基准的称为粗基准；用已机加工过的表面作为定位基准的称为精基准。

作为基准的点、线、面有时在工件上并不一定实际存在（如孔和轴的轴心线，两平面之间的对称中心面等），在定位时是通过有关具体表面体现的，这些表面称为定位基面。工件以回转表面（如孔、外圆）定位时，回转表面的轴心线是定位基准，而回转表面就是定位基面。工件以平面定位时，其定位基准与定位基面一致。

图 2-26 所示为各种基准之间关系的实例。

2. 粗基准的选择

粗基准的选择是否合理，直接影响到各加工表面加工余量的分配，以及加工表面和不加工表面的相互位置关系。因此，必须合理选择。具体选择时一般应遵循下列原则。

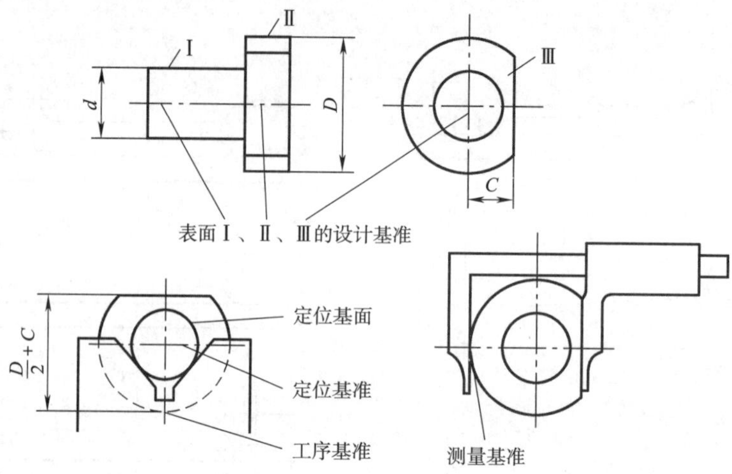

图 2-26　各种基准之间的关系

(1)为保证不加工表面与加工表面之间的位置要求,应选择不加工表面为粗基准。

如图 2-27 所示,以不加工的外圆表面做粗基准,可以保证内孔加工后壁厚均匀。同时,还可以在一次安装中加工出大部分要加工表面。

(2)为保证重要加工面的余量均匀,应选择重要加工面为粗基准。

例如,车床车身加工时,为保证导轨面有均匀一致的金相组织和较高的耐磨性,应使其加工余量小而均匀。因此,应选择导轨面为粗基准,先加工与床腿的连接面,如图 2-28(a)所示。然后,再以连接面为精基准加工导轨面,如图 2-28(b)所示。这样即可保证导轨面被切去的余量小而均匀。

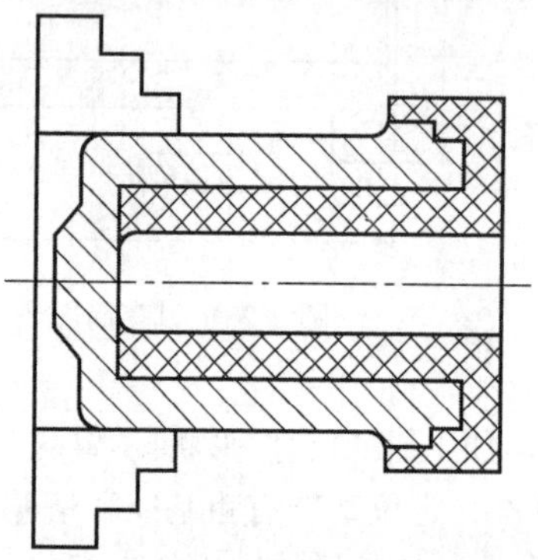

图 2-27　套的粗基准选择

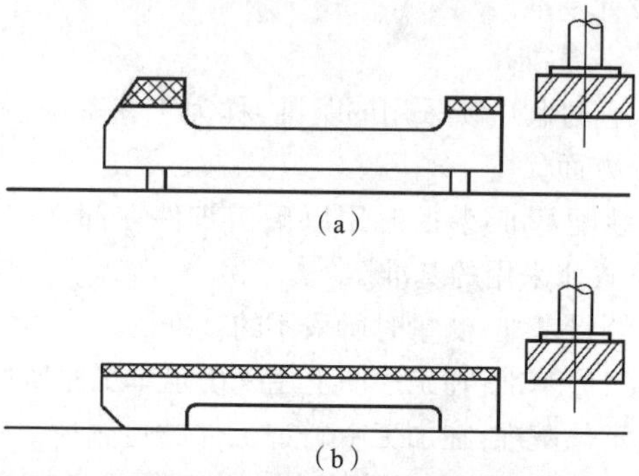

图 2-28　车床床身的粗基准选择

(3)为保证各加工表面都有足够的加工余量,应选择毛坯余量最小的面为粗基准。

如图 2-29 所示的阶梯轴,毛坯锻造时两外圆有 5 mm 的偏心,应选择 $\phi58$ mm 的外圆表面做粗基准,因其加工余量较小。如果选 $\phi114$ mm 的外圆为粗基准加工 $\phi58$ mm 外圆时,则加工后的 $\phi58$ mm 的外圆,因一侧余量不足而使工件报废。

(4)粗基准比较粗糙且精度低,一般在同一尺寸方向上不应重复使用。否则,因重复使用所产生的定位误差,会引起相应加工表面间出现较大的位置误差。如图 2-30 所示的小轴,如果重复使用毛坯面 *B* 定位加工面 *A* 和 *C*,则会使加工面 *A* 和 *C* 产生较大的同轴度误差。

(5)作为粗基准的表面,应尽量平整,没有浇口、冒口或飞边等其他表面缺陷,以便使工件定位可靠,夹紧方便。

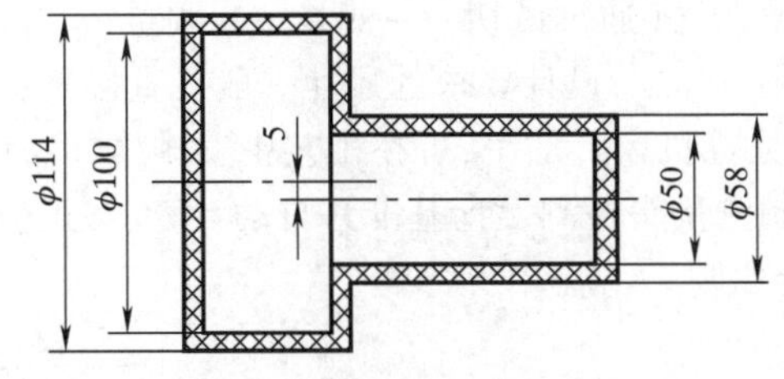

图 2-29　阶梯轴的粗基准选择

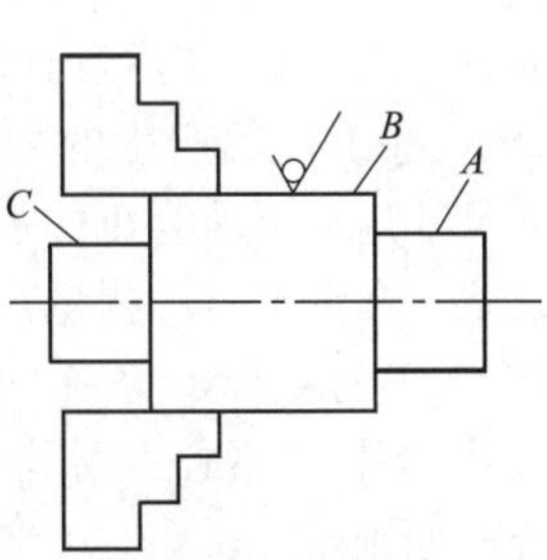

图 2-30　重复使用粗基准示例

3. 精基准的选择

除第一道工序采用粗基准外，其余工序都应使用精基准。选择精基准主要考虑如何减少加工误差、保证加工精度、使工件装夹方便，并使零件的制造较为经济、容易。具体选择时可遵循下列原则。

1）基准重合原则

选择加工表面的设计基准作为定位基准，称为基准重合原则。采用基准重合原则可以避免由定位基准与设计基准不重合而引起的定位误差。

例如，图 2-31（a）所示的轴承座，现欲加工孔 3，孔 3 的设计基准是面 2，要求保证的尺寸是 A，若如图 2-31（b）所示，以面 1 为定位基准，用调整法（先调整好刀具和工件在机床上的相对位置，并在一批零件的加工过程中保持这个位置不变，以保证工件被加工尺寸的方法）加工，则直接保证的是尺寸 C。这时尺寸 A 只能通过控制尺寸 B 和 C 来间接保证。控制尺寸 B 和 C 就是控制它们的加工误差值。设尺寸 B 和 C 可能的误差值分别为它们的公差值 T_B 和 T_C，则尺寸 A 可能的误差值为

$$A_{\max}-A_{\min}=(C_{\max}-B_{\min})-(C_{\min}-B_{\max})=B_{\max}-B_{\min}+C_{\max}-C_{\min}$$

即

$$T_A=T_B+T_C$$

T_A 是尺寸 A 允许的最大误差值，即公差值。上式说明：用这种定位方法加工，尺寸 A 的误差值是尺寸 B 和 C 误差值之和。

从上述分析可知，尺寸 A 的加工误差中增加了一个从定位基准到设计基准之间尺寸 B 的误差，这个误差称为基准不重合误差。由于基准不重合误差的存在，只有提高本道工序尺寸 C 的加工精度，才能保证尺寸 A 的精度，当本道工序的加工精度不能满足要求时，还需提高前道工序尺寸 B 的加工精度。

如果按图 2-31（c）所示，用面 2 定位，遵循基准重合原则，则能直接保证设计尺寸 A 的精度。

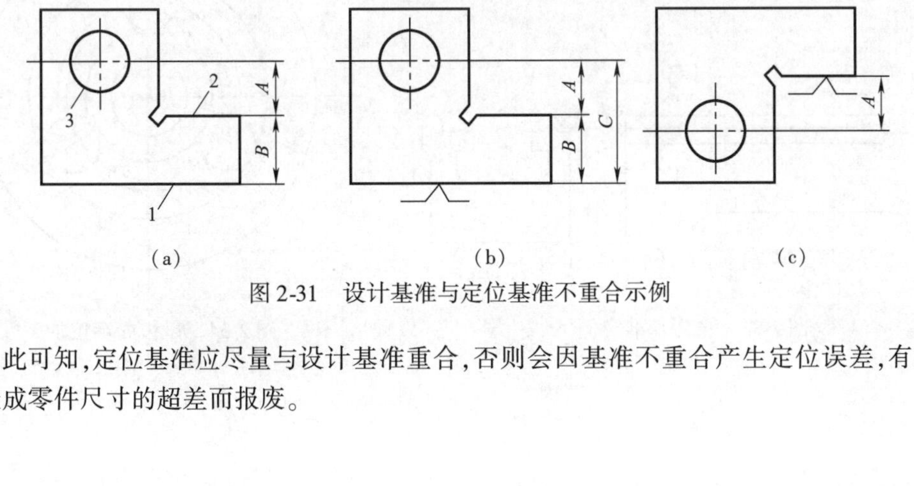

图 2-31　设计基准与定位基准不重合示例

由此可知，定位基准应尽量与设计基准重合，否则会因基准不重合产生定位误差，有时甚至因此造成零件尺寸的超差而报废。

应用基准重合原则时,应注意具体条件。定位过程中产生的基准不重合误差,是在用夹具装夹、调整法加工一些工件时产生的。若用试切法(通过试切——测量——调整——再试切,反复进行到被加工尺寸达到要求为止的加工方法)加工,设计要求的尺寸一般可直接测量,则不存在基准不重合误差。在带有自动测量功能的数控机床上加工,可在工艺中安排坐标系测量检查工步,即每个零件加工前由CNC系统自动控制测量头检测设计基准并自动计算、修正坐标值,消除基准不重合误差。因此,不必遵循基准重合原则。

2)基准统一原则

当工件以某一组精基准可以比较方便地加工其他各表面时,应尽可能在多数工序中采用此同一组精基准定位,这就是基准统一原则。采用基准统一原则可以避免基准变换所产生的误差,减少各加工表面之间的位置误差,同时简化夹具的设计和制造工作量。

例如,加工轴类零件时,常采用两端顶尖孔作为统一基准加工各外圆表面,这样可以保证各表面之间较高的同轴度。加工盘类零件时,常采用一端面和一短孔作为精基准完成各工序的加工。加工箱体时,常用一大平面和两个距离较远的孔作为精基准,如图2-32所示。

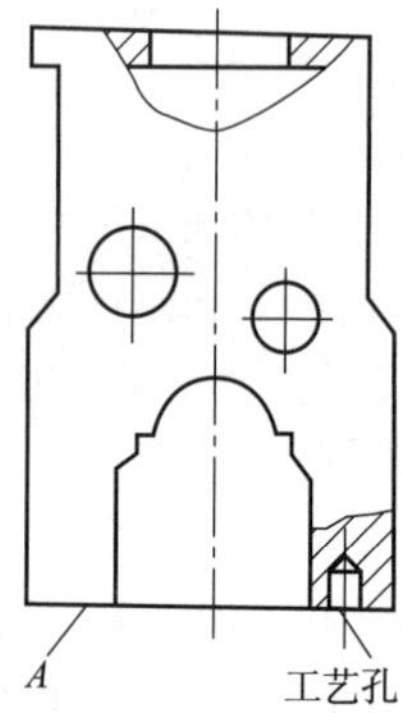

图2-32　发动机机体

3)自为基准原则

某些要求加工余量小而均匀的精加工工序,选择加工表面本身作为定位基准,称为自为基准原则。

例如,图2-33所示的导轨面磨削,在磨床上用百分表找正导轨面相对机床运动方向的正确位置,然后磨去薄而均匀的一层,以满足对导轨面的质量要求。采用自为基准原则加工时,只能提高加工表面本身的尺寸精度、形状精度,而不能提高加工表面的位置精度,加工表面的位置精度应由前道工序保证。

4)互为基准原则

为使各加工表面之间有较高的位置精度,又为了使其加工余量小而均匀,可采用两个表面互为基准反复加工,称为互为基准原则。

例如,车床主轴颈与前端锥孔有很高的同轴度要求,生产中常以主轴颈表面和锥孔表面互为基准反复加工来达到。又如加工精密齿轮,可确定齿面和内孔互为基准(见图2-34),反复加工。

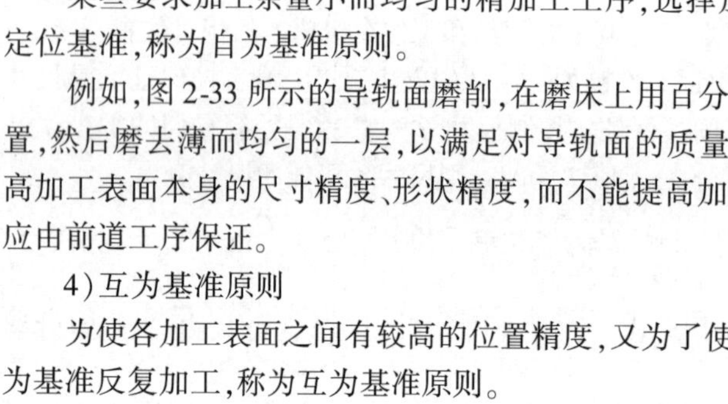
图2-33　自为基准实例

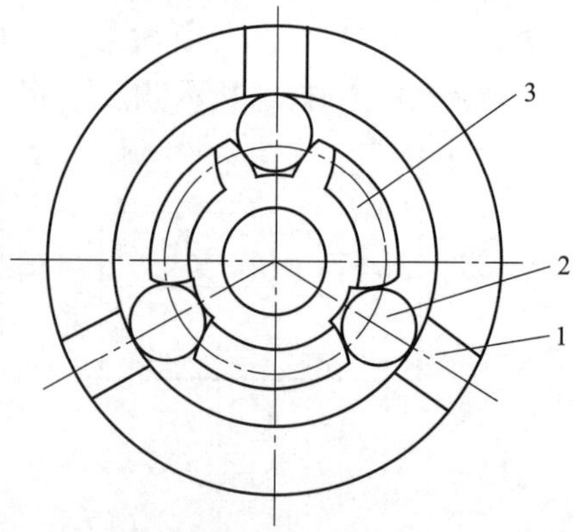

图2-34　以齿面定位加工孔
1—卡盘;2—滚柱;3—齿轮

除了上述四条原则外，选择精基准时，还应考虑所选精基准能使工件定位准确、稳定，装夹方便，进而使夹具结构简单、操作方便。

在实际生产中，精基准的选择要完全符合上述原则，有时很难做到。例如，统一的定位基准与设计基准不重合时，就不可能同时遵循基准统一原则和基准重合原则。在这种情况下，若采用统一定位基准，尺寸精度能够保证，则应遵循基准统一原则。若不能保证尺寸精度，则可在粗加工和半精加工时遵循基准统一原则，在精加工时遵循基准重合原则。所以，应根据具体的加工对象和加工条件，从保证主要技术要求出发，灵活选用有利的精基准。

4. 辅助基准的选择

有些零件的加工，为了装夹方便或易于实现基准统一，人为地造成一种定位基准，称为辅助基准。例如，轴类零件加工所用的两个中心孔、图 2-32 所示零件的工艺孔等。作为辅助基准的表面不是零件的工作表面，在零件的工作中不起任何作用，只是由于工艺上的需要才做出的。所以，有些可在加工完毕后从零件上切除。

2.6.4　工件的夹紧

加工过程中，为保证工件定位时确定的正确位置，防止工件在切削力、离心力、惯性力、重力等作用下产生位移和振动，须将工件夹紧。这种保证加工精度和安全生产的装置，称为夹紧装置。

1. 对夹紧装置的基本要求

(1)夹紧过程中，不改变工件定位后所占据的正确位置。

(2)夹紧力的大小适当。既要保证工件在加工过程中其位置稳定不变、振动小，又要使工件不产生过大的夹紧变形。

(3)操作方便、省力、安全。

(4)夹紧装置的自动化程度及复杂程度与工件的产量和批量相适应。

2. 夹紧力方向和作用点的选择

(1)夹紧力应朝向主要定位基准。如图 2-35(a)所示，被加工孔与左端面有垂直度要求，因此，要求夹紧力 F_J 朝向定位元件 A 面。如果夹紧力改朝 B 面，由于工件左端面与底面的夹角误差，夹紧时将破坏工件的定位，影响孔与左端面的垂直度要求。又如图 2-35(b)所示，夹紧力 F_J 朝向 V 形块，使工件的夹紧稳定可靠。但是，如果改为朝向 B 面，则夹紧时工件有可能会离开 V 形块的工作面而破坏工件的定位。

(2)夹紧力方向应有利于减小夹紧力。如图 2-36 所示，当夹紧力 F_J 与切削力 F、工件重力 W 同方向时，加工过程所需的夹紧力可最小。

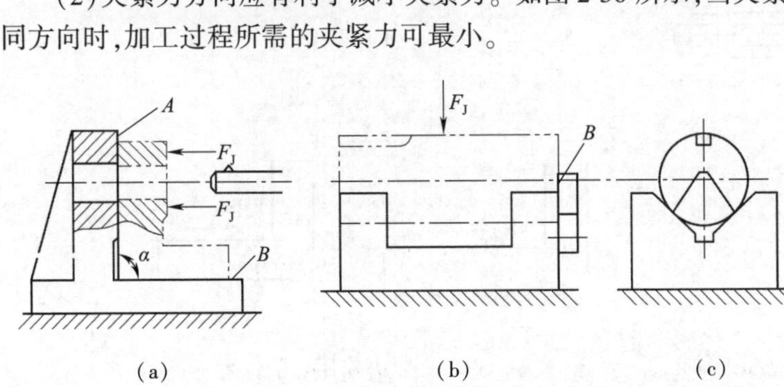

图 2-35　夹紧力朝向主要定位面

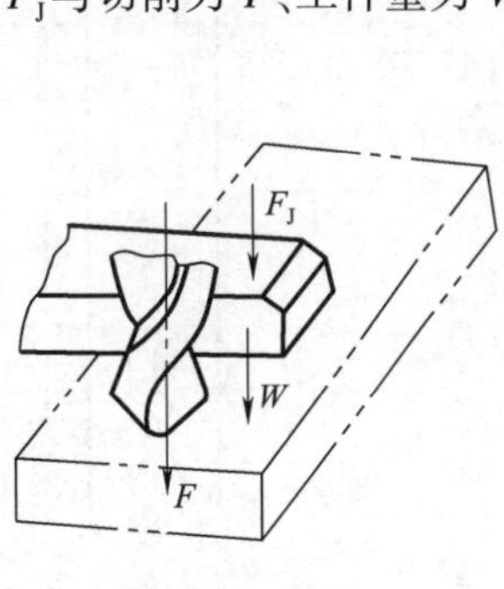

图 2-36　F_J、F、W 三力同向

(3)夹紧力的作用点应选在工件刚性较好的方向和部位。这一原则对刚性差的工件特别重

要。如图 2-37(a)所示,薄壁套的轴向刚性比径向好,用卡爪径向夹紧时工件变形大,若沿轴向施加夹紧力,变形就会小得多。夹紧图 2-37(b)所示的薄壁箱体时,夹紧力不应作用在箱体的顶面,而应作用于刚性较好的凸边上。箱体没有凸边时,可如图 2-37(c)所示将单点夹紧改为三点夹紧,以减少工件的夹紧变形。

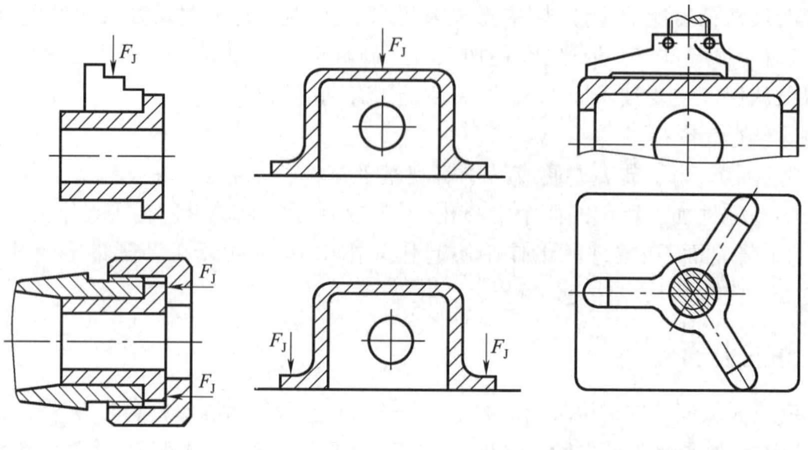

(a)　(b)　(c)

图 2-37　夹紧力与工件刚性的关系

(4)夹紧力作用点应尽量靠近工件加工面。在拨叉上铣槽时(见图 2-38),由于主要夹紧力的作用点距加工表面较远,故在靠近加工面的地方设置了辅助支承,增加了夹紧力 F_J。这样提高了工件的装夹刚性,减少了加工过程中的振动。

(5)夹紧力作用线应落在定位支承范围内。如图 2-39 所示夹紧力作用线落在定位元件支承范围之外,夹紧时将破坏工件的定位,因而是错误的。

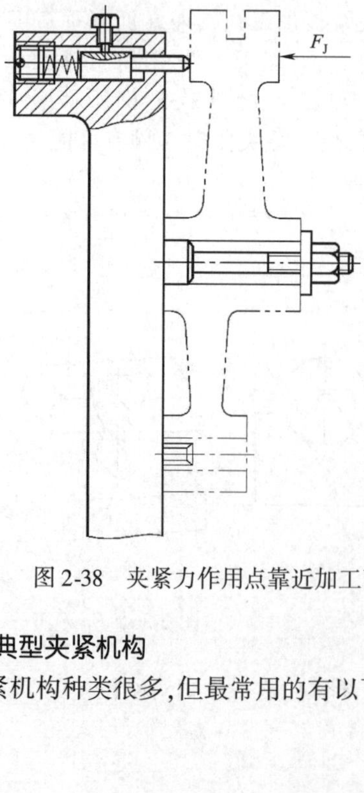

图 2-38　夹紧力作用点靠近加工面

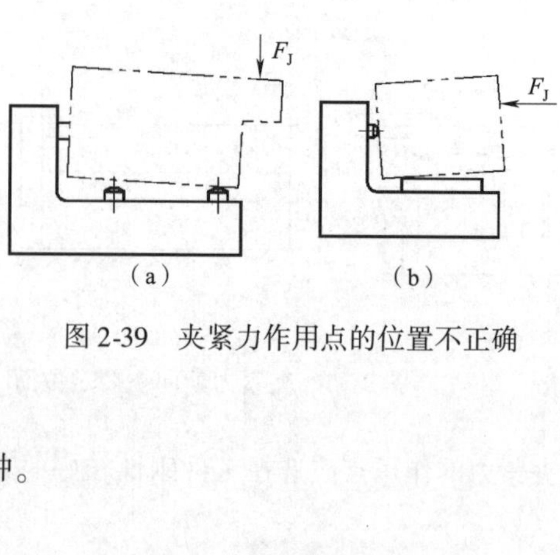

(a)　(b)

图 2-39　夹紧力作用点的位置不正确

3. 典型夹紧机构

夹紧机构种类很多,但最常用的有以下几种。

1)斜楔夹紧机构

采用斜楔作为传力元件或夹紧元件的夹紧机构称为斜楔夹紧机构。图 2-40(a)所示为斜楔夹紧机构的一种应用。敲入斜楔 1,迫使滑柱 2 下降,装在滑柱上的浮动压板 3 即可同时夹紧两个工件 4。加工完毕后,锤击斜楔 1 的小头,松开工件。由于用斜楔直接夹紧工件的夹紧力较小,且操作费时,所以实际生产中多与其他机构联合使用。图 2-40(b)所示为斜楔与螺旋夹紧机构的组合形式。通过转动螺杆推动楔块,使铰链压板转动而夹紧工件。

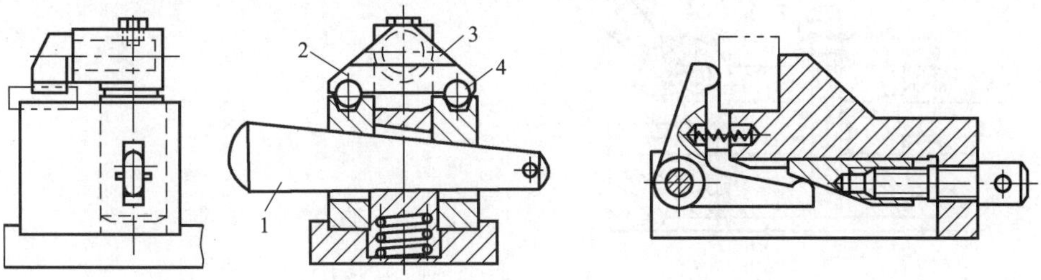

(a)　　(b)

图 2-40　斜楔夹紧机构

1—斜楔;2—滑柱;3—浮动压板;4—工件

2)螺旋夹紧机构

由螺钉、螺母、垫圈、压板等元件组成的夹紧机构称为螺旋夹紧机构。螺旋夹紧机构不仅结构简单、容易制造,而且自锁性好,夹紧力大,是夹具上用得最多的一种夹紧机构。

图 2-41 所示为单个螺旋夹紧机构。图 2-41(a)用螺钉直接夹压工件,其表面易夹伤,且在夹紧过程中可能使工件转动。为克服上述缺点,在螺钉头部加上摆动压块,如图 2-41(b)所示。

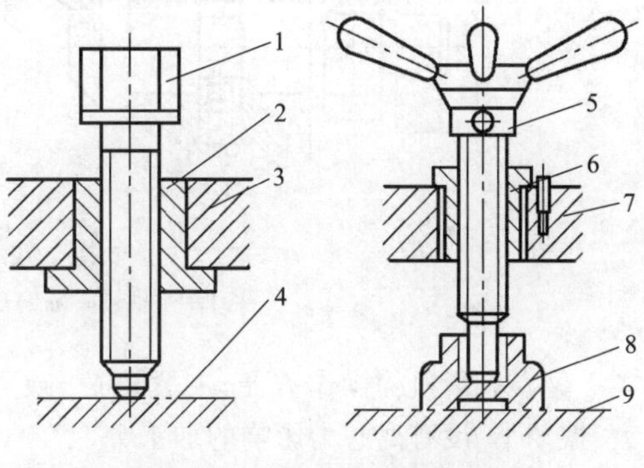

(a)　　(b)

图 2-41　单螺旋夹紧机构

1—螺钉;2、6—套;3、7—夹具体;4、9—工件;5—手柄;8—压块

图 2-42 所示为较典型的螺旋压板夹紧机构,图 2-42(a)、(b)分别为两种移动压板式螺旋夹紧机构,图 2-42(c)所示为铰链压板式螺旋夹紧机构。它们是利用杠杆原理来实现夹紧作用的,由于这三种夹紧机构的夹紧点、支点和原动力作用点之间的相对位置不同,因此杠杆比各异,夹紧力也不同。以图 2-42(c)增力倍数最大。

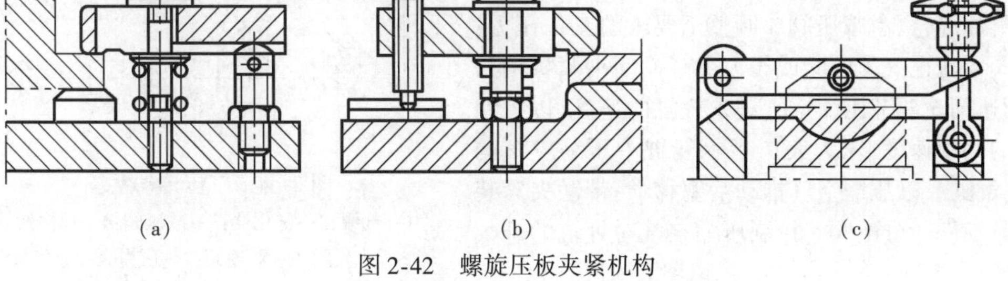

(a)　　(b)　　(c)

图 2-42　螺旋压板夹紧机构

3)偏心夹紧机构

用偏心件直接或间接夹紧工件的机构,称为偏心夹紧机构。图2-43(a)所示为圆偏心轮夹紧机构。当下压手柄1时,圆偏心轮2绕轴3旋转,将圆柱面压在垫板4上,反作用力又将轴3抬起,推动压板5压紧工件。图2-43(b)用的是偏心轴,图2-43(c)用的是偏心叉。

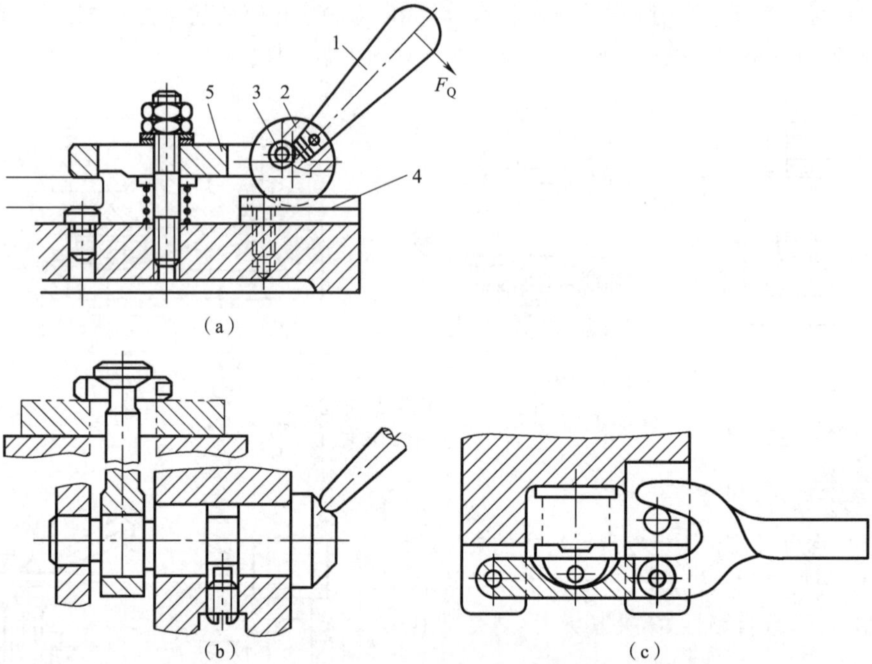

图2-43　偏心夹紧机构

1—手柄;2—圆偏心轮;3—轴;4—垫板;5—压板

偏心夹紧机构操作方便、夹紧迅速,缺点是夹紧力和夹紧行程都较小。一般用于切削力不大、振动小、没有离心力影响的加工中。

4. 气液传动装置

使用人力通过各种传力机构对工件进行夹紧,称为手动夹紧。而现代高效率的夹具,大多采用机动夹紧,其动力系统有气压、液压、电动、电磁、真空等。其中最常用的有气压和液压传动装置。

1)气压传动装置

气压传动装置是以压缩空气为动力的夹紧装置,其夹紧动作迅速,压力可调,污染小,设备维护简便。但气压夹紧刚性差,装置的结构尺寸相对较大。图2-44所示为典型气压传动系统原理图。工作时,气源1送出的压缩空气经雾化器2与雾化的润滑油混合,由减压阀3调整至要求的工作压力;单向阀4防止气源中断或压力突降而使夹紧机构松开;调速阀6调节压缩空气进入气缸的速度,以控制活塞的移动速度;压力表7指示气缸中压缩空气的压力;气缸8以压缩空气推动活塞移动,带动夹紧装置夹紧工件。分配阀5控制压缩空气对气缸的进气和排气。

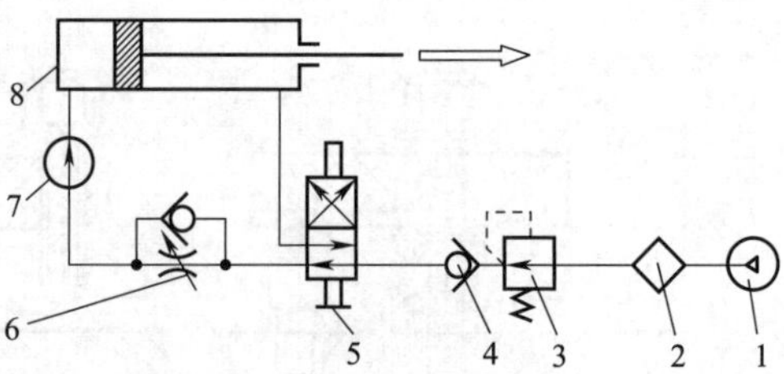

图2-44　气压传动系统

1—气源;2—雾化器;3—减压阀;4—单向阀;5—分配阀;6—调速阀;7—压力表;8—气缸

气缸是气压夹具的动力部分。常用气缸有活塞式和薄膜式两种结构形式，如图 2-45 所示。活塞式气缸[见图 2-45(a)]的工作行程较长，其作用力的大小不受行程长度的影响。薄膜式气缸[见图 2-45(b)]密封性好，简单紧凑，摩擦部位少，使用寿命长，但其工作行程短，作用力随行程大小而变化。

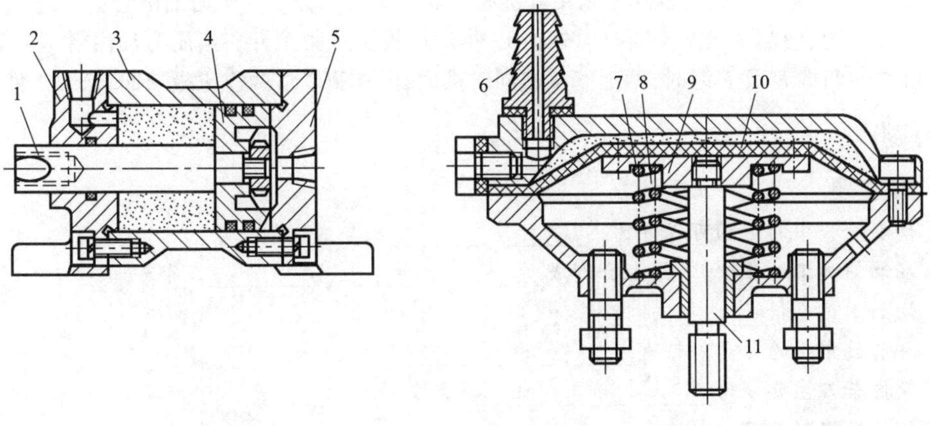

图 2-45　活塞式和薄膜式气缸

1—活塞杆；2—前盖；3—气缸体；4—活塞；5—后盖；
6—接头；7、8—弹簧；9—托盘；10—薄膜；11—推杆

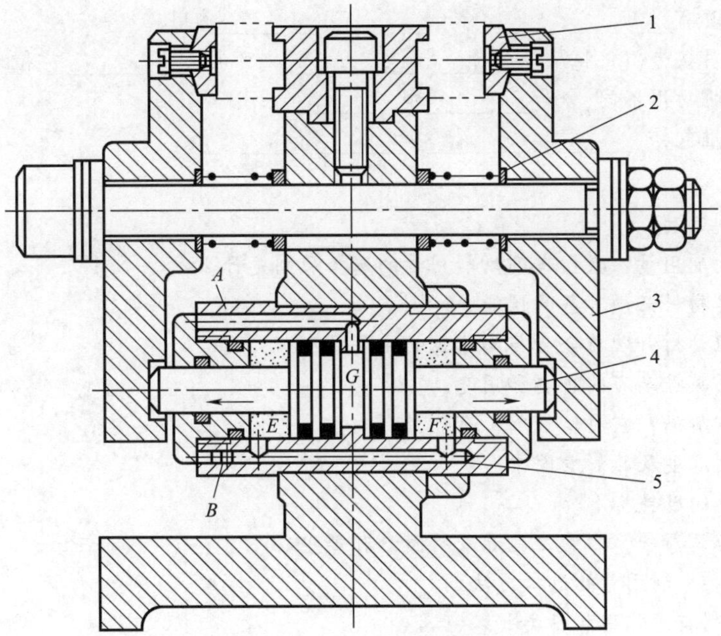

图 2-46　双向液压夹紧铣床夹具

1—摆块；2—弹簧；3—压板；4—活塞；5—工作液压缸

2)液压传动装置

液压传动是用压力油作为介质,其工作原理与气压传动相似。但与气压传动装置相比,具有夹紧力大、夹紧刚性好、夹紧可靠、液压缸体积小及噪声小等优点。缺点是易漏油,液压元件制造精度要求高。

图 2-46 所示为一种双向多件液压夹紧铣床夹具的夹紧部分。当压力油由管道 A 进入工作液压缸 5 的 G 腔时,使两个活塞 4 同时向外顶出,推动压板 3 压紧工件。当压力油由管道 B 进入工作液压缸 5 的两端 E 及 F 腔时,两活塞 4 被同时推回,由弹簧 2 将两边压板顶回,松开工件。

习题

一、填空题

1. 切削过程中的运动可以分为________、________及合成切削运动。
2. 在切削加工过程中,工件上会形成________、________、________三个表面。
3. 切削用量包括________、________、________。
4. 目前最常用的刀具材料有________和________。
5. 数控车刀主要分为________和________两大类。
6. 切屑根据形态可以分为________、________、________、________四大类。
7. 刀具在使用过程中会有磨损,通常以________部分平均磨损量 V_B 作为磨钝标准。
8. 切削用量中________对刀具寿命影响最大。
9. 数控车削粗加工首先选取的切削用量是________,其次是选取较大的________,最后根据刀具耐用度确定________。
10. 切削液具有________、________、________、________作用。
11. 机床夹具按专门化程度分为________、________、可调夹具、________和随行夹具。
12. 基准根据功用不同,分为________和________。
13. 工艺基准包括________、________、________和________。

二、简答题

1. 简述切削运动。
2. 什么是切削用量?数控车削切削用量的选择原则是什么?
3. 简述刀具材料必须具备的性能。
4. 试比较刀具材料硬质合金与高速钢的主要区别。
5. 简述常用数控车刀的种类和用途。
6. 什么是积屑瘤?它对切削加工有什么影响?
7. 简述切削温度及其影响因素。
8. 简述刀具的磨钝标准。
9. 什么是刀具寿命?影响刀具寿命的因素有哪些?
10. 简述数控车削用量的选择方法。
11. 简述切削液的作用和种类。
12. 粗基准、精基准选择的原则有哪些?
13. 简述常用的夹紧机构。
14. 什么是夹紧装置,对夹紧装置的基本要求是什么?

第3章 数控车削编程

数控车削加工是数控加工中使用最广泛、最基本的加工方法，主要包括内、外圆柱面，端面，沟槽，内、外圆锥面，螺纹等回转体的车削加工。

本章主要介绍以下几方面内容：

1. 数控车削编程的基本知识。
2. 华中系统和FANUC系统指令代码。
3. 阶梯轴类零件、成形面类零件车削加工的工艺知识和编程方法。
4. 倒角、简单循环指令、车削循环指令等简化编程指令。
5. 切槽与切断加工编程方法。
6. 螺纹车削加工的工艺知识和编程方法。

3.1 数控编程的方法

数控编程分为手工编程和自动编程两种。

1. 手工编程

对于加工形状简单的零件，手工编程比较简单，程序不复杂，而且经济、及时。因此，在点定位加工及由直线与圆弧组成的轮廓的加工中，手工编程仍广泛应用。

2. 自动编程

自动编程就是用计算机及相应编程软件编制数控加工程序的过程。常见软件有CAXA数控车、CAXA制造工程师、MasterCAM、UG、Pro/E等。

3.2 数控车削编程的基本知识

3.2.1 数控车床的坐标系

1. 坐标系的建立

为了简化程序的编制方法和保证程序的互换性，国际标准化组织对数控机床的坐标和方向制订了统一的标准。我国也颁布了JB 3051—1982《数字控制机床　坐标和运动方向的命名》的标准(最新标准为GB/T 19660—2005《工业自动化系统与集成　机床数值控制坐标系和运动命名》)。规定直线运动的坐标轴用 X、Y、Z 表示，围绕 X、Y、Z 轴旋转的圆周进给坐标轴分别用 A、B、C 表示。对各坐标轴及运动方向规定的内容和原则如下。

(1)刀具相对于静止工件而运动的原则。这一原则使编程人员不必考虑刀具移向工件，还是工件移向刀具，只需根据工件图样进行编程。并且永远假定工件是静止的，而刀具是相对于静止的工件而运动。

(2)标准坐标系各坐标轴之间的关系。在机床上建立一个标准坐标系，以确定机床的运动方向和移动的距离，这个标准坐标系又称机床坐标系。机床坐标系中 X、Y、Z 轴的关系用右手直角笛卡儿原则确定，如图 3-1 所示。

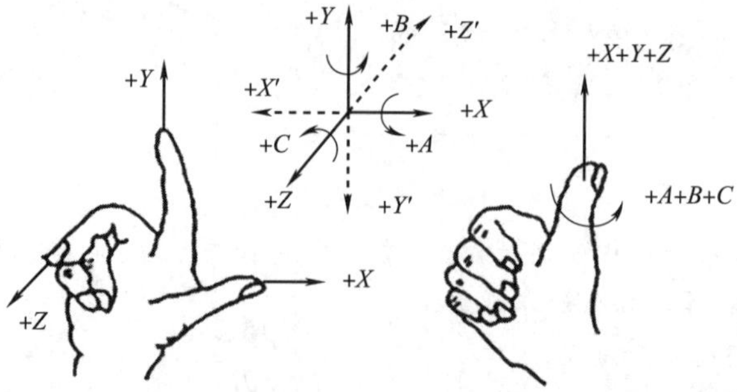

图 3-1　右手直角笛卡儿坐标系

图 3-1 中大拇指的指向为 X 轴的正方向，食指指向为 Y 轴的正方向，中指指向为 Z 轴的正方向。

围绕 X、Y、Z 轴旋转的圆周进给坐标轴分别用 A、B、C 表示，根据右手螺旋定则，以大拇指指向 +X、+Y、+Z 方向，则食指、中指等的指向是圆周进给运动的 +A、+B、+C 方向。

(3)各坐标轴的确定。标准中规定：机床某一运动的正方向，是使刀具远离工件的方向。

① Z 轴及其运动方向。平行于机床主轴的刀具运动为 Z 坐标。对于车床、磨床等主轴带动工件旋转，对于铣床、钻床、镗床等主轴带动刀具旋转，则与主轴平行的坐标轴即为 Z 坐标。如果机床没有主轴(如牛头刨床、龙门刨床等)，则选择垂直于工件安装基面的方向为 Z 坐标。Z 轴的正方向为刀具远离工件的方向。

② X 轴及其运动方向。X 轴垂直于 Z 轴并平行于工件的装夹平面。对于车床、磨床等工件旋转的机床，取平行于横向滑座的方向(工件径向)为 X 坐标。+X 仍为刀具远离工件的方向。

③ Y 轴及其运动方向。Y 轴垂直于 X、Z 坐标。当 +X、+Z 确定以后，按照右手笛卡儿法则即可确定 +Y 的方向。对于卧式车床，由于车刀刀尖安装于工件中心平面上，不需要垂直方向的运动，所以无须规定 Y 轴。

(4)在坐标系中车床主轴纵向方向是 Z 轴，平行于横向运动方向为 X 轴，车刀远离零件的方向为正向，接近零件的方向为负向。

2. 工件坐标系与编程原点

为了方便编程，首先要在零件图上适当地选定一个编程原点，并以该点作为坐标系的原点建立一个新的坐标系，称为编程坐标系或工件坐标系。工件坐标系的原点选择要尽量满足编程简单、尺寸换算少、引起的加工误差小等条件。一般情况下，编程原点应选在尺寸标注的基准或定位基准上。对车床编程而言，工件坐标系原点一般选在工件轴线与工件的前端面、后端面、卡爪前端面的交点上。

工件坐标系一旦建立便一直有效，直到被新的工件坐标系所取代。

3.2.2　编程方式的选择

1. 华中系统，绝对坐标方式与增量(相对)坐标方式

(1)绝对坐标(绝对坐标值编程)G90

所有坐标点的坐标值均从编程原点计算的坐标，称为绝对坐标。G90 指令后面的 X、Z 表示 X

轴、Z 轴的绝对坐标值。

(2)增量坐标(增量坐标值编程)G91

坐标系中的坐标值是相对刀具前一位置(或起点)来计算的,称为增量(相对)坐标。G91 指令后面的 X、Z 表示 X 轴、Z 轴的增量值。增量坐标也可以用 U、W 表示,分别与 X、Z 轴平行且同向。

说明:表示增量的字符 U、W 不能用于循环指令 G80、G81、G82、G71、G72、G73、G76 程序段中,但可用于定义精加工轮廓的程序中。G90、G91 为模态功能,可相互注销,G90 为默认值。

【例 3-1】 如图 3-2 所示,O 为坐标原点,A 点的绝对坐标为$(D_3, -L_2)$ A 点相对 B 点的增量坐标为(U,W),其中 $U=D_3-D_2$;$W=-(L_2-L_1)$。

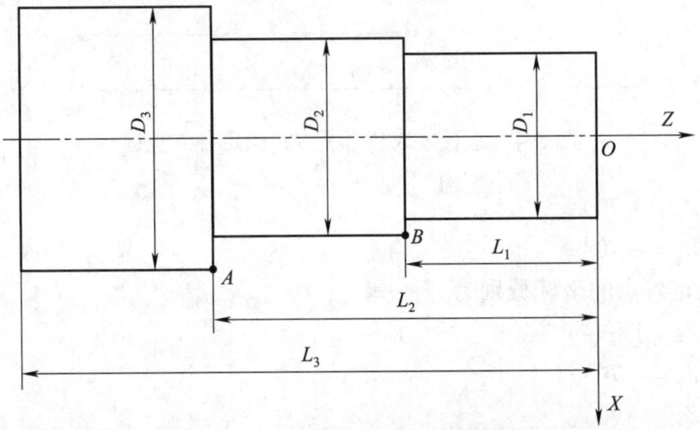

图 3-2　绝对坐标系示意图

【例 3-2】 如图 3-3 所示,分别用 G90、G91 方式确定刀具由原点按顺序移动到 1、2、3 点的位置坐标。

G90 方式:1 点$(X=15, Z=20)$;

2 点$(X=45, Z=40)$;

3 点$(X=25, Z=60)$。

增量方式:1 点$(U=15, W=20)$或 G91 X15 Z20;

2 点$(U=30, W=20)$或 G91 X30 Z20;

3 点$(U=-20, W=20)$或 G91 X-20 Z20。

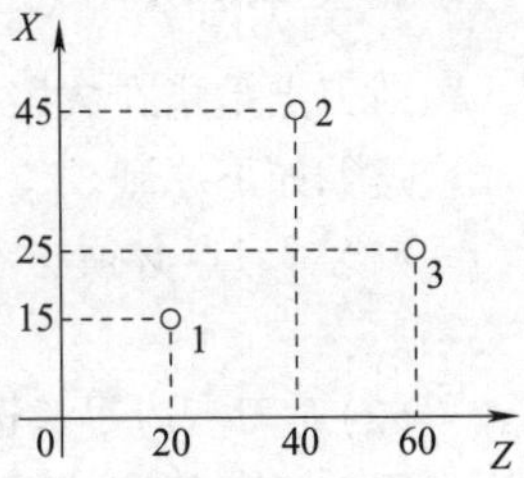

图 3-3　例 3-2 图

2. 直径编程与半径编程

在数控车削编程中,X 坐标值有两种表示方法,即直径编程和半径编程。

(1)直径编程 G36。在绝对坐标方式编程中,X 值为零件的直径值;增量坐标方式编程中,X 为刀具径向实际位移量的两倍。由于零件在图样上的标注及测量多为直径表示,所以大多数数控车削系统采用直径编程。G36 为默认值,机床出厂一般设为直径编程。

(2)半径编程 G37。采用半径编程,即 X 值为零件半径值或刀具实际位移量。

【例 3-3】 如图 3-4 所示,毛坯材料直径为 $\phi70$ mm。分别用直径、半径方式确定基点 1、2、3 的位置坐标。

在如图 3-4 所示工件坐标系中,用直径方式确定各点的坐标分别为

1 点$(X_1=20, Z_1=0)$;

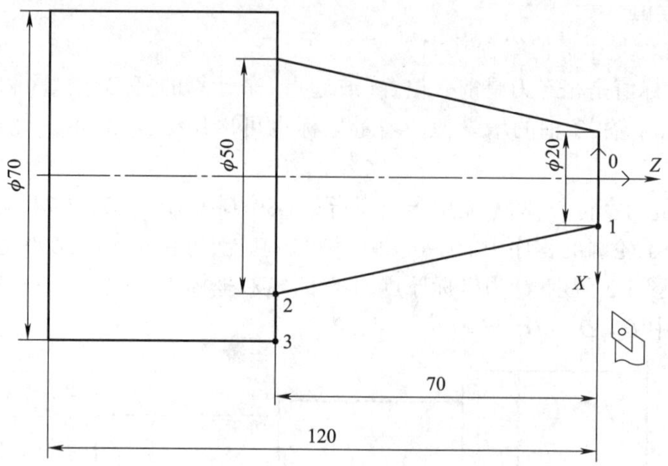

图 3-4　直径方式和半径方式确定各点坐标

2 点（$X_2=50, Z_2=-70$）；

3 点（$X_3=70, Z_3=-70$）。

用半径方式确定各点的坐标分别为

1 点（$X_1=10, Z_1=0$）；

2 点（$X_2=25, Z_2=-70$）；

3 点（$X_3=35, Z_3=-70$）。

3.2.3　数控车削加工中的对刀点、换刀点及刀位点的确定

1. 对刀点

对刀点是指在数控机床上加工零件时，刀具相对工件运动的起点，也是程序的起点，在确定时应遵循如下原则。

（1）对刀点必须与零件的定位基准有一定的尺寸关系，以便确定机床坐标系与工件坐标系的关系。

（2）对刀点应尽量选在零件的设计基准或工艺基准上，以利于提高加工精度，如以孔定位加工的零件，就可以选择孔的中心作为对刀点。

（3）对刀点应选在机床上容易找正、加工中便于检查的地方。

2. 换刀点

换刀点是指刀架转位换刀的位置。换刀点应设在零件或夹具的外部，以刀架转位时不碰零件及其他部件为准。

3. 刀位点

刀位点是指在加工程序编制中，用于表示刀具位置的点。各类车刀的刀位点如图 3-5 所示。每把刀的刀位点在整个加工中只能有一个位置。

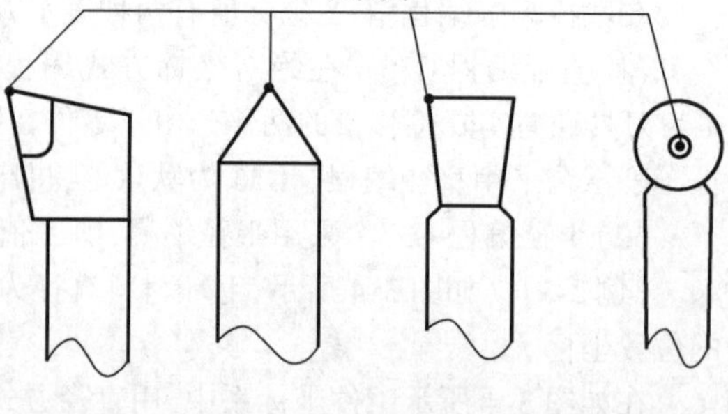

图 3-5　车刀的刀位点

3.2.4　零件程序的结构

一个零件程序是一组被传送到数控装置中去的指令和数据。

1. 程序的结构和文件名

1)程序的结构

一个零件程序是由遵循一定结构、句法和格式规则的若干个程序段组成的,而每个程序段是由若干个指令字组成的,如图 3-6 所示。一个完整的程序是由程序开始、程序内容和程序结束三部分组成的。

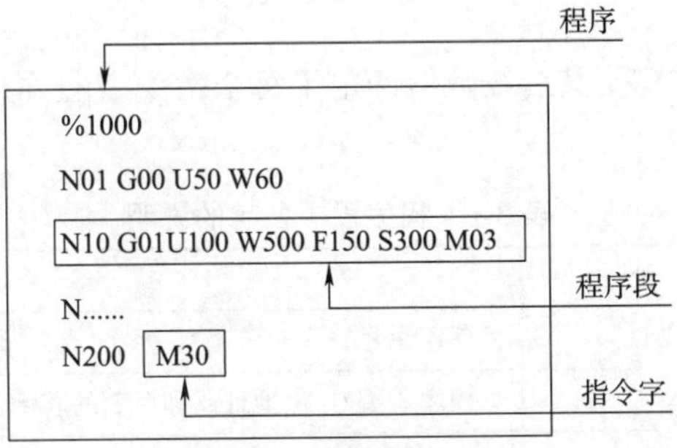

图 3-6　程序的结构

(1)程序开始。用 O、P 或% 表示程序的开始(不同的数控系统有所不同),随后写上该程序的编号。

(2)程序内容。程序内容为程序的核心部分,主要用来表示零件加工工艺过程、工艺参数、位移数据和数控机床要完成的全部辅助动作。程序内容由若干程序段组成,每个程序段由若干指令字组成,每个指令字又由地址码和若干个数字组成。

(3)程序结束。常以程序结束指令 M02 或 M30 构成最后的程序段,表示该程序运行结束。一个零件程序必须包括起始符和结束符。

一个零件程序是按程序段的输入顺序执行的,而不是按程序段号的顺序执行的,但书写程序时,建议按升序书写程序段号。

2)程序的文件名

CNC 装置可以装入许多程序文件,以磁盘文件的方式读写。

FANUC 系统和华中系统的程序名都以 O 开头,华中系统的程序起始符以% (或 O)开头,%(或 O)后跟数字或字母。

数控系统通过调用文件名来调用程序,进行加工或编辑。

2. 程序段与指令字的格式

1)程序段的格式

程序段格式是指一个程序段中的字、字符和数据的书写规则。常使用的是字地址可变程序段格式,它由程序段号字、数据字和程序段结束符组成,如图 3-7 所示。该格式的特点是对一个程序段中字的排列顺序要求不严格,数据的位数可多可少,与上一个程序段相同的字可以不写。

2)指令字的格式

一个指令字是由地址符(指令字符)和带符号(如定义尺寸的字)或不带符号(如准备功能字 G 代码)的数字数据组成的。

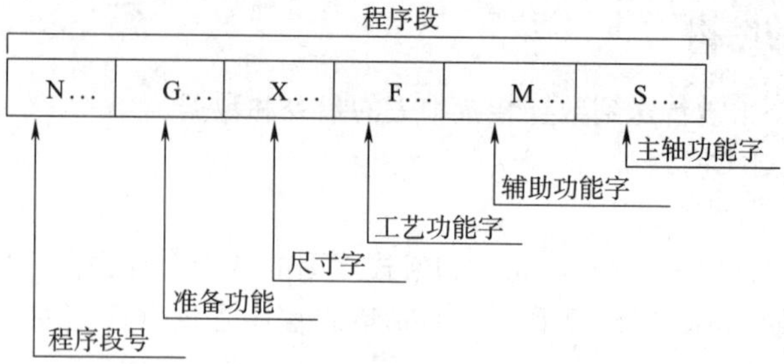

图 3-7　程序段格式

程序段中不同的指令字符及其后续数值确定了每个指令字的含义。在数控程序段中包含的主要指令字符见表 3-1。

表 3-1　程序段中各字的说明

机　能	地　址	意　　义
零件程序号	% 或 O	程序编号
程序段号	N	程序段编号，由地址码和后面的若干位数字表示
准备功能字	G	G 功能是控制数控机床进行操作的指令，用地址符 G 和两位数字表示
尺寸字	X，Y，Z A，B，C U，V，W	尺寸字由地址码、“+”、“-”符号及绝对值数字构成
	R	圆弧的半径
	I，J，K	圆心相对于起点的坐标
进给速度	F	表示刀具中心运动时的进给量，由地址符 F 和后面若干位数字构成，其单位是 mm/r 或 mm/min
主轴转速功能字	S	由地址码 S 和若干位数字组成
刀具功能	T	表示刀具所处的位置，由地址码 T 和若干位数字组成
辅助功能	M	表示一些机床的辅助动作指令，由地址码 M 和若干位数字组成
补偿号	D	刀具半径补偿号的指定
暂停	P，X	暂停时间的指定
程序号的指定	P	子程序号的指定

3.2.5　S、F、T 主要功能说明

1. 主轴功能 S

主轴功能 S 用来指定主轴的转速（转向由 M 指令指定），其后的数值表示主轴速度，单位为 r/min。

恒线速度功能时 S 指定切削线速度，其后的数值单位为 m/min（G96 恒线速度有效、G97 取消恒线速度，该指令的应用将在后面详细讲解）。

S 是模态指令，S 功能只有在主轴速度可调节时有效。

在数控机床的控制面板上，也有一个主轴倍率开关，可以用来对主轴进行修调，修调范围为 50%～120%。

2. 进给功能 F

F 指令表示工件被加工时刀具相对于工件的合成进给速度，在车床上加工时，F 的单位可分为每分钟进给量(mm/min)或主轴每转一转刀具的进给量(mm/r)。

使用下式可以实现每转进给量与每分钟进给量的转化。

$$f_m = f_r \cdot S$$

式中　f_m——每分钟的进给量，mm/min；

f_r——每转进给量，mm/r；

S——主轴转速，r/min。

华中系统默认为每分钟进给量(mm/min)，FANUC 0i Mate 系统默认为每转进给，即主轴每转一转刀具的进给量(mm/r)。

注意：

(1)当使用每转进给量方式时，必须在主轴上安装一个位置编码器。

(2)直径编程时，X 轴方向的进给速度为：半径的变化量/分、半径的变化量/转。

3. 刀具功能 T

T 代码用于选刀，其后的 4 位数字分别表示选择的刀具号和刀具补偿号。

T 代码与刀具的关系是由机床制造厂规定的。执行 T 指令，转动转塔刀架，选用指定的刀具。

当一个程序段同时包含 T 代码与刀具移动指令时，先执行 T 代码指令，而后执行刀具移动指令。

T 指令同时调入刀补寄存器中的补偿值。

例如，T0101 表示调用 1 号刀具，并调入 1 号刀补寄存器中的补偿值；T0100 表示取消 1 号刀具的补偿值。

3.3　典型系统的指令代码

3.3.1　辅助功能 M 代码

1. 概述

辅助功能由地址字 M 和其后的一或两位数字组成，主要用于控制零件程序的走向，以及机床各种辅助功能的开关动作。

M 功能有非模态 M 功能和模态 M 功能两种形式。

(1)非模态 M 功能(当段有效代码)：只在书写了该代码的程序段中有效。

(2)模态 M 功能(续效代码)：一组可相互注销的 M 功能，这些功能在被同一组的另一个功能注销前一直有效。

模态 M 功能组中包含一个默认功能，系统上电时将被初始化为该功能。

另外，M 功能还可分为前作用 M 功能和后作用 M 功能两类。

(1)前作用 M 功能：在程序段编制的轴运动之前执行。

(2)后作用 M 功能：在程序段编制的轴运动之后执行。

2. CNC 内定的辅助功能

CNC 内定的辅助功能，即控制零件程序走向的辅助功能。

1)程序暂停 M00

当 CNC 执行到 M00 指令时，将暂停执行当前程序，以方便操作者进行刀具更换和工件的尺寸测量、工件调头、手动变速等操作。

暂停时，机床主轴的转动、进给、切削液都停止，而全部现存的模态信息保持不变，欲继续执行后续程序，重按操作面板上的“循环启动”键。

M00 为非模态后作用 M 功能。

2）程序结束 M02

M02 一般放在主程序的最后一个程序段中。

当 CNC 执行到 M02 指令时，机床的主轴、进给、冷却液全部停止，加工结束。

使用 M02 的程序结束后，若要重新执行该程序，就得重新调用该程序，或在自动加工子菜单下按子菜单【F4】键，然后再按操作面板上的“循环启动”键。

M02 为非模态后作用 M 功能。

3）程序结束并返回到零件程序头 M30

M30 和 M02 功能基本相同，只是 M30 指令还兼有控制返回到零件程序头（% 或 O）的作用。

使用 M30 的程序结束后，若要重新执行该程序，只需再次按操作面板上的“循环启动”键。

4）子程序调用 M98 及从子程序返回 M99

M98 用来调用子程序。

M99 表示子程序结束，执行 M99 使控制返回到主程序。

3. PLC 设定的辅助功能

PLC 设定的辅助功能，即与机床上的各种开关动作相对应的辅助功能。

1）控制指令 M03、M04、M05、M19

M03 启动主轴以程序中编制的主轴速度顺时针方向（从 *Z* 轴正向朝 *Z* 轴负向看）旋转。

M04 启动主轴以程序中编制的主轴速度逆时针方向旋转。

M05 使主轴停止旋转。

M19 为主轴停止在预定的角度位置上。

M03、M04 为模态前作用 M 功能；M05 为模态后作用 M 功能，M05 为默认功能。

M03、M04、M05 可相互注销。

2）换刀指令 M06

数控机床换刀过程可分为换刀和选刀两类动作。把刀具从主轴上取下，换上所选好的刀，称为换刀，这时用 M06 指令。将主轴取下的刀具放回刀库，并从刀库中选取下次要换的刀具，选刀要用 T 功能指令。

3）冷却液打开、停止指令 M07、M08、M09

M07 为打开 2 号切削液（即雾状切削液开），M08 指令将打开 1 号切削液（即液状切削液开）。

M09 指令将关闭冷却液管道。

M07、M08 为模态前作用 M 功能；M09 为模态后作用 M 功能，M09 为默认功能。

3.3.2 准备功能 G 代码

1. 概述

准备功能 G 指令由 G 后一或两位数值组成，它用来规定刀具和工件的相对运动轨迹、机床坐标系、坐标平面、刀具补偿、坐标偏置等多种加工操作。

G 功能根据功能的不同分成若干组，其中 00 组的 G 功能称非模态 G 功能，其余组的称模态 G 功能。

(1)非模态 G 功能:只在所规定的程序段中有效,程序段结束时被注销。

(2)模态 G 功能:一组可相互注销的 G 功能,这些功能一旦被执行,则一直有效,直到被同一组的 G 功能注销为止。

模态 G 功能组中包含一个默认 G 功能,上电时将被初始化为该功能。没有共同地址符的不同组 G 代码可以放在同一程序段中,而且与顺序无关。G 功能指令见表 3-2 和表 3-3。

表 3-2 华中世纪星 HNC-21T 数控装置准备功能

G 代码	组	功 能	参数(后续地址字)
G00 ▶G01 G02 G03	01	快速定位 直线插补 顺圆插补 逆圆插补	X,Z X,Z X,Z,I,K,R X,Z,I,K,R
▶G04	00	暂停	P
G20 ▶G21	08	英制输入 公制输入	X,Z X,Z
G28 G29	00	返回参考点 由参考点返回	
G32	01	螺纹切削	X,Z,R,E,P,F
▶G36 G37	17	直径编程 半径编程	
▶G40 G41 G42	09	刀尖半径补偿取消 左刀补 右刀补	 T T
▶G54 G55 G56 G57 G58 G59	11	坐标系选择	
G65		宏指令简单调用	P,A ~ Z
G71 G72 G73 G76 G80 G81 G82	06	外径/内径车削复合循环 端面车削复合循环 闭环车削复合循环 螺纹切削复合循环 外径/内径车削固定循环 端面车削固定循环 螺纹切削固定循环	X,Z,U,W,C,P,Q,R,E X,Z,I,K,C,P,R,E
▶G90 G91	13	绝对编程 相对编程	
G92	00	工件坐标系设定	X,Z
▶G94 G95	14	每分钟进给 每转进给	
G96 ▶G97	16	恒线速度切削	S

标有▶号的 G 代码为默认值。

表 3-3　FANUC 0i Mate 系统常用准备功能

G 指令	组号	功　能	G 指令	组号	功　能
G00	01	快速点定位	G70	00	精车循环
G01		直线插补	G71		内/外圆粗车复合循环
G02		顺时针圆弧插补	G72		端面粗车复合循环
G03		逆时针圆弧插补	G73		固定形状粗加工复合循环
G04	00	暂停	G75		*X* 向切槽循环
G20	02	英制尺寸	G76		螺纹切削复合循环
G21		公制尺寸	G90	01	单一形状固定循环
G32	01	螺纹切削	G92		螺纹切削循环
☆G40	07	取消刀具半径补偿	G94		端面切削循环
G41		刀尖圆弧半径左补偿	G96	02	恒速切削控制有效
G42		刀尖圆弧半径右补偿	☆G97		恒速切削控制取消
G50	00	设定坐标系,设定主轴最高转速	G98	05	进给速度按每分钟设定
☆G54 ~ G59	14	工件坐标系选择	☆G99		进给速度按每转设定

注:标☆号的 G 代码为默认值。

2. 有关单位设定的 G 功能

尺寸单位选择 G20、G21。

1)格式

G20

G21

2)说明

(1)G20 为英制输入制式,G21 为公制输入制式。

(2)两种制式下线性轴、旋转轴的尺寸单位见表 3-4。

表 3-4　尺寸输入制式及其单位

制式	线性轴	旋转轴
英制(G20)	英寸(in)	度(°)
公制(G21)	毫米(mm)	度(°)

(3)G20、G21 为模态功能,可相互注销,G21 为默认值。

3. 进给速度单位的设定

1)格式

华中系统:

G94 F_

G95 F_

FANUC 系统:

G98 F_

G99 F_

2)说明

(1)G94(或 G98)为每分钟进给。对于线性轴,F 的单位依 G20/G21 的设定而为 mm/min 或 in/min;对于旋转轴,F 的单位为(°)/min。

（2）G95（或 G99）为每转进给，即主轴转一周时刀具的进给量。F 的单位依 G20/G21 的设定而为 mm/r 或 in/r。这个功能只在主轴装有编码器时才能使用。

（3）G94、G95（或 G98、G99）为模态功能，可相互注销。其中 G94（或 G99）为默认状态。

4. 恒线速度

恒线速度指令 G96/G97。

1）恒线速度切削与恒转速切削

数控车床在切削加工时，由于加工方法的不同，主轴转速必须有很宽的调速范围。车削螺纹时需要低速，精车外表面时需要高速。车锥面或断面时，为保证加工质量，则需要不断改变主轴转速以保证恒定的切削线速度。

2）指令格式及其功能

ISO 规定的有关主轴转速的指令如下。

G96 S180

功能：恒线速度切削，最大线速度为 180 m/min。

G97 S2500

功能：恒转速切削，转速是 2 500 r/min。

编程时当 G96 改为 G97（或 G97 改为 G96）时，一定要更改 S 的值。

注意：FANUC 系统用指令 G50 设定主轴最高转速，华中系统在系统参数中设定主轴最高转速。

3）编程实例

【例 3-4】　零件毛坯为 $\phi35$ mm×70 mm，材料为 45 钢，用恒线速度功能，编写图 3-8 所示零件的精加工程序。

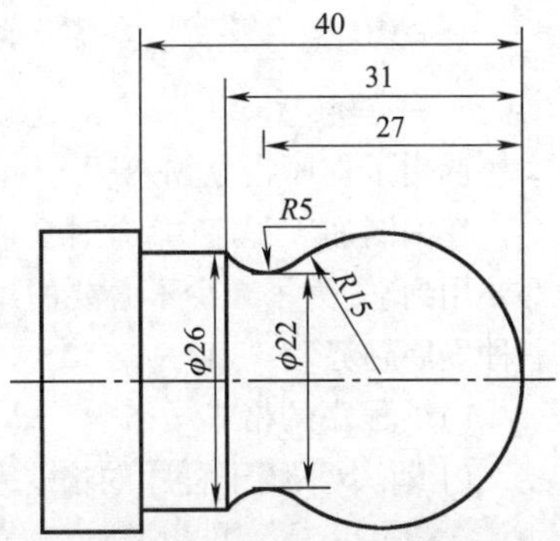

图 3-8　G96/G97 指令编程实例

华中系统数控程序如下。

```
%1001
T0101
M03 S800
G96 S80
G00 X30 Z3
X0
G01 Z0 F60
G03 X24 Z-24 R15
G02 X26 Z-31 R5
G01 Z-40
G97 S400
G00 X100
Z100
M30
```

FANUC 系统数控程序如下。

```
O1001;
T0101;
```

```
M03 S800;
G50 S2500;
G96 S80;
G00 X30. Z3.;
X0;
G01 Z0 F0.2;
G03 X24. Z-24. R15.;
G02 X26. Z-31. R5.;
G01 Z-40.;
G97 S400.;
G00 X100.;
Z100.;
M30;
```

5. 子程序

调用子程序指令 M98 及子程序结束指令 M99。

在编制加工程序中，有时会遇到一组程序段在一个程序中多次出现，或者在几个加工程序中都要用到它，为了减少不必要的编程重复，将该程序段单独编程，作为子程序。它是手工编程的一种发展趋势。

1）子程序的格式

（1）华中系统子程序的格式。

```
% * * * *
…
…
…
M99
```

（2）FANUC 系统子程序的格式。

```
O* * * * ;
…
…
…
M99
```

注意：在子程序开头，必须规定子程序号，以作为调用入口地址。在子程序的结尾用 M99 指令，以控制执行完该子程序后返回主程序。

2）调用子程序的格式

华中系统：

M98 P___ L___

其中，P：被调用的子程序号；

L：重复调用的次数。

FANUC 系统：

M98 P****　****;

子程序号

循环次数

注意事项：

(1)从主程序调用的子程序称为一重，一共可以调用四重。

(2)也可以把 M98 指令与移动指令放在同一个程序段中，但是先执行移动指令，再执行子程序调用指令。

(3)主程序中的模态 G 可被子程序中同一组的其他 G 代码所更改。如主程序中的 G90 被子程序中同一组的 G91 更改，从子程序返回时主程序也变为 G91 了。

(4)最好不要在刀具补偿状态下的主程序中调用子程序，否则很容易出现过切现象。

(5)子程序与主程序编程时的区别是子程序结束时的代码用“M99”，主程序结束时的代码用“M02”或“M30”。

3)编程实例

【例 3-5】　如图 3-9 所示，外圆柱表面 $\phi60$ mm 已经加工好，车槽刀为 1 号且刀宽为 3 mm，编写不等距车槽的加工程序。

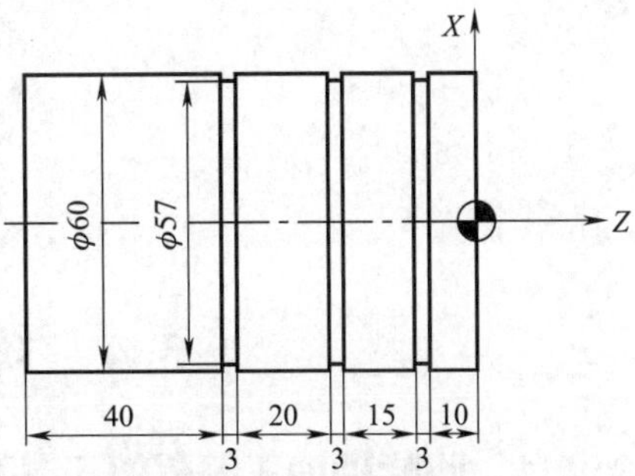

图 3-9　子程序编程实例

华中系统数控程序如下。

```
%1000
T0101
M03 S300
G00 X62 Z2
G01 Z-13
M98 P1001(L1 省略,表示调用一次)
G01 W-18
M98 P1001
G01 W-23
M98 P1001
G00 X200 Z50
M30
%1001
G01 X57 F20
G04 P1
G00 U5
M99
```

FANUC 系统数控程序如下。

```
O1000;
T0101;
```

```
M03 S300;
G00 X62. Z2. ;
G01 Z-13. ;
M98 P1001;
G01 W-18. ;
M98 P1001;
G01 W-23. ;
M98 P011001;
G00 X200. Z50. ;
M30;
O1001;
G01 X57. F0.2;
G04 X1;
G00 U5. ;
M99;
```

3.4 阶梯轴加工程序的编制

3.4.1 阶梯轴加工编程的工艺知识

1. 阶梯轴的车削方法

阶梯轴的车削方法分低台阶车削和高台阶车削两种方法。

1)低台阶车削

相邻两圆柱体直径差较小,可用车刀一次切出。如图 3-10(a)所示,其加工路线为 $A \to B \to C \to D \to E$。

2)高台阶车削

相邻两圆柱体直径差较大,采用分层切削。如图 3-10(b)所示,粗加工路线为 $A_1 \to B_1$、$A_2 \to B_2$、$A_3 \to B_3$、$A_4 \to B_4$;精加工路线为 $A \to B \to C \to D \to E$。

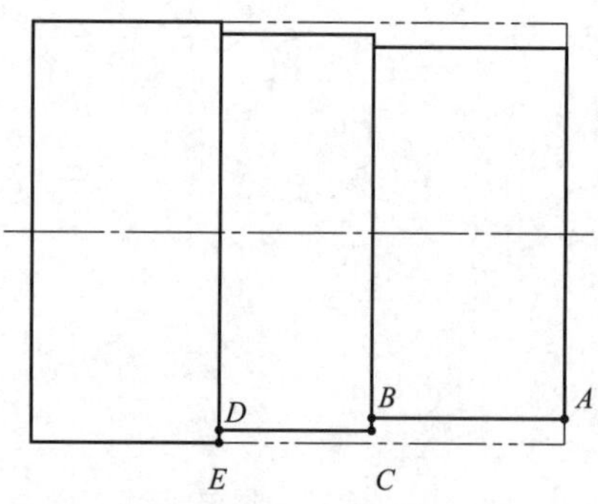

(a)低台阶车削法

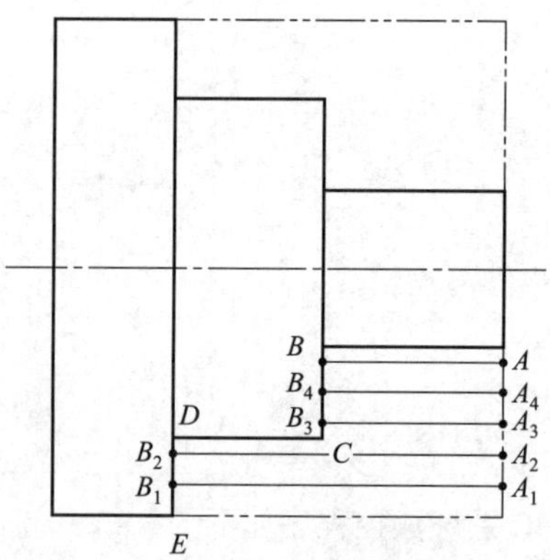

(b)高台阶车削法

图 3-10 阶梯轴车削方法

2. 编程尺寸计算

当精加工零件轮廓尺寸偏差相差较大时，编程应取极限尺寸的平均值，即

$$编程尺寸 = 基本尺寸 + \frac{上极限偏差 + 下极限偏差}{2}$$

【例 3-6】 如图 3-11 所示，计算 $\phi32_{-0.025}^{\ 0}$、$\phi18_{-0.077}^{-0.050}$ 外圆及 $100_{-0.25}^{\ 0}$、20 ± 0.1 长度的编程尺寸。

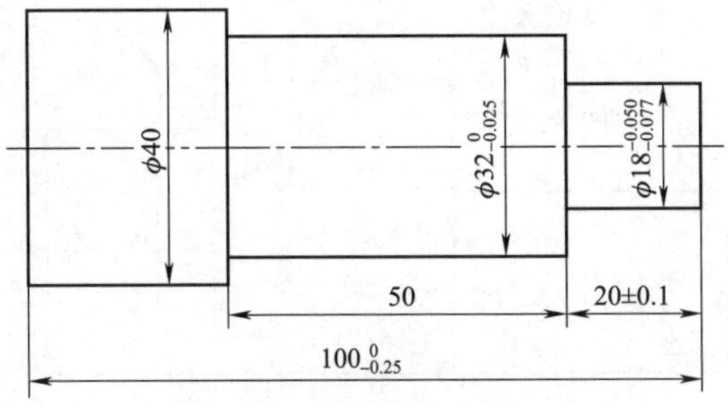

图 3-11　编程尺寸计算图示

解：由　$编程尺寸 = 基本尺寸 + \frac{上极限偏差 + 下极限偏差}{2}$

得：$\phi32_{-0.025}^{\ 0}$ 外圆的编程尺寸 $= \left[32 + \frac{0 + (-0.025)}{2}\right] \text{mm} = 31.987\ 5\ \text{mm}$

$\phi18_{-0.077}^{-0.050}$ 外圆的编程尺寸 $= \left[18 + \frac{(-0.050) + (-0.077)}{2}\right] \text{mm} = 17.986\ 5\ \text{mm}$

$100_{-0.25}^{\ 0}$ 长度的编程尺寸 $= \left[100 + \frac{0 + (-0.25)}{2}\right] \text{mm} = 99.875\ \text{mm}$

20 ± 0.1 长度的编程尺寸 $= \left[20 + \frac{0.1 + (-0.1)}{2}\right] \text{mm} = 20\ \text{mm}$

3.4.2　刀具偏置补偿与刀具磨损补偿

刀具的补偿包括刀具的偏置补偿、磨损补偿和刀尖圆弧半径补偿。

刀具的偏置和磨损补偿，是由 T 代码指定的功能，而不是由 G 代码规定的准备功能。

1. 刀具偏置补偿

我们编程时，设定刀架上各刀在工作位时，其刀尖位置是一致的。但由于刀具的几何形状及安装的不同，其刀尖位置是不一致的，其相对于工件原点的距离也是不同的。因此，需要将各刀具的位置值进行比较或设定，称为刀具偏置补偿。刀具偏置补偿可使加工程序不随刀尖位置的不同而改变。刀具偏置补偿有绝对补偿和相对补偿两种形式。

1）绝对补偿形式

绝对刀偏即机床回到机床零点时，工件零点相对于刀架工作位上各刀刀尖位置的有向距离，如图 3-12 所示。当执行刀偏补偿时，各刀以此值设定各自的加工坐标系。故此，刀架在机床零点时，由于几何尺寸不一致，各刀刀位点相对工件零点的距离不同，但各自建立的坐标系均与工件坐标系重合。

如图 3-13 所示，机床到达机床零点时，机床坐标值显示均为零，整个刀架上的点可考虑为一理想点，故当各刀对刀时，机床零点可视为在各刀刀位点上。华中系统可通过输入试切直径、长度值，自动计算工件零点相对于各刀刀位点的距离。其步骤如下。

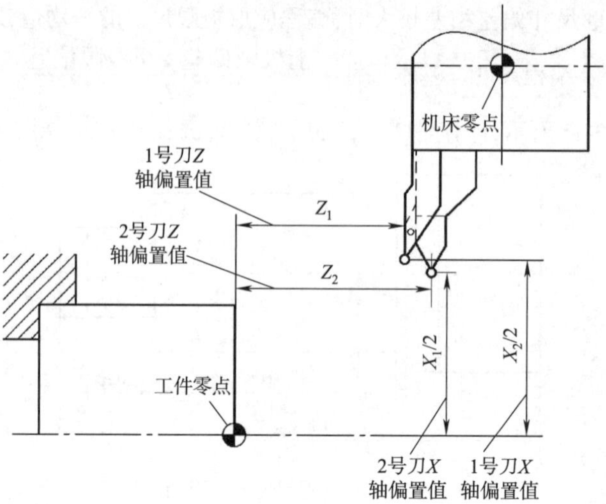

图 3-12　刀具偏置的绝对补偿形式

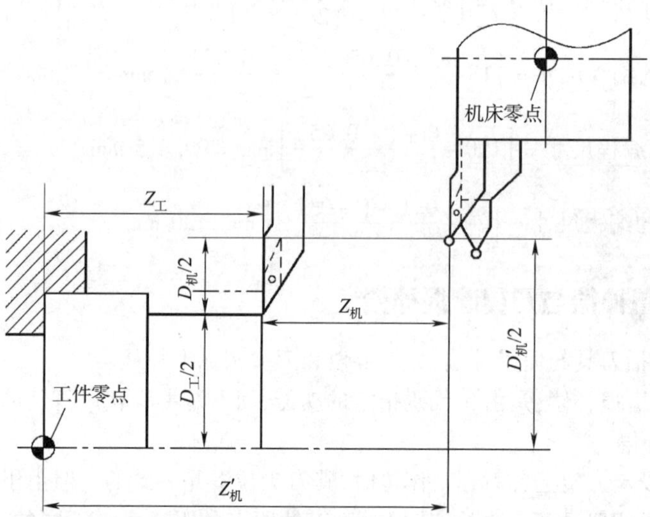

图 3-13　刀具偏置的绝对补偿值设定

(1)按下 MDI 子菜单下的“刀具偏置表”功能按键。

(2)用各刀试切工件端面,输入此时刀具在将设立的工件坐标系下的 Z 轴坐标值(测量)。如编程时将工件原点设在工件前端面,即输入 0(设零前不得有 Z 轴位移)。系统源程序通过公式:$Z'_{机} = Z_{机} - Z_{工}$,自动计算出工件原点相对于该刀刀位点的 Z 轴距离。

(3)用同一把刀试切工件外圆,输入此时刀具在将设立的工件坐标系下的 X 轴坐标值,即试切后工件的直径值(设零前不得有 X 轴位移)。系统源程序通过公式:$D'_{机} = D_{机} - D_{工}$,自动计算出工件原点相对于该刀刀位点的 X 轴距离。

退出换刀后,用下一把刀重复(2)~(3)步骤,即可得到各刀绝对刀偏值,并自动输入到刀具偏置表中。

2）相对补偿形式

如图 3-14 所示，在对刀时，确定一把刀为标准刀具，并以其刀尖位置 *A* 为依据建立坐标系。这样，当其他各刀转到加工位置时，刀尖位置 *B* 相对标准刀刀尖位置 *A* 就会出现偏置，原来建立的坐标系就不再适用，因此，应对非标准刀具相对于标准刀具之间的偏置值 Δx、Δz 进行补偿，使刀尖位置 *B* 移至位置 *A*。华中系统是通过控制机床拖板的移动实现补偿的。

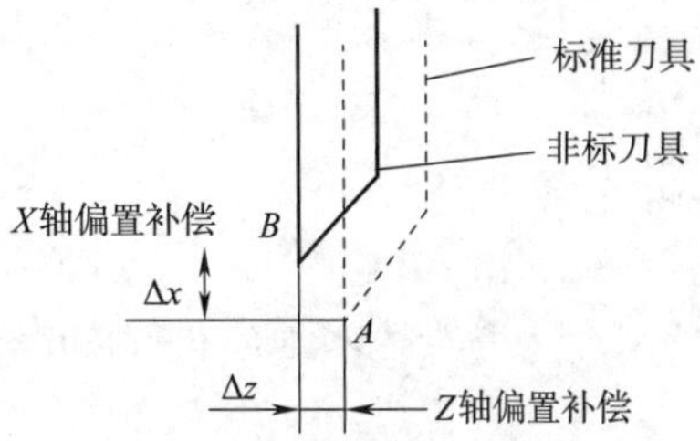

图 3-14　刀具偏置的相对补偿形式

标准刀偏值为机床回到机床零点时，工件零点相对于工作位上标准刀刀位点的有向距离。

如果有对刀仪，相对刀偏值的测量步骤如下。

（1）将标准刀刀位点移到对刀仪十字中心。

（2）在功能按键主菜单下或 MDI 子菜单下，将刀具当前位置设为相对零点。

（3）退出换刀后，将下一把刀移到对刀仪十字中心，此时显示的是相对值，即为该刀相对于标准刀的刀偏值。

如果没有对刀仪，相对刀偏值的测量步骤如下。

（1）用标准刀试切工件端面，在功能按键主菜单下或 MDI 子菜单下，将刀具当前 *Z* 轴位置设为相对零点（设零前不得有 *Z* 轴位移）。

（2）用标准刀试切工件外圆，在功能按键主菜单下或 MDI 子菜单下，将刀具当前 *X* 轴位置设为相对零点（设零前不得有 *X* 轴位移）。此时，标准刀已在工件上切出一基准点。当标准刀在基准点位置时，也即在设置的相对零点位置。

（3）退出换刀后，将下一把刀移到工件上基准点的位置上，此时显示的是相对值，即为该刀相对于标准刀的刀偏值。

2. 刀具磨损补偿

刀具使用一段时间后磨损，也会使产品尺寸产生误差，因此需要对其进行补偿。该补偿与刀具偏置补偿存放在同一个寄存器的地址号中。各刀的磨损补偿只对该刀有效（包括标准刀）。

刀具的补偿功能由 T 代码指定，其后的 4 位数字分别表示选择的刀具号和刀具偏置补偿号。T 代码的说明如下。

T× ×　　　　+　　　× ×
刀具号　　　　　　刀具补偿号

刀具补偿号是刀具偏置补偿寄存器的地址号，该寄存器存放刀具的 *X* 轴和 *Z* 轴偏置补偿值、刀具的 *X* 轴和 *Z* 轴磨损补偿值。

T 加补偿号表示开始补偿功能。补偿号为 00 表示补偿量为 0，即取消补偿功能。

系统对刀具的补偿或取消都是通过拖板的移动来实现的。

补偿号可以和刀具号相同，也可以不同，即一把刀具可以对应多个补偿号（值）。

如图 3-15 所示，如果刀具轨迹相对编程轨迹具有 *X*、*Z* 方向上补偿值（由 *X*、*Z* 方向上的补偿分量构成的矢量称为补偿矢量），那么程序段中的终点位置加或减去由 T 代码指定的补偿量（补偿矢量）即为刀具轨迹段终点位置。

【例 3-7】　如图 3-16 所示，先建立刀具偏置磨损补偿，后取消刀具偏置磨损补偿。

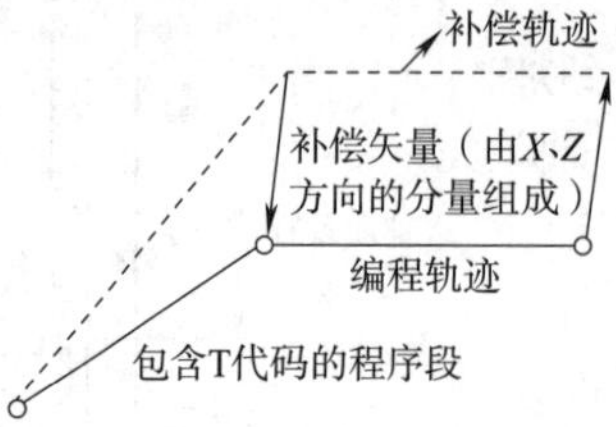

图 3-15　经偏置磨损补偿后的刀具轨迹

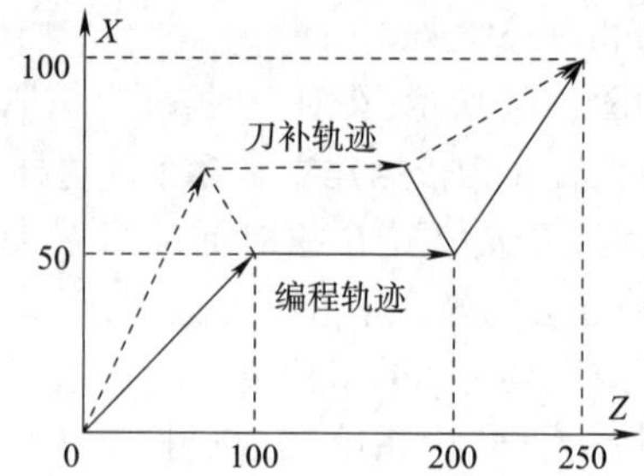

图 3-16　刀具偏置磨损补偿

```
T0202
G01X50 Z100
Z200
X100 Z250 T0200
M30
```

3.4.3　阶梯轴加工的编程方法

1. 快速定位 G00

1）格式

G00　X(U)____ Z(W)____

2）说明

（1）绝对编程时，X、Z 快速定位终点在工件坐标系中的坐标。

（2）增量编程时，U、W 快速定位终点相对于起点的位移量。

（3）G00 指令刀具相对于工件以各轴预先设定的速度，从当前位置快速移动到程序段指令的定位目标点。

（4）G00 指令中的快移速度由机床参数“快移进给速度”对各轴分别设定，不能用 F 指令规定。

（5）快移速度可由面板上的快速修调按钮修正。

（6）G00 为模态功能，可由 G01、G02、G03 或 G32 功能注销。

3）应用

主要用于使刀具快速接近或快速离开零件。

车削时，快速定位目标点不能选在零件上，一般要离开零件表面 1 ~ 5 mm。

注意：在执行 G00 指令时，由于各轴以各自速度移动，不能保证各轴同时到达终点，因而联动直线轴的合成轨迹不一定是直线，刀具移动的轨迹依系统不同而有所不同，如图 3-17 所示，从 A 到 B 常见的运动轨迹有直线 AB、直角线 ACB、ADB 或折线 AEB。操作者必须格外小心，以免刀具与工件发生碰撞。常见的做法是将 X 轴移动到安全位置，然后执行 G00 指令。

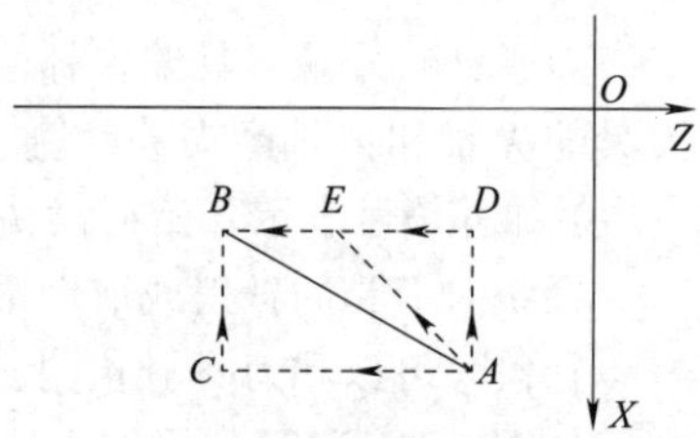

图 3-17　G00 指令下刀具移动的轨迹

2. 直线进给 G01

1）格式

G01 X(U)____ Z(W)____ F____

2）说明

（1）绝对编程时，X、Z 为绝对编程时终点在工件坐标系中的坐标。

（2）增量编程时，U、W 为增量编程时终点相对于起点的位移量。

（3）F 为合成进给速度。

（4）G01 指令刀具以联动的方式，按 F 代码规定的合成进给速度，从当前位置按线性路线（联动直线轴的合成轨迹为直线）移动到程序段指令的终点。

（5）G01 是模态代码，可由 G00、G02、G03 或 G32 功能注销。

3）应用

用于完成端面、内/外圆柱面、内/外圆锥面、槽、倒角等表面的加工。

【例 3-8】　如图 3-18 所示零件，毛坯为尺寸 $\phi30$ mm × 70 mm 的棒料，材料为 45 钢，应用 G00 与 G01 指令编写零件加工程序。

```
% 1001
T0101
M03 S800
G00 X32 Z2
G00 X0
G01 Z0 F80
X20
X24 Z-2
Z-40
X32
G00 X100
Z100
M30
```

【例 3-9】　如图 3-19 所示阶梯轴，毛坯为尺寸 $\phi30$ mm × 80 mm 的棒料，材料为 45 钢，编写零件加工程序。

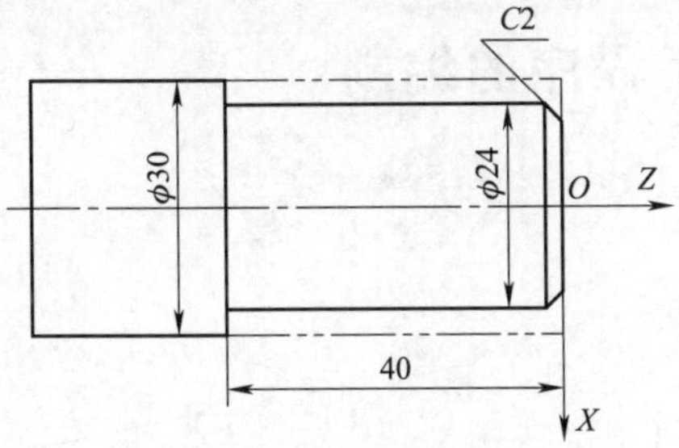

图 3-18　G00 与 G01 指令应用实例

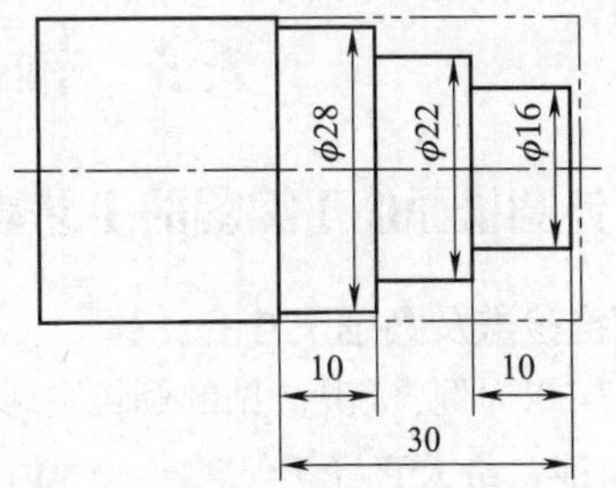

图 3-19　阶梯轴加工示例

根据图样要求确定：

（1）刀具选择。选用硬质合金 95°偏刀，置于 T01 号刀位。

（2）切削用量。粗加工：a_p 1. 5 mm；f 0. 2 mm/r；n 500 r/min。

精加工：a_p 0. 5 mm；f 0. 1 mm/r；n 1 000 r/min。

```
%1002
T0101
M03 S500
G00 X29 Z2
G01 Z-30 F0.2
G00 X30 Z2
X26
G01 Z-20
G00 X27 Z2
X23
G01 Z-20
G00 X24 Z2
X20
G01 Z-10
G00 X21 Z2
X17
G01 Z-10
G00 X18 Z2
X16
G01 Z-10 F0.1 S1000
X22
Z-20
X28
Z-30
X32
G00 X100
Z100
M30
```

3.5 锥面加工程序的编制

3.5.1 外圆锥面加工编程的工艺知识

1. 圆锥参数及圆锥尺寸的计算

以图 3-20 为例,认识常见的圆锥台参数。

(1)圆锥台最大直径 D。

(2)圆锥台最小直径 d。

(3)圆锥台长度 L。

(4)圆锥半角 $\alpha/2$, $\tan\frac{d}{2}=\frac{D-d}{2L}$。

(5)锥度 C。锥度是圆锥台最大直径和最小直径差值与圆锥台长度的比值,即 $C=\frac{D-d}{L}$。

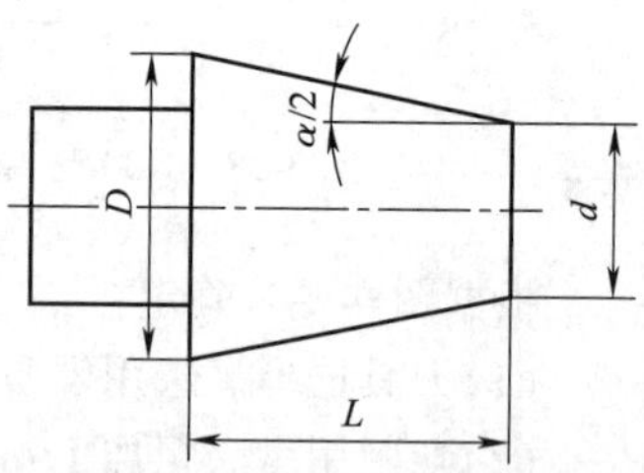

图 3-20 圆锥台参数

【例3-10】　如图3-21所示圆锥台，确定圆锥台起点和终点的坐标值。

由图3-21可知，A点坐标为：$X=16\ \text{mm}, Z=-20\ \text{mm}$。

锥度$C=(D-d)/L$，$L=50\ \text{mm}-20\ \text{mm}=30\ \text{mm}$。

锥台大径$D=d+CL=(16+30/5)\ \text{mm}=22\ \text{mm}$。

B点坐标为：$X=22\ \text{mm}, Z=-50\ \text{mm}$。

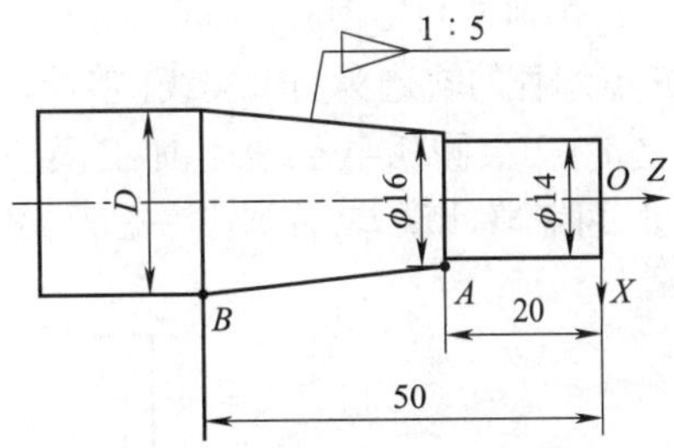

图3-21　圆锥台加工尺寸计算

2. 刀具的选择

用数控机床加工圆锥面时，使用的刀具一般与车削阶梯轴时的刀具相同。车削倒锥时，要注意选用副偏角较大的刀具，使刀具副切削刃不与锥面相碰。如图3-22所示，要求刀具副偏角大于锥面半角，即$k_r' > \frac{\alpha}{2}$。

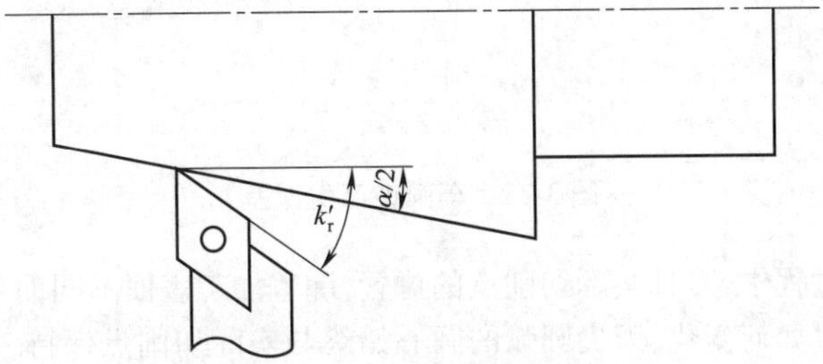

图3-22　车倒锥刀具选择示意图

3.5.2　外圆锥面加工编程方法

1. 刀尖圆弧半径补偿概念

车刀的刀尖由于生产、磨损等原因总有一个小圆弧(车刀不可能是绝对尖的)，但是编程计算点是根据理论刀尖(假想刀尖)P来计算的，如图2-23所示。车削时，实际起作用的切削刃是圆弧的各切点，这样在加工圆锥面，就会产生加工表面的形状误差，因此，实践编程和对刀时，以图3-23所示P点为刀位点。

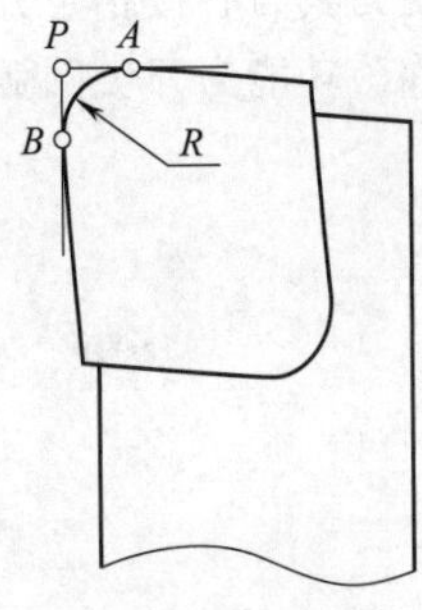

图3-23　带圆弧刀尖及其切削位置

车削端面时，刀尖圆弧的实际切点与P点的Z坐标值相同，如图3-24(a)所示。车削内外圆柱面时，实际切点与P点的X坐标值相同，如图3-24(b)所示。因此，车端面和车内、外圆柱面时，刀具实际切削刃的轨迹与工作轮廓一致，并无误差产生，可不进行刀尖圆弧半径补偿。

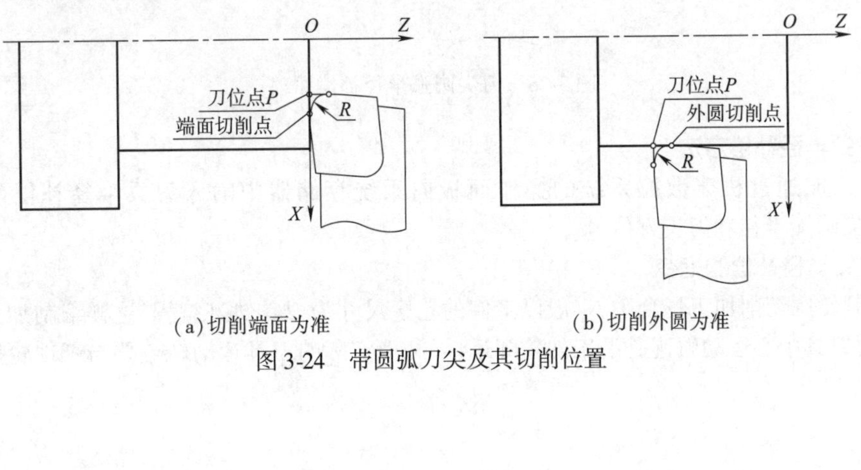

图3-24　带圆弧刀尖及其切削位置

车削外圆锥面时，实际切削点与点 P 之间在 X、Z 轴方向都存在位置偏差，如图3-25所示。以 P 点编程的轨迹为图中实线（零件轮廓线），刀尖圆弧实际切削轨迹为图中虚线，两者产生欠切误差 δ。刀尖圆弧半径越大，加工误差 δ 值就越大。若工件精度要求不高或留有足够的精加工余量，可忽略此误差，否则应考虑刀尖圆弧半径对工件形状的影响。

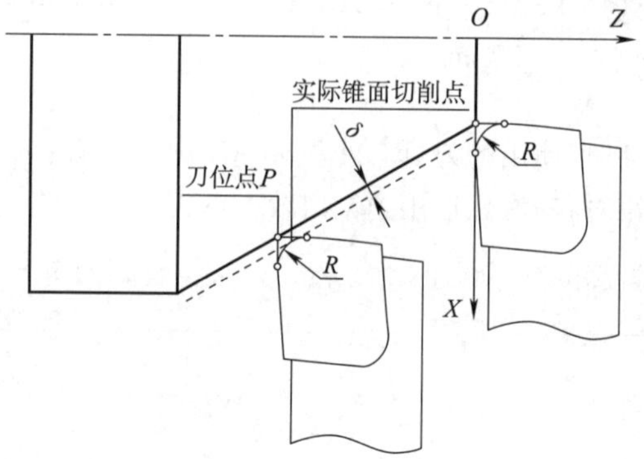

图3-25　车圆锥产生误差

在加工各表面的过程中，刀具实际切削点的位置，随着加工表面不同而变化，如图3-26所示，但不管实际切削点位置如何变化，刀尖圆弧的圆心始终与实际切削点保持一个刀尖圆弧半径值，故可采用刀尖圆弧圆心作为刀位点进行编程。为防止过切现象产生，在加工前，可通过数控系统使刀具刀心按指定方位偏离一个刀具半径值，这样刀具实际切削的轨迹即为零件轮廓线的轨迹，称该功能为刀尖圆弧半径补偿。

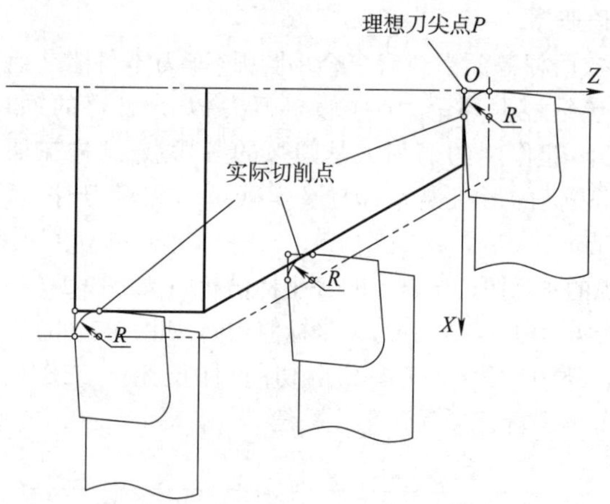

图3-26　刀尖圆弧半径补偿原理

2. 刀尖半径补偿方法

在加工前，通过机床数控系统的操作面板向系统存储器中输入刀具半径补偿的相关参数——刀尖圆弧半径和刀尖方位号。

3. 刀尖半径补偿的指令

在编制轮廓切削加工场合中，一般以工件的轮廓尺寸为刀具轨迹编程，这样编制加工程序简单，即假设刀具中心运动轨迹是沿工件轮廓运动的，而实际的刀具运动轨迹要与工件轮廓有一个偏移量(即刀具半径)。利用刀具半径补偿功能可以方便地实现这一转变,简化程序编制,机床可以自动判断补偿的方向和补偿值大小,自动计算出实际刀具中心轨迹,并按刀具中心轨迹运动。根据刀具轨迹的左右补偿,刀尖半径补偿的指令有 G41、G42 和 G40。

(1)刀尖半径左补偿。顺着刀具运动方向看,刀具在工件的左侧(见图 3-27),称为刀尖半径左补偿,用 G41 代码编程。

(2)刀尖半径右补偿。顺着刀具运动方向看,刀具在工件的右侧(见图 3-27),称为刀尖半径右补偿,用 G42 代码编程。

(3)取消刀尖左右补偿。如需要取消刀尖左右补偿,用 G40 代码编程。这时,使假想刀尖轨迹与编程轨迹重合。

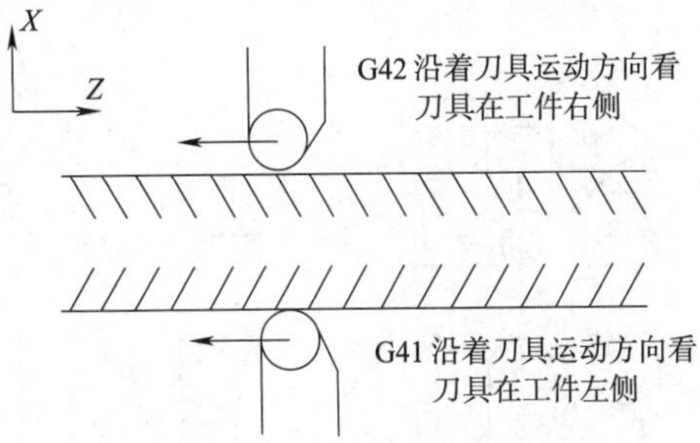

图 3-27　左刀补和右刀补

4. 指令格式

$$\begin{Bmatrix} G40 \\ G41 \\ G42 \end{Bmatrix} \begin{Bmatrix} G00 \\ G01 \end{Bmatrix} X\_\_ Z\_\_$$

其中,X、Z 为 G00/G01 的参数,即建立刀补或取消刀补的终点。

5. 刀具半径补偿注意事项

(1)G41、G42、G40 指令不能与圆弧切削指令写在同一个程序段中,可与 G01、G00 指令在同程序段中出现,即它是通过直线运动来建立或取消刀具补偿的。

(2)在调用新刀具前或要更改刀具补偿方向时,中间必须取消刀具补偿,目的是避免产生加工误差。

(3)在 G41 或 G42 程序段后面,加 G40 程序段,便是刀尖半径补偿取消,其格式为

G41(或 G42)G00(或 G01)

…

G40 G00(或 G01)

程序的最后必须是以取消偏置状态结束,若程序在偏置状态结束,则刀具不能在终点定位,而是停在与终点位置偏离一个矢量的位置上。G41、G42、G40 是模态代码,可相互注销。

(4)G41、G42 的判断是以朝着工具所在平面(XOZ)的垂直轴负向($-Y$)看作为依据。

(5)在 G41 方式中,不要再指定 G42 方式,否则补偿会出错。同样,在 G42 方式中,不要再指定 G41 方式。当补偿量取负值时,G41、G42 相互转化。

(6)在使用 G41 和 G42 之后的程序段,不能出现连续两个或两个以上的不移动指令,否则 G41 和 G42 会失效。

(7)G41/G42 不带参数,其补偿号(代表所用刀具对应的刀尖半径补偿值)由 T 代码指定。其刀尖圆弧补偿号与刀具偏置补偿号对应。

刀尖圆弧半径补偿寄存器中,定义了车刀圆弧半径及刀尖的方向号。

刀尖圆弧半径在粗加工时取 0.8 mm,半精加工时取 0.4 mm,精加工时取 0.2 mm;粗精加工采用同一把刀时取 0.4 mm。

车刀刀尖方位即车刀的假想刀尖相对于刀尖圆弧的位置,而车刀刀尖的方向号定义了刀具刀位点与刀尖圆弧中心的位置关系,其从 0 到 9 有 10 个方向,如图 3-28 所示。CKA6150 数控机

床常用刀尖方位 T 为:外圆右偏刀 $T=3$,镗孔右偏刀 $T=2$。

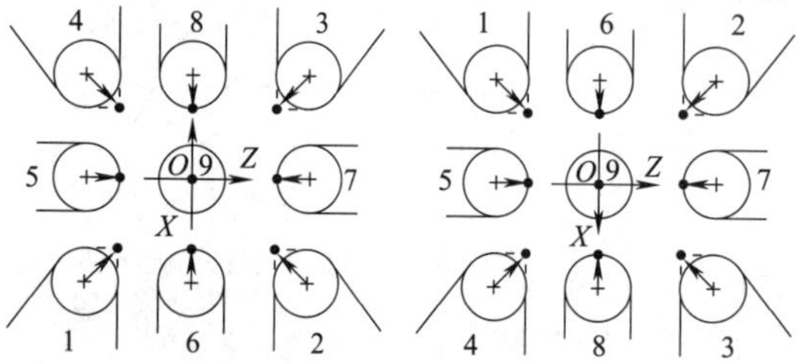

图 3-28　车刀刀尖位置码定义

•—刀具刀位点 A; +—刀尖圆弧圆心 O

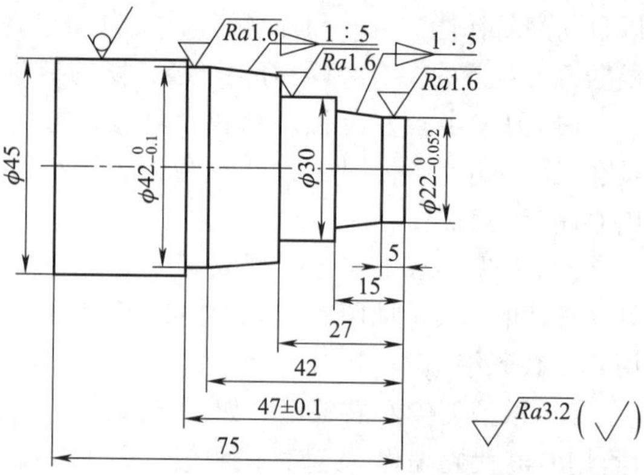

图 3-29　锥面加工编程编程实例

6. 编程示例

【例 3-11】 如图 3-29 所示零件,毛坯为尺寸 $\phi45$ mm×80 mm 的棒料,材料为 45 钢,编制零件的精加工程序。

```
%3345
N1 T0101
N2 M03 S800
N3 G00G42 X47 Z2
N4 G00 X0
N5 G01 Z0 F60
N6 X22
N7 Z-5
N8 X24 Z-15
N9 X30
N10 Z-27
N11 X39
N12 X42 Z-42
N13 Z-47
N14 X47
N15 G0 G40 X100
N16 Z100
N17 M30
```

3.6　成形面类零件加工程序的编制

具有曲线轮廓的旋转体表面称为成形面,又称特形面。

成形面一般由一段或多段圆弧组成,按其圆弧的形状可分为凸圆弧和凹圆弧。在普通车床上加工成形面一般使用成形刀加工或靠操作者用双手同时操作来完成,在数控车床加工中则通过程序控制圆弧插补指令进行加工。

3.6.1　成形面加工编程的工艺知识

1. 成形面加工方法

成形面加工一般分粗加工和精加工。

圆弧加工的粗加工与一般外圆柱面、圆锥面的加工不同。如图 3-30 所示，曲线加工的切削用量不均匀，背吃刀量过大容易损坏刀具，在粗加工中要考虑加工路线和切削方法。总体原则是在保证背吃刀量尽可能均匀的情况下，减少走刀次数及空行程。

1）粗加工凸圆弧表面

圆弧表面为凸圆弧时，通常有两种加工方法，车锥法（斜线法）和车圆法（同心圆法），如图 3-30 所示。

（1）车锥法。车锥法即用车圆锥的方法切除圆弧毛坯余量，如图 3-30（a）所示。加工路线不能超过 A、B 两点的连线，否则会伤到圆弧的表面。车锥法一般不适用于圆心角小于 90°的圆弧。

（2）车圆法。车圆法即用不同的半径切除毛坯余量。此方法的车刀空行程时间较长，如图 3-30（b）所示。车圆法适用于圆心角大于 90°的圆弧粗车。

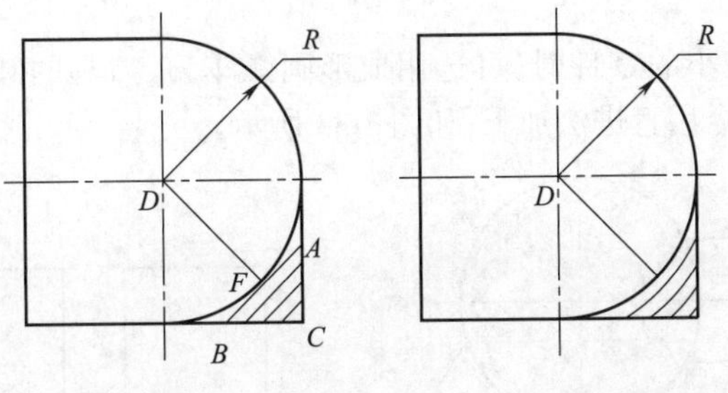

（a）车锥法　　（b）车圆法

图 3-30　圆弧凸表面车削方法

2）粗加工凹圆弧表面

当圆弧表面为凹表面时，其加工方法有等径圆弧形式（等径不同心）、同心圆弧形式（同心不等径）、梯形形式和三角形形式，如图 3-31 所示。其各自的特点见表 3-5。

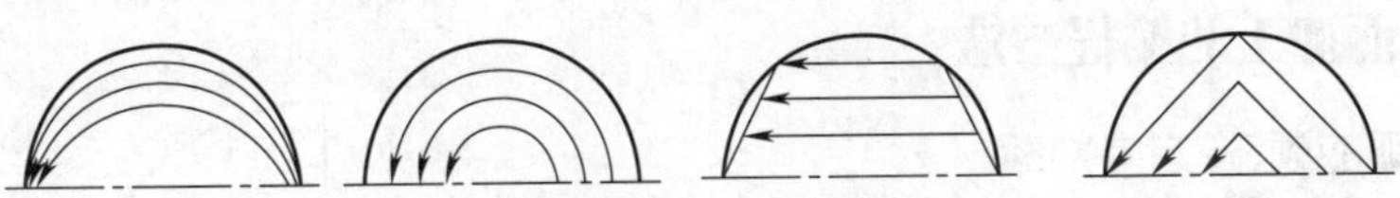

（a）等径圆弧形式　（b）同心圆弧形式　（c）梯形形式　（d）三角形形式

图 3-31　圆弧凹表面车削方法

表 3-5　各种形式加工特点比较

形　式	特　点
等径圆弧形式	计算和编程简单，但走刀路线较其他几种方式长
同心圆弧形式	走刀路线短，且精车余量最均匀
梯形形式	切削力分布合理，切削率最高
三角形形式	走刀路线较同心圆弧形式长，但比梯形、等径圆弧形式短

2. 成形面车削切削用量的选择

由于成形面在粗加工中常常出现切削不均匀的情况，背吃刀量应小于外圆柱面及圆锥面加工的背吃刀量。一般粗加工背吃刀量取 $a_p = 1 \sim 1.5$ mm，精加工背吃刀量取 $a_p = 0.2 \sim 0.5$ mm，其进给速度也较低，在参考切削用量表时要有所考虑。

3. 成形面车削刀具的选择

1）车刀的种类

成形面加工，一般使用的刀具为尖形车刀或圆弧形车刀。

2）刀具的特点及选用

（1）尖形车刀。对于大多数精度要求不高的成形面，一般可选用尖形车刀。选用这类车刀切削圆弧，一定要选择合理的副偏角，防止副切削刃与已加工圆弧面产生干涉。如图 3-32 所示，刀具产生干涉。

（2）圆弧形车刀。圆弧形车刀的主要特征是构成主切削刃的刀刃形状为一条轮廓误差很小的圆弧，该圆弧刃每一点都是圆弧形车刀的刀尖，因此刀位点在圆弧的圆心上。圆弧形车刀用于切削内、外表面，特别适用于车削各种光滑连接的成形面，加工精度和表面粗糙度较尖形车刀高。在选用圆弧车刀切削圆弧时，切削刃的圆弧半径应小于或等于零件凹形轮廓上的最小曲率半径，以免发生加工干涉。

一般加工圆弧半径较小的零件时，可选用成形圆弧车刀，刀具的圆弧半径等于零件圆弧半径，使用 G01 直线插补指令用直进法加工，如图 3-33 所示。

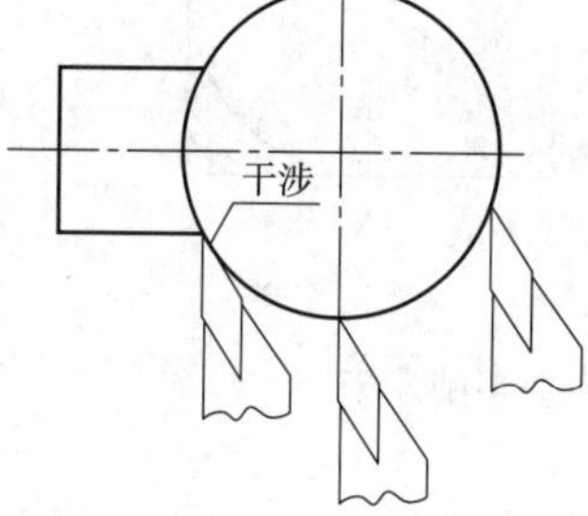

图 3-32　刀具与已加工圆弧面产生干涉

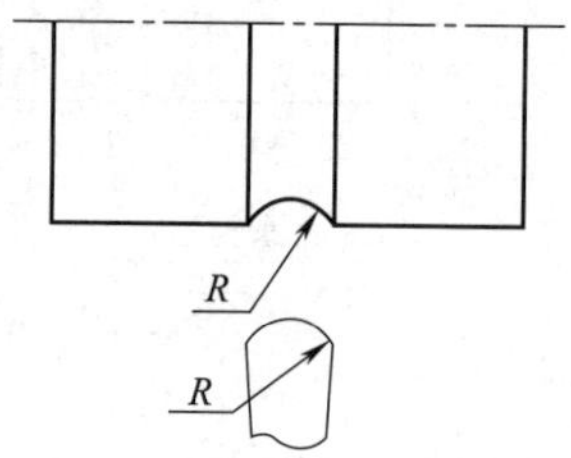

图 3-33　直进法

3.6.2　成形面加工的编程方法

1. 加工圆弧的顺、逆方向判断

如图 3-34 所示的零件中，*AC* 段由 *AB* 和 *BC* 两部分圆弧组成，在编程前要正确判断圆弧的顺、逆方向。

在数控车床上加工圆弧，使用圆弧插补指令 G02/G03 时，对圆弧顺、逆方向的判断按右手坐标系确定：沿圆弧所在平面（*XOZ* 平面）的垂直坐标轴的负方向（$-Y$）看去，顺时针方向为 G02，逆时针方向为 G03。

根据刀架位置确定 *X* 轴的正方向，前置刀架如图 3-35（a）所示，后置刀架如图 3-35（b）所示。由此来选择 G02、G03 指令。

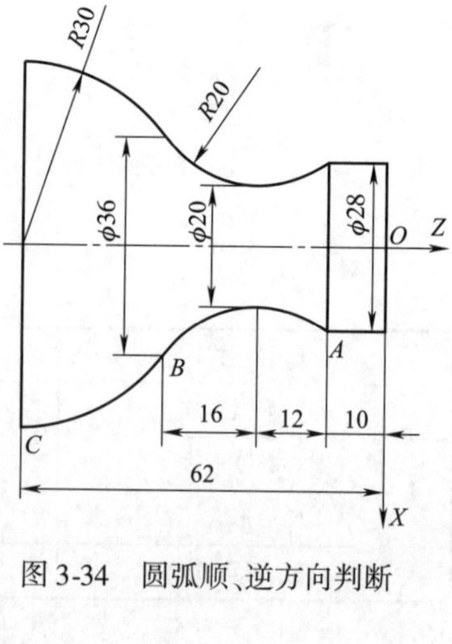

图 3-34　圆弧顺、逆方向判断

【例 3-12】　根据给定图形（见图 3-34）确定圆弧的顺、逆方向,写出各段圆弧精加工插补指令。

根据上述判断方法,图 3-34 中给定的坐标系与图 3-35(a)相同,*AB* 段圆弧使用 G02 指令,*BC* 段圆弧使用 G03 指令。

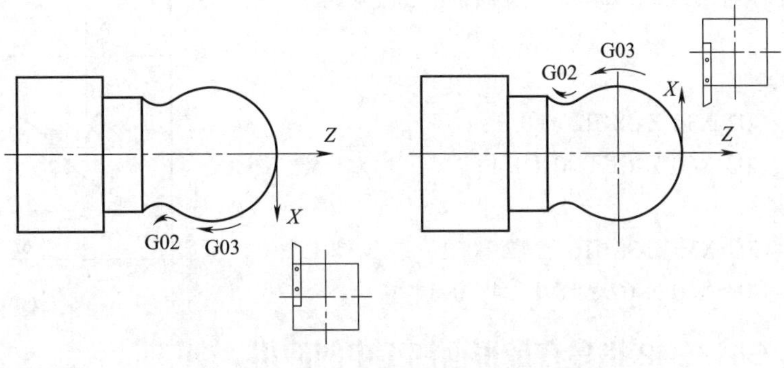

(a)前置刀架　　　　(b)后置刀架

图 3-35　刀台位置与圆弧顺、逆方向的关系

2. 圆弧插补 G02/G03

在数控车床上加工圆弧时,不仅要正确判断圆弧的顺、逆方向,选择 G02、G03 指令,确定圆弧的终点坐标,而且还要正确指定圆弧中心的位置。常用指定圆弧中心位置的方式有两种,一种是圆弧半径 *R* 指定圆心;另一种是用圆心相对圆弧起点的增量坐标(*I*、*K*)指定圆心位置,如图 3-36 所示。

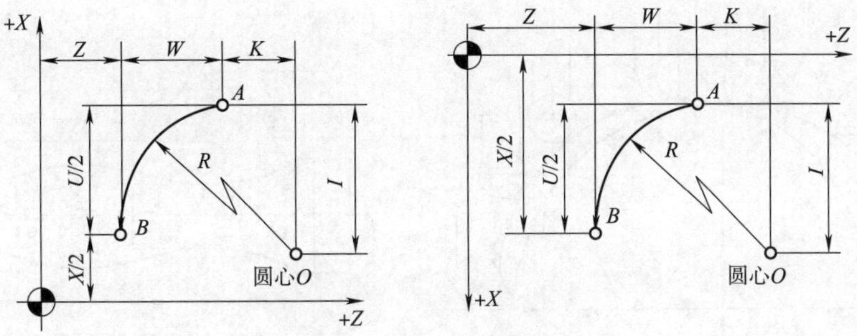

图 3-36　G02/G03 参数说明

1)功能

G02/G03 指令刀具按顺时针/逆时针进行圆弧加工,其中 G02 为顺时针圆弧插补,G03 为逆时针圆弧插补。

2)格式

$$\begin{Bmatrix} G02 \\ G03 \end{Bmatrix} X(U)\_\_\_\ Z(W)\_\_\_ \begin{Bmatrix} I\_\_\_K\_\_\_ \\ R\_\_\_ \end{Bmatrix} F\_\_\_$$

其中:

X、Z:绝对编程时,圆弧终点在工件坐标系中的坐标;

U、W:增量编程时,圆弧终点相对于圆弧起点的位移量;

I、K:圆心相对于圆弧起点的增加量,在绝对、增量编程时都是以增量方式指定,在直径、半径编程时 I 都是半径值;

R:圆弧半径;

F:编程的两个轴的合成进给速度。

注意:同时编入 R 与 I、K 时,R 有效。

如图 3-37 所示,两段圆弧精车时,两种指令格式程序(绝对编程时)如下:

格式一编程:

AB 段圆弧:G02 X36 Z-38 R20 F0.1;

BC 段圆弧:G03 X60 Z-62 R30 F0.1;

格式二编程:

AB 段圆弧:G02 X36 Z-38 I16 K-12 F0.1;

BC 段圆弧:G03 X60 Z-62 I-18 K-24 F0.1;

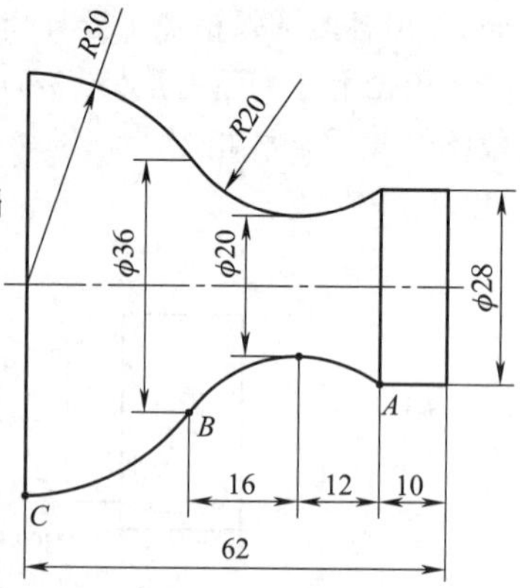

图 3-37　坐标点

3.6.3　G40/G41/G42 指令在成形面加工中的应用

数控车削加工时以刀尖为对刀点,当切削圆弧时,由于刀尖半径的存在而产生过切削和欠切削现象,如图 3-38 所示。

具有刀具补偿功能的数控系统可防止这种现象的产生。在编制零件加工程序时,以假想刀尖位置按零件轮廓编程,使用刀具补偿指令 G41/G42,由系统自动计算补偿值,生成刀具路径,完成对零件的合理加工,成形面加工结束一般需要使用 G40 指令取消刀具补偿。

【**例 3-13**】　用完整程序的格式编制图 3-39 所示手柄的精加工程序。

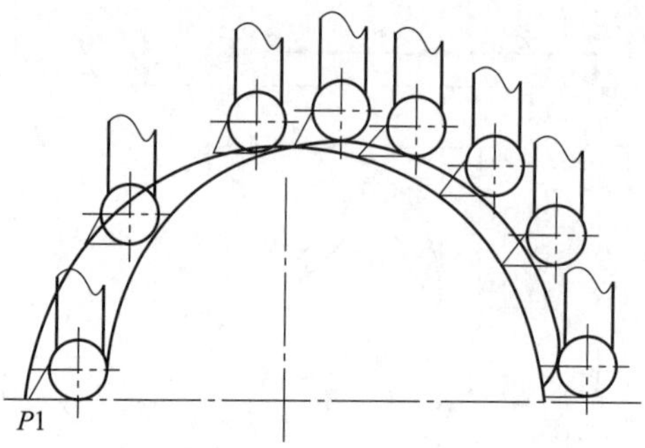

图 3-38　车圆弧时产生的欠切削和过切削

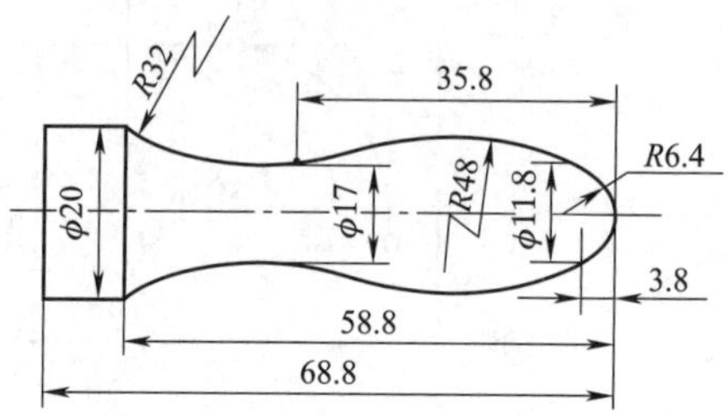

图 3-39　G02 与 G03 指令应用实例 1

选择尖形车刀,刀具号 T03,刀尖圆弧半径 $R=0.4$,刀尖方位号 $T=3$,进入刀具补偿系统输入半径值 0.4,方位号 3。

```
%1001
T0101
M03 S400
G00 G42 X32 Z2
X0
G01 Z0 F60 S800
G03 X11.8 Z-3.8 R6.4
X17 Z-35.8 R48
G02 X20 Z-58.8 R32
```

```
G01 Z-68.8
G00 G40 X100
Z100
M30
```

【例 3-14】　用圆弧插补指令编写图 3-40 所示工件的精加工程序。

```
%1001
N1 T0101
N2 M03 S400          (主轴以 400 r/min 旋转)
N3 G00 G42 X40 Z5    (快速点定位)
N4 G00 X0            (到达工件中心)
N5 G01 Z0 F60        (工进接触工件毛坯)
N6 G03 U24 W-24 R15  (加工 R15 mm 圆弧段)
N7 G02 X26 Z-31 R5   (加工 R5 mm 圆弧段)
N8 G01 Z-40          (加工 φ26 mm 外圆)
N9 G00 G40 X100
N10 Z100             (返回)
N10 M30              (主轴停、主程序结束并复位)
```

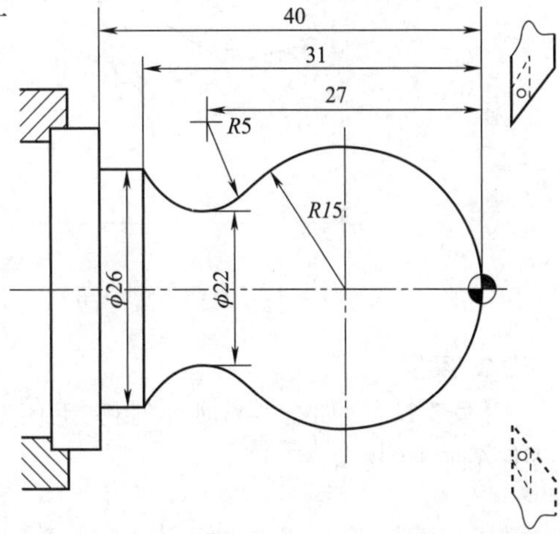

图 3-40　G02 与 G03 指令应用实例 2

3.7　简化编程指令

3.7.1　倒角加工指令

1. 直线后倒直角

1)格式

G01 X(U)____ Z(W) ____ C ____;

其中:

X、Z:绝对编程时,为未倒角前两相邻程序段轨迹的交点 *G* 的坐标值,如图 3-41 所示;

U、W:增量编程时,为 *G* 点相对于起始直线轨迹的始点 *A* 的位移量;

C:倒角终点 *C* 对于相邻两直线的交点 *G* 的距离。

2)说明

该指令用于直线后倒直角,指令刀具从 *A* 点到 *B* 点,然后到 *C* 点,如图 3-41 所示。

2. 直线后倒圆角

1)格式

G01 X(U)____ Z(W) ____ R ____;

其中:

X、Z:绝对编程时,为未倒角前两相邻程序段轨迹的交点 *G* 的坐标值,如图 3-42 所示;

U、W:增量编程时,为 *G* 点相对于起始直线轨迹的始点 *A* 的位移量;

R:倒角圆弧的半径值。

2)说明

该指令用于直线后倒圆角,指令刀具从 *A* 点到 *B* 点,然后到 *C* 点,如图 3-42 所示。

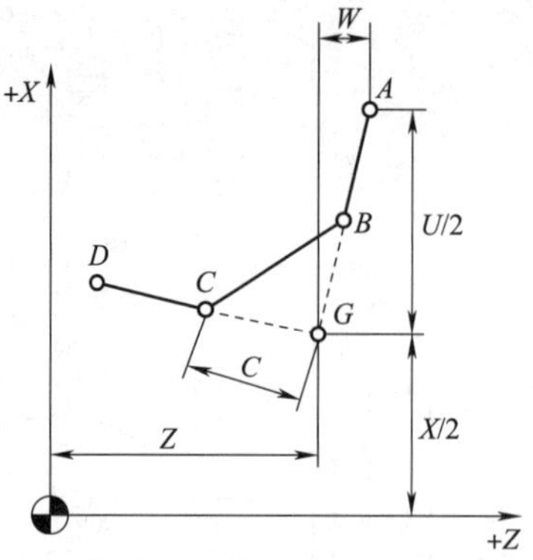

图 3-41　直线后倒直角

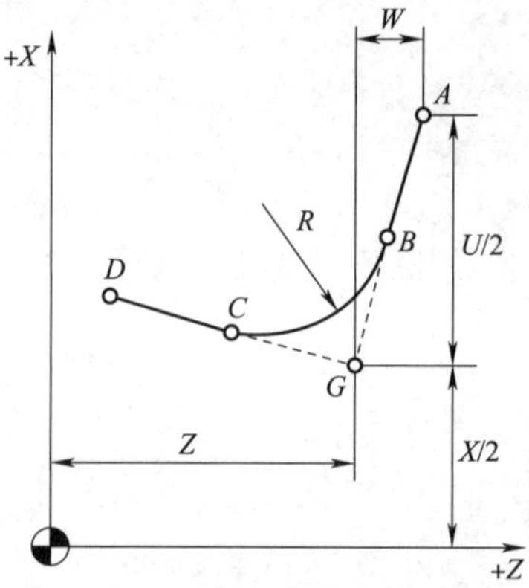

图 3-42　直线后倒圆角

3. 实例

【例 3-15】　如图 3-43 所示零件，毛坯为尺寸 $\phi45\times90$ 的棒料，材料为 45 钢，用倒角指令编写零件精加工编程。

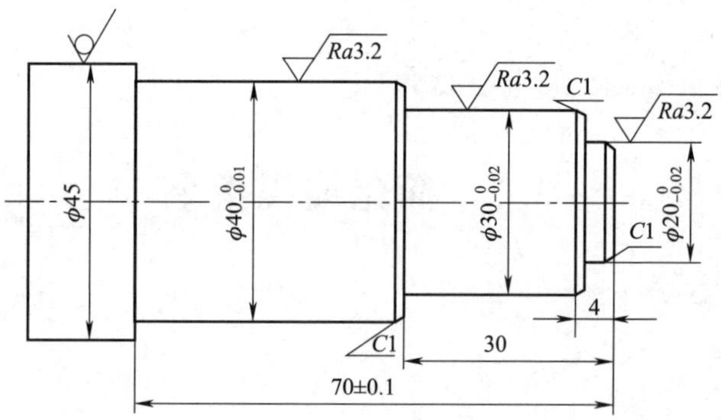

图 3-43　倒角编程实例

华中系统数控程序如下。

```
% 1001
T0101
M03S400
G00 X47 Z2
G00 X0
G01 Z0 F60 S800
G01 X19. 99 C1
Z-4
X29. 99 C1
Z-30
X39. 995 C1
Z-70
X47
```

```
G00 X100
Z100
M30
```

FANUC 系统数控程序如下。

```
O1001;
T0101;
M03 S400;
G00 X47. Z 2. ;
G00 X0;
G01 Z0 F0.1 S800;
G01 X19.99 C1. ;
Z-4. ;
X29.99 C1. ;
Z-30. ;
X39.995 C1. ;
Z-70. ;
X47. ;
G00 X100. ;
Z100. ;
M30;
```

4. 倒角注意事项

(1)在螺纹切削程序段中不得出现倒角控制指令。

(2)X、Z 轴指定的移动量比指定的 R 或 C 小时,系统将报警,即 GA 的长度必须大于 GB 的长度,见图 3-41 和图 3-42。

3.7.2　简单循环指令

1. 圆柱面内(外)径切削循环指令

1)格式

华中系统:

G80 X(U)____ Z(W)____ F ____

FANUC 系统:

G90 X (U)____ Z(W)____ F ____

2)说明

X、Z:绝对值编程时,为切削终点 C 在工件坐标系下的坐标,如图 3-44 所示;

U、W:增量值编程时,为切削终点 C 相对于循环起点 A 的有向距离,图形中用 u、w 表示。

该指令执行如图 3-44 所示,轨迹动作为 $A \to B \to C \to D \to A$。

2. 圆锥面内(外)径切削循环指令

1)格式

华中系统:

G80 X(U)____ Z(W)__ R(I)____ F ____

FANUC 系统：

G90 X(U)____ Z(W)____R(I)____ F ____

2)说明

X、Z：绝对值编程时，为切削终点 C 在工件坐标系下的坐标，如图 3-45 所示；

U、W：增量值编程时，为切削终点 C 相对于循环起点 A 的有向距离，图形中用 u、w 表示。

R(I)：切削起点 B 与切削终点 C 的半径差，该值有正负号：若 B 点半径值小于 C 点半径值，如图 3-45 所示，R 取负值；反之，R 取正值。

该指令执行如图 3-45 所示，轨迹动作为 $A \to B \to C \to D \to A$。

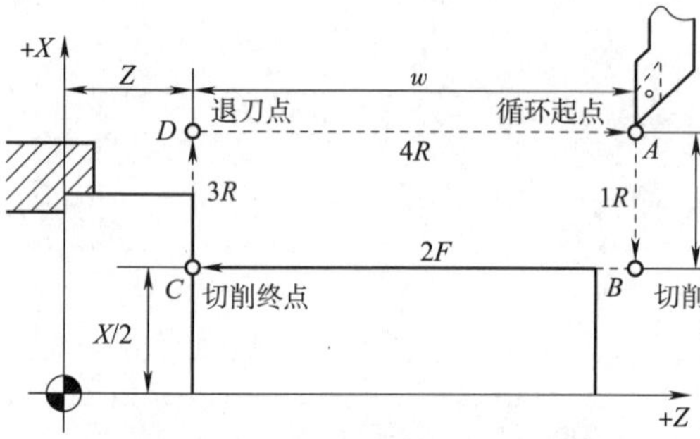

图 3-44　圆柱面内(外)径切削循环

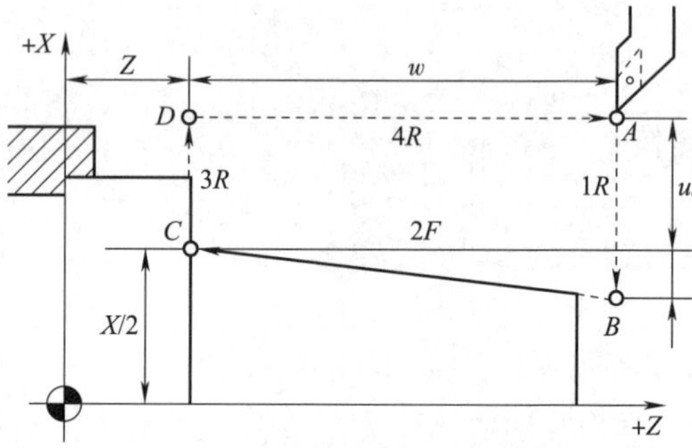

图 3-45　圆锥面内(外)径切削循环

3)实例

【例 3-16】　零件如图 3-46 所示，用 G80 或 G90 指令编程，双点画线代表毛坯。

(1)数值计算：

锥面锥度 C：

$$C = (D - d)/L = (24 - 14)/30 = 1/3$$

计算起点 $X_{起}$ 坐标：

$$(X_{终} - X_{起})/(30 + 3) = 1/3$$

$$(24 - X_{起})/33 = 1/3$$

$$X_{起} = 13$$

计算 I 值：

$$I = (X_{起} - X_{终})/2 = -5.5$$

(2)编程：

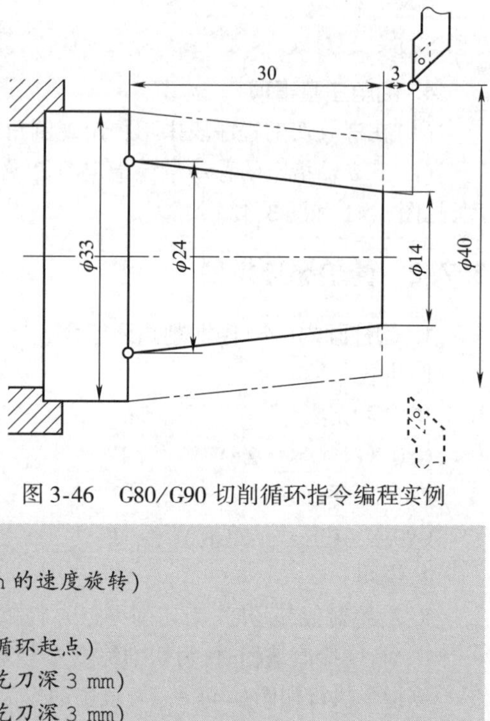

图 3-46　G80/G90 切削循环指令编程实例

```
%3317
T0101                          (主轴以 400 r/min 的速度旋转)
M03 S400
G0 G42 X35 Z3                  (建立刀补,进刀到循环起点)
G91 G80 X30 Z-30 I-5.5 F100    (加工第一次循环,吃刀深 3 mm)
X27 Z-30 I-5.5                 (加工第二次循环,吃刀深 3 mm)
X24 Z-30 I-5.5                 (加工第三次循环,吃刀深 3 mm)
G00 X100
X100                           (退刀)
M30                            (主轴停、主程序结束并复位)
```

3.7.3　内、外径车削循环指令

1. 内(外)径切削复合循环指令 G71

1)G71 指令的功能

执行 G71 指令时,只需要指定精加工的路径,系统会自动计算出粗加工的走刀路径和走刀次数。

2)G71 指令的走刀路径

G71 指令执行如图 3-47 所示的粗加工和精加工,其中精加工路径为 $A \to A' \to B' \to B$ 的轨迹。

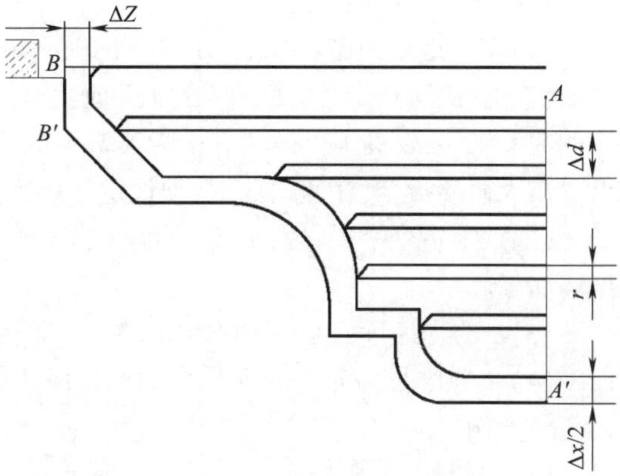

图 3-47　G71 指令切削循环

3)G71 指令的格式

(1)华中系统 G71 指令的格式:

G71 U(Δd) R(r) P(n_s) Q(n_f) X(Δx) Z(Δz) F(f) S(s) T(t)

其中:

Δd:切削深度(半径值);

r:每次退刀量(半径值);

n_s:精加工路径第一程序段的顺序号;

n_f:精加工路径最后程序段的顺序号;

Δx:X 方向精加工余量;

Δz:Z 方向精加工余量;

f,s,t:粗加工时 G71 中编程的 F、S、T 代码有效,而精加工时处于 n_s 到 n_f 程序段之间的 F、S、T 代码有效。

(2)FANUC 系统 G71 指令的格式:

G71 U(Δd) R(r);

G71 P(n_s) Q(n_f)U(Δx) W(Δz) F(f) S(s) T(t);

其中:

Δd:切削深度(每次切削量),指定时不加符号,方向由矢量 AA' 决定;

r:每次退刀量;

n_s:精加工路径第一程序段(即图中的 AA')的顺序号;

n_f:精加工路径最后程序段(即图中的 $B'B$)的顺序号;

Δx:X 方向精加工余量;

Δz:Z 方向精加工余量;

f,s,t:粗加工时 G71 中编程的 F、S、T 代码有效,而精加工时处于 n_s 到 n_f 程序段之间的 F、S、T 代码有效。

说明:在 FANUC 系统中,用 G71 对工件进行粗加工,进行精加工时,必须用指令 G70 切除 G71 或 G73 指令粗加工后留下的加工余量。指令格式为:

G70 Pn_sQn_f

其中,n_s 为指定精加工路线的第一个程序段的段号;n_f 为指定精加工路线的最后一个程序段的段号。

4)应用

用于棒料毛坯的加工。

5)G71 指令使用注意事项

(1)G71 指令是循环指令,在 G71 的前一个程序段用 G00 设定循环起点。此时的 G00 有三项功能:首先,快速点定位,使刀具在加工前快速接近工件;其次,G00 X__ Z__中 X 数值通常比毛坯尺寸大 1 ~2 mm,机床会得到直径为 X 数值的毛坯直径;最后,G00 指令为循环指令 G71 的循环起点。作为循环指令,在使用前,必须设定循环起点,否则,该指令将无法应用。

(2)G71 指令必须带有 P、Q 地址 n_s、n_f,且与精加工路径起、止顺序号对应,否则不能进行该循环加工。

(3)n_s的程序段必须为 G00/G01 指令,即从 A 到 A'的动作必须是直线或点定位运动。

(4)在顺序号为 n_s到顺序号为 n_f的程序段中,不应包含子程序。

6)实例

【例 3-17】 分别用两种系统编写图 3-48 所示零件的加工程序。

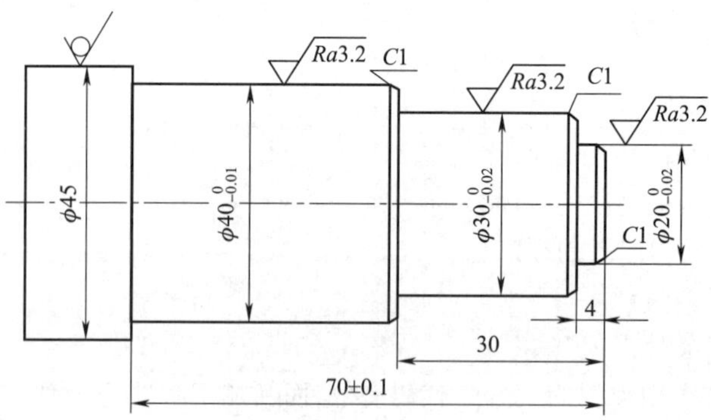

图 3-48 G71 指令编程实例

华中系统数控程序如下。

```
%1001
T0101
M03S400
G00 X47 Z2
G71 U2 R1 P1 Q2 X0.8 Z0.1 F80
N1 G00 X0
G01 Z0 F60 S800
G01 X19.9 C1
Z-4
X29.99 C1
Z-30
X39.995 C1
Z-70
N2 U2
G00 X100
```

```
Z100
M30
```

FANUC 系统数控程序如下。

```
O1001;
T0101;
M03 S400;
G00 X47. Z 2. ;
G71 U2. R1. ;
G71 P1 Q2 U0.8 W0.1 F0.2;
N1 G00 X0;
G01 Z0 F0.1 S800;
G01 X19.99 C1. ;
Z-4. ;
X29.99 C1. ;
Z-30. ;
X39.995 C1. ;
Z-70. ;
N2 U2. ;
G70 P1 Q2;
G00 X100. ;
Z100. ;
M30;
```

【例 3-18】 编写图 3-49 的加工程序。

```
%1001
T0101
M03 S400
G00 G42 X32 Z2
G71 U2 R1 P1 Q2 X0.8 Z0.1 F80
N1 G00 X0
G01 Z0 F60 S800
G03 X11.8 Z-3.8 R6.4
X17 Z-35.8 R48
G02 X20 Z-58.8 R32
G01 Z-68.8
N2 U2
G00 X100
Z100
M30
```

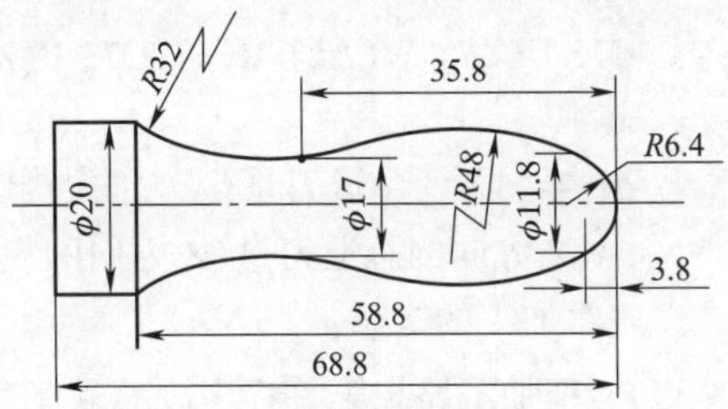

图 3-49　G71 指令编程实例 2

2. 固定形状粗车循环指令 G73

1)功能

G73 指令只需指定粗加工循环次数、精加工余量和精加工路线,系统会自动算出粗加工的背吃刀量,给出粗加工路线,完成各外圆柱面的粗加工。

2)G73 指令的走刀路径

G73 指令的走刀轨迹如图 3-50 所示。

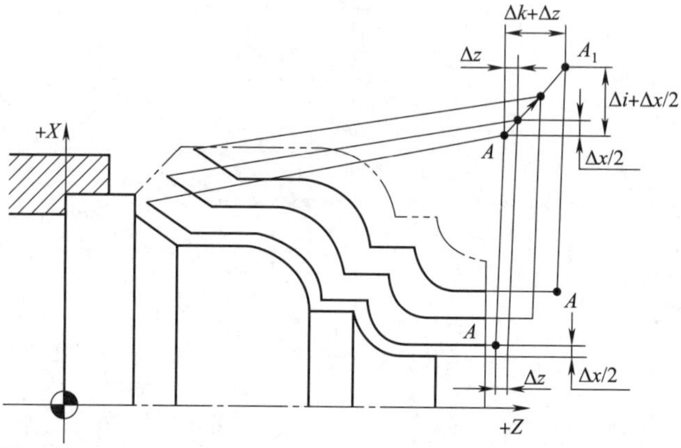

图 3-50　G73 指令的走刀轨迹

3)G73 的指令格式

华中系统:

G73 U(Δi) W(Δk) R(r) P(n_s) Q(n_f) X(Δx) Z(Δz) F(f) S(s) T(t)

FANUC 系统:

G73 U(Δi) W(Δk) R(r);G73 P(n_s) Q(n_f) U(Δx) W(Δz) F(f) S(s) T(t);

其中:

Δi:X 方向的总退刀量(X 方向的粗加工余量,半径值);

Δk:Z 方向的总退刀量(Z 方向的粗加工余量);

r:粗加工的次数;

n_s:精加工路径第一程序段的顺序号;

n_f:精加工路径最后程序段的顺序号;

Δx:X 方向精加工余量;

Δz:Z 方向精加工余量。

4)应用

G73 指令适用于粗车轮廓形状与零件轮廓形状基本接近的毛坯,如铸造、锻造类毛坯。可进行高效率切削。

5)编程实例

【例 3-19】 零件如图 3-51 所示,设切削起始点在 $A(60,5)$,X、Z 方向粗加工余量分别为3 mm、0.9 mm,粗加工次数为 3,X、Z 方向精加工余量分

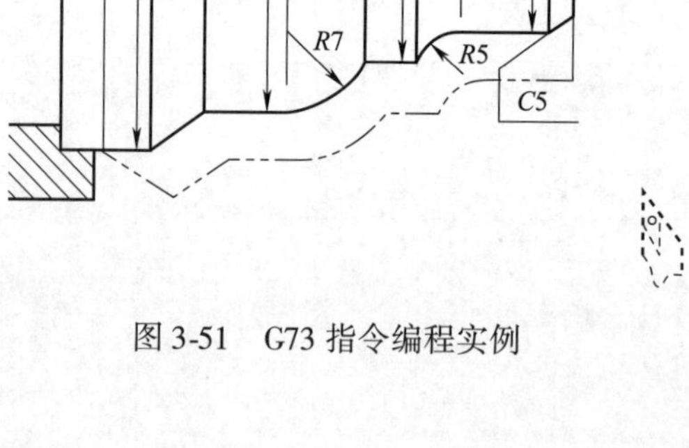

图 3-51　G73 指令编程实例

别为0.6 mm、0.1 mm。其中双点画线部分为工件毛坯。

华中系统数控程序如下。

```
%1001
T0101
M03 S400
G42 G00 X60 Z5
G73 U3 W0.9 R3 P1 Q2 X0.6 Z0.1 F80
N1 G00 X0
G01 Z0 F60
X10 C2
Z-20
G02 U10 W-5 R5
G01 Z-35
G03 U14 W-7 R7
G01 Z-52
X44 Z-62
N2 U2
G00 G40 X100
Z100
M30
```

FANUC 系统数控程序如下。

```
O1001;
T0101;
M03 S400;
G42 G00 X60. Z5.;
G73 U3. W0.9 R3.;
G73 P1 Q2 U0.6 W0.1 F0.25;
N1 G00 X0;
G01 Z0 F0.1;
X10. C2.;
Z-20.;
G02 U10. W-5. R5.;
Z-35.;
G03 U14. W-7. R7.;
G01 Z-52.;
X44. Z-62.;
N2 U2.;
G70 P1 Q2;
G00 X100.;
Z100.;
M30;
```

3.8 切槽与切断加工程序的编制

3.8.1 进给暂停指令 G04

1. G04 的指令格式

FANUC 系统：

G04 X;　　(用带小数点的数,单位为 s)

G04 U;　　(用带小数点的数,单位为 s)

G04 P;　　(不带小数点,单位为 ms)

例如,G04 X5.0 表示前面的程序执行完后,要经过 5 s 的进给暂停后,才能执行下面的程序段;如采用 P 值表示,P 后面不允许用小数点,单位为 ms,如 G04 P1000 表示暂停 1 s。

华中系统：

G04 P　　(不带小数点,单位为 s)

例如,G04 P3 表示暂停 3 s。

2. 功能

执行 G04 指令后进给暂停至指定时间,暂停时间过后,继续执行下一段程序。

3. 应用

车槽、锪孔、倒角、车顶尖孔时,刀具进给到孔底或槽底位置,常用暂停指令 G04 使刀具相对于零件做短时间的无进给光整加工,以降低表面粗糙度值及工件圆柱度。

3.8.2 切槽与切断加工编程

1. 定义

在车削加工中,经常需要把太长的原材料切成一段一段的毛坯,然后再进行加工,也有一些工件在车好以后,再从原材料上切下来,这种加工方法称为切断。

有时工件为了车螺纹或磨削时退刀的需要,在靠近阶台处车出各种不同的沟槽。

2. 槽的种类

(1)窄槽。宽度不大,采用刀头宽度等于槽宽的车刀,一次车出的沟槽称为窄槽。

(2)宽槽。沟槽宽度大于切槽刀头宽度的槽称为宽槽。

3. 槽的车削方法

1)窄槽的车削方法

加工窄槽用 G01 指令直进切削,如图 3-52 所示。精度要求较高时,车槽至尺寸后,用 G04 指令使刀具在槽底停留几秒,以光整槽底。

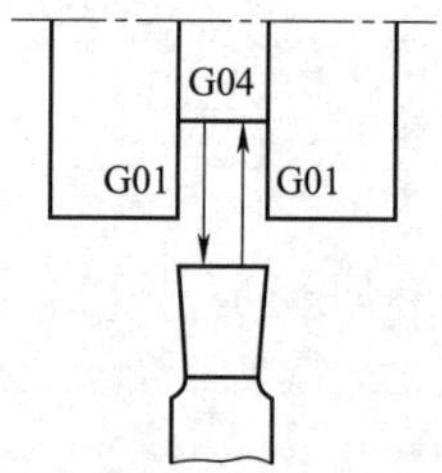

图 3-52　窄槽的车削方法

2)宽槽的车削方法

加工宽槽要分几次进刀,如图 3-53(a)所示,每次车削轨迹在宽度上应略有重叠,并要留精加工余量,最后精车槽侧和槽底,如图 3-53(b)所示。

4. 切槽刀或切断刀的安装注意事项

(1)刀尖必须与工件轴线等高,否则不仅不能把工件切下来,而且很容易使切断刀折断,如图 3-54 所示。

(2)切断刀和切槽刀必须与工件轴线垂直,否则车刀的副切削刃与工件两侧面产生摩擦,如

图 3-55 所示。

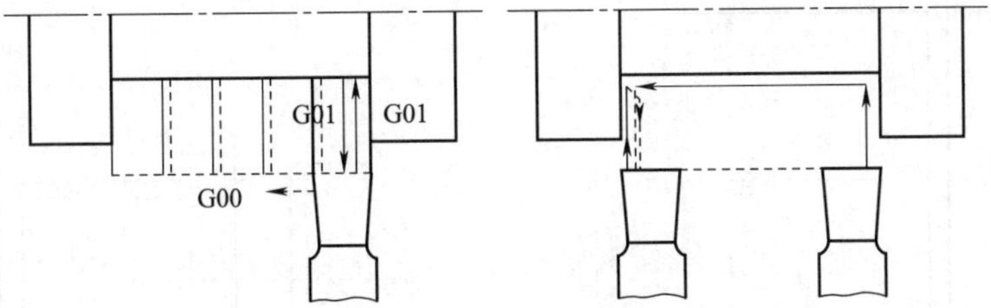

(a)粗加工　　(b)精加工

图 3-53　宽槽的车削方法

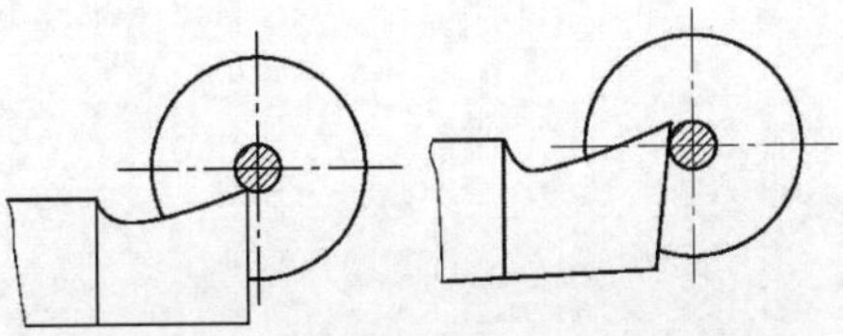

图 3-54　刀尖与工件轴线不等高的情况

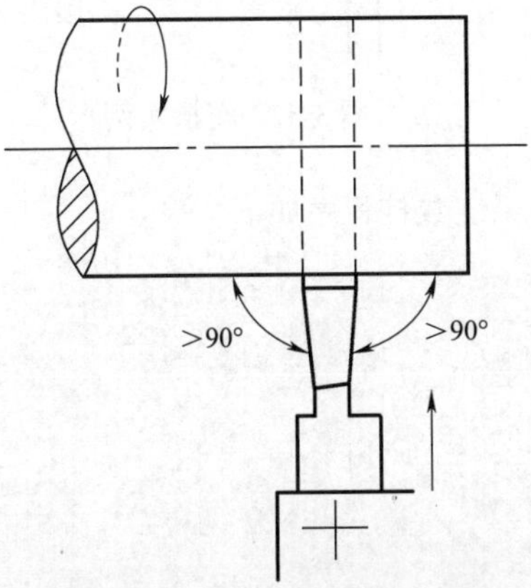

图 3-55　车刀与工件轴线不垂直的情况

(3)切断刀的底平面必须平直,否则会引起副后角的变化,在切断时车刀的某一副后刀面会与工件强烈摩擦。

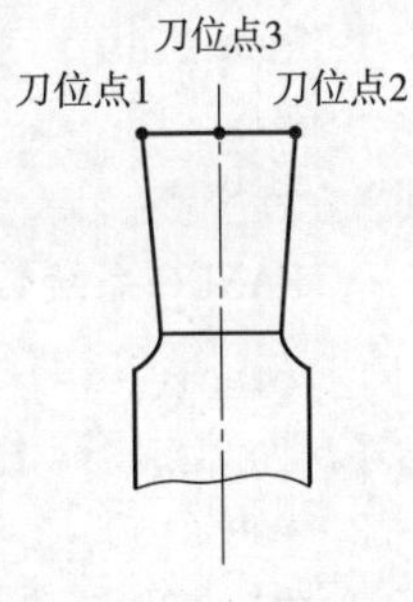

图 3-56　车刀刀位点

5. 编程中注意的问题

(1)车槽及车断车刀有左右两个刀尖及切削中心处的三个刀位点,如图 3-56 所示,但在编写加工程序时应采用其中一个刀位点,一般常用刀位点 1。

(2)合理安排退刀路线,避免刀具与零件相撞。

(3)主轴速度、进给量不宜过大。

6. 实例

【例 3-20】　加工图 3-57 所示的槽,切削到槽底暂停 0.3 s。

```
…
G01 X45 F60;
G04 X0.3;
G01 X60;
…
```

【例 3-21】　编制图 3-58 所示零件的切槽程序。

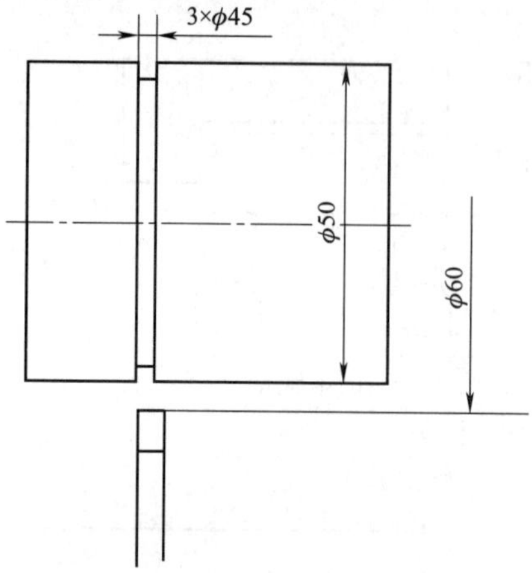

图 3-57　车槽实例

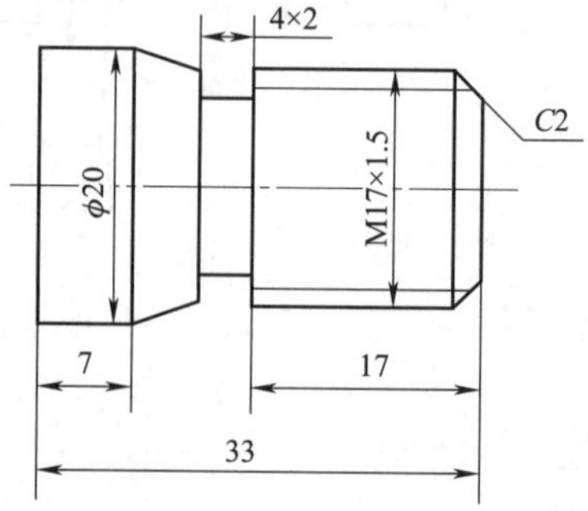

图 3-58　车槽实例

华中系统数控程序如下。

```
%1001
T0303                (刀宽为 2.5 mm)
M03 S300
G00 X20 Z-21
G01 X13 F15
G04 P3
G00 X20
W1.5
G01 X13 F15
G04 P3
G00 X100
Z100
M30
```

FANUC 系统数控程序如下。

```
O1001;
T0303;               (刀宽为 2.5 mm)
M03 S300;
G00 X20. Z-21.;
G01 X13. F0.05;
G04 X3.;
G00 X20.;
W1.5;
G01 X13. F0.05;
G04 X3;
G00 X100.;
Z100.;
M30;
```

3.9　螺纹车削加工编程的工艺知识

3.9.1　螺纹车削加工的基础知识

1. 常用螺纹的牙型

1）概念

沿螺纹轴线剖切的截面内，螺纹牙两侧边的夹角称为螺纹的牙型。

2）常用螺纹的牙型

常见螺纹的牙型有三角形、梯形、锯齿形、矩形等。

生产中常用的螺纹牙型有三种，如图 3-59 所示。

普通螺纹：60°。

英制螺纹：55°。

梯形螺纹：30°。

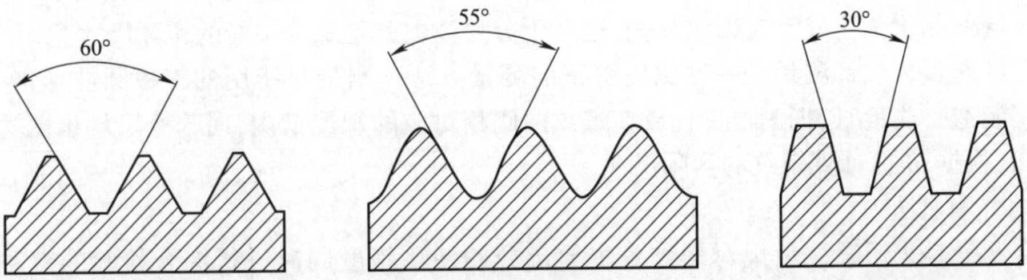

（a）普通螺纹　（b）英制螺纹　（c）梯形螺纹

图 3-59　常用螺纹的牙型

牙型角 α 指在螺纹牙型上相邻牙侧间的夹角（见图 3-59）。普通螺纹的牙型角为 60°，英制螺纹牙型角为 55°，梯形螺纹牙型角为 30°。

2. 常用螺纹牙型的参数

三角螺纹的理论牙型如图 3-60 所示。

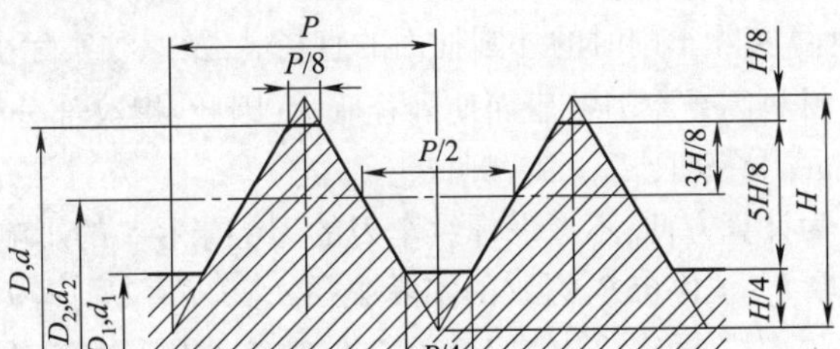

图 3-60　三角形螺纹的理论牙型

（1）螺纹大径：D 是内螺纹大径，d 是外螺纹大径。

（2）公称直径：螺纹大径的基本尺寸。

（3）螺纹小径：D_1 是内螺纹小径，d_1 是外螺纹小径。

（4）螺纹中径：D_2 是内螺纹中径，d_2 是外螺纹中径。

(5)螺距:用 P 表示,即指相邻两牙在中径线上对应两点间的轴向距离。

(6)导程 L:指同一条螺旋线上相邻两牙在中径线上对应两点间的轴线距离。螺纹螺距与导程的关系为 $L=nP$(n 为线数)。

(7)理论牙型高度:用 h_1 表示,是在螺纹上牙型到下牙型之间,垂直于螺纹轴线的距离。

3. 三角形螺纹的测量

测量螺纹的主要参数有螺距与大径、小径和中径的尺寸,常见的测量方法有单项测量法和综合测量法两种。

1)单项测量法

(1)测量大径。由于螺纹的大径公差较大,一般只需用游标卡尺测量即可。

(2)测量螺距。在车削螺纹时,螺纹的正确与否,从第一次纵向进给运动开始就要进行检查。可使第一刀在工件上划出一条很浅的螺旋线,用钢直尺、游标卡尺或螺距规进行测量。

(3)测量中径。

①螺纹千分尺测量。螺纹千分尺的结构和使用方法与一般千分尺相似,其读数原理也与一般千分尺相同,只是它有两个可以调整的测量头(上测量头、下测量头)。在测量时,两个与螺纹牙型角相同的测量头正好卡在螺纹牙侧,这时千分尺读数就是螺纹中径的实际尺寸。

②三针测量。三针测量是一种比较精密的测量方法。测量时所用的三根圆柱形量针,由量具厂专门制造。测量时,把三根量针放在螺纹两侧相对应的螺旋槽内,用千分尺量出两边针之间的距离 M,根据 M 值计算螺纹的实际尺寸。

2)综合测量法

综合测量是采用螺纹量规对螺纹各主要部分的使用精度同时进行综合检验的一种测量方法。这种方法效率高,使用方便,能较好地保证互换性,广泛应用于对标准螺纹或大批量生产螺纹时的测量。

螺纹量规包括螺纹环规和螺纹塞规两种,每一种螺纹量规又有通规和止规之分。测量时,如果通规刚好能旋入,而止规不能旋入,则说明螺纹精度合格。对于精度要求不高的螺纹,也可以用标准螺母和螺栓来检验,以旋入工件是否顺利和旋入后松动程度来确定螺纹是否合格。

3.9.2 螺纹加工尺寸分析

1. 外圆柱面的直径及螺纹实际小径的确定

车削螺纹时,需要计算实际车削时的外圆柱面的直径 $d_{计}$ 及螺纹实际小径 $d_{1计}$。

(1)车螺纹时,零件材料因受车刀挤压而使外径胀大,因此,螺纹部分的零件外径应比螺纹的公称直径小 0.2~0.4 mm。一般取 $d_{计}=d-0.1P$。

(2)在实际生产中,为计算方便,不考虑螺纹车刀的刀尖半径 r 的影响,一般取螺纹实际牙型高度 $h_{1实}=0.6495P$,常取 $h_{1实}=0.65P$,螺纹的实际小径 $d_{1计}=d-2h_{1实}=d-1.3P$。

【例 3-22】 车削图 3-61 所示零件中的 M30×2 外螺纹,材料为 45 钢,试计算实际车削时的外圆柱面的直径 $d_{计}$、螺纹实际牙型高度 $h_{1实}$ 及螺纹实际小径 $d_{1计}$。

外圆柱面的直径 $d_{计}=d-0.1P=30-0.1\times2=29.8$(mm)。

螺纹实际牙型高度 $h_{1实}=0.65P=0.65\times2=1.3$(mm)。

螺纹的实际小径 $d_{1计}=d-1.3P=30-1.3\times2=27.4$(mm)。

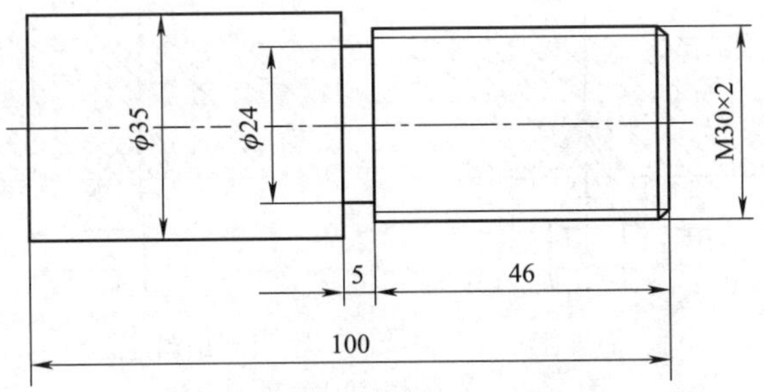

图3-61　螺纹加工尺寸计算实例

2. 螺纹起点与螺纹终点轴向尺寸的确定

如图3-62所示，车削螺纹起始需要一个加工过程，结束前有一个减速过程。因此车螺纹时，两端必须设置足够的升速进刀段δ_1和减速进刀段δ_2。δ_1、δ_2的数值与螺纹的螺距和螺纹的精度有关。

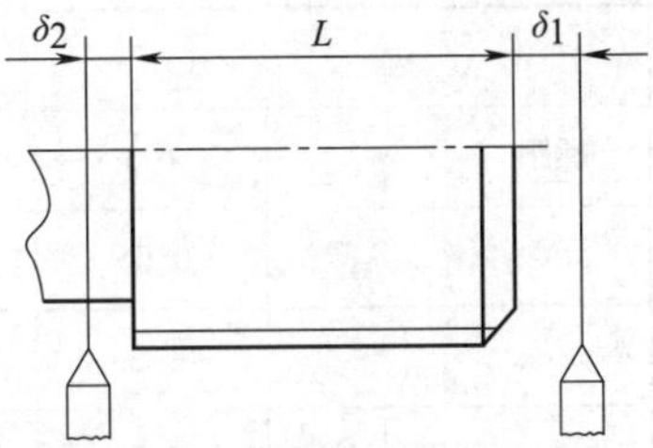

图3-62　螺纹的进刀和退刀

实际生产中，一般δ_1值取2～5 mm，大螺距和高精度的螺纹取大值；δ_2不得大于退刀槽宽度，一般为退刀槽宽度的一半左右，取1～3 mm。若螺纹收尾处没有退刀槽时，收尾处的形状与数控系统有关，一般按照45°退刀收尾。

3.9.3　螺纹加工切削用量的选择

1. 主轴转速 *n*

在数控车床上加工螺纹，主轴转速主要受数控系统、螺纹导程、刀具、零件尺寸和材料等多种因素的影响。不同的数控系统，有不同的推荐主轴转速范围，操作者在仔细查阅说明书后，可根据实际情况具体选用。大多数经济型数控车床车削螺纹时，推荐主轴转速为

$$n = \leqslant \frac{1\,200}{P} - K$$

式中　P——零件的螺距，mm；

K——安全系数，一般取80；

n——主轴转速，r/min。

学生实习一般取$n=400$ r/min，适当提高主轴转速可以提高螺纹的表面加工质量，加工内螺纹时，可以再小一些。

2. 背吃刀量 a_p

（1）进刀方法的选择。在数控车床上加工螺纹时的进刀方法通常有直进法、斜进法。当$P<3$ mm时，采用直进法；当$P\geqslant 3$ mm时，一般采用斜进法，如图3-63所示。

（2）背吃刀量的选用及分配。加工螺纹时，单边切削总深度等于螺纹实际牙型高度时，一般取$h_{1实}=0.65P$。车削应遵循后一刀的背吃刀量不能超过前一刀背吃刀量的原则，否则会因切削面积的增加、切削力过大而损坏刀具。但为了提高螺纹的表面粗糙度，用硬质合金螺纹车刀车削时，最后一刀的背吃刀量不能小于0.1 mm。常用螺纹加工走刀次数与分层切削余量可参阅表3-6。

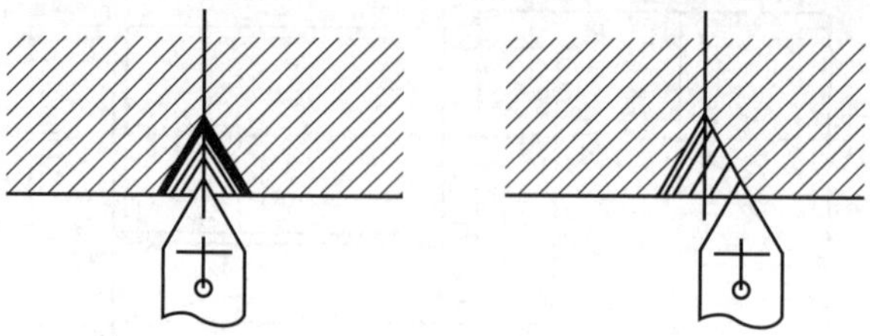

(a)直进法　　(b)斜进法

图 3-63　车削螺纹时的进刀方法

表 3-6　常用螺纹加工走刀次数与分层余量　(单位:mm)

公制螺纹								
螺距		1.0	1.5	2.0	2.5	3.0	3.5	4.0
牙深		0.65	0.975	1.3	1.625	1.95	2.275	2.6
切深		1.3	1.95	2.6	3.25	3.9	4.55	5.2
走刀次数及切削余量	1 次	0.7	0.8	0.9	1.0	1.2	1.5	1.5
	2 次	0.4	0.5	0.6	0.7	0.7	0.7	0.8
	3 次	0.2	0.5	0.6	0.	0.6	0.6	0.6
	4 次	—	0.15	0.4	0.4	0.4	0.6	0.6
	5 次	—	—	0.1	0.4	0.4	0.4	0.4
	6 次	—	—	—	0.15	0.4	0.4	0.4
	7 次	—	—	—	—	0.2	0.2	0.4
	8 次	—	—	—	—	—	0.15	0.3
	9 次	—	—	—	—	—	—	0.2

【例 3-23】　确定 M17 ×1.5 螺纹的各次切削量。

螺纹加工前需要计算的尺寸为

$$d_{计} = d - 0.1P = 16.85\ \text{mm}$$

$$d_{1计} = d - 1.3P = 15.05\ \text{mm}$$

总的切削深度(双边数值):1.8 mm。

分三刀切削:0.8 mm、0.7 mm、0.3 mm。

车刀每次所对应的 X 数值依次为 16.08 mm、15.35 mm、15.05 mm。

3. 进给量 f

(1)单线螺纹的进给量等于螺距,即 $f = P$。

(2)多线螺纹的进给量等于导程,即 $f = L$。

在数控车床上加工双线螺纹时,进给量为一个导程,常用的方法是车削第一条螺纹后,轴向移动一个螺距(用 G01 指令),再加工第二条螺纹。

3.10　螺纹车削编程

3.10.1　单行程螺纹车削指令

1. 指令格式

华中系统：

G32 X(U) ____ Z(W) ____ R ____ E ____ P ____ F ____

FANUC 系统：

G32 X(U) ____ Z(W) ____ F ____ ；

其中：

X、Z：绝对编程时，为有效螺纹终点在工件坐标系中的坐标。

U、W：增量编程时，为有效螺纹终点相对于螺纹切削起点的位移量。

F：螺纹导程，即主轴每转一圈，刀具相对于工件的进给值。

R、E：螺纹切削的退尾量，R 表示 Z 向退尾量，E 为 X 向退尾量，R、E 在绝对或增量编程时都是以增量方式指定，其为正表示沿 Z、X 正向回退，为负表示沿 Z、X 负向回退。使用 R、E 可免去退刀槽。R、E 可以省略，表示不用回退功能。根据螺纹标准，R 一般取 2 倍的螺距，E 取螺纹的牙型高。

P：主轴基准脉冲处距离螺纹切削起始点的主轴转角。

2. 应用

使用 G32 指令能加工圆柱螺纹、锥螺纹和端面螺纹。图 3-64 所示为锥螺纹切削时各参数的意义。

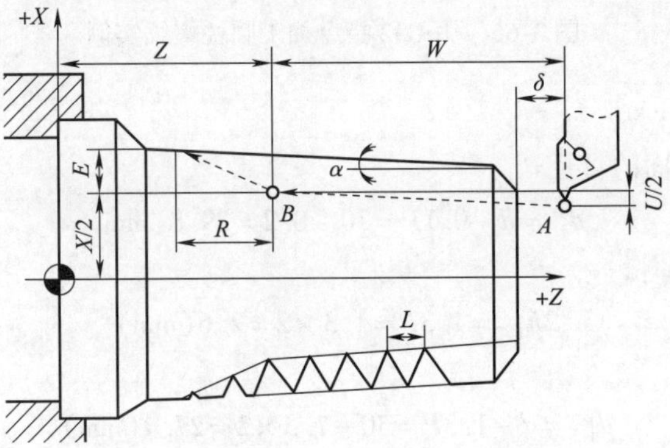

图 3-64　锥螺纹加工指令中参数含义

3. 编程要点

(1) G32 进刀方式为直进式。

(2) 螺纹车削时不能用主轴线速度恒定指令 G96。

(3) 切削斜角 α 在 45°以下的圆锥螺纹时，螺纹导程以 Z 方向指定。

4. G32 的走刀轨迹

图 3-65 中 A 点是螺纹加工的起点，B 点是单行程螺纹切削指令 G32 的起点，C 点是单行程螺纹切削指令 G32 的终点，D 点是 X 向退刀的终点。①是用 G00 进刀，②是用 G32 车螺纹，③是用

G00 X 向退刀，④是用 G00 Z 向退刀。

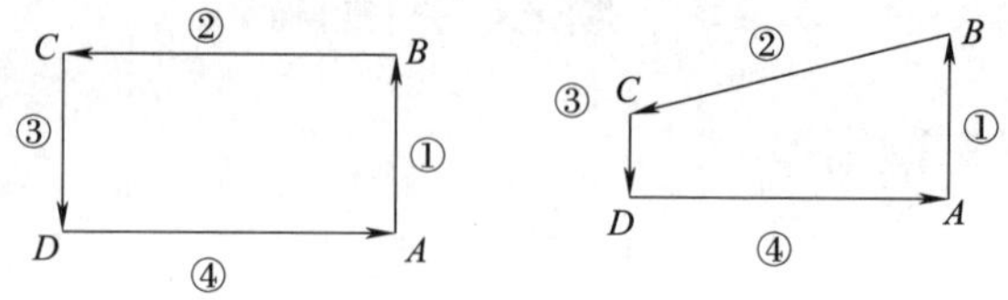

(a)圆柱螺纹　　(b)圆锥螺纹

图 3-65　单行程螺纹切削指令 G32 进刀路径

5. 编程实例

【例 3-24】　零件如图 3-66 所示，螺纹外径已车至 ϕ29.8 mm，4 mm × 2 mm 的退刀槽已加工，零件材料为 45 钢。用 G32 指令编制该螺纹的加工程序。

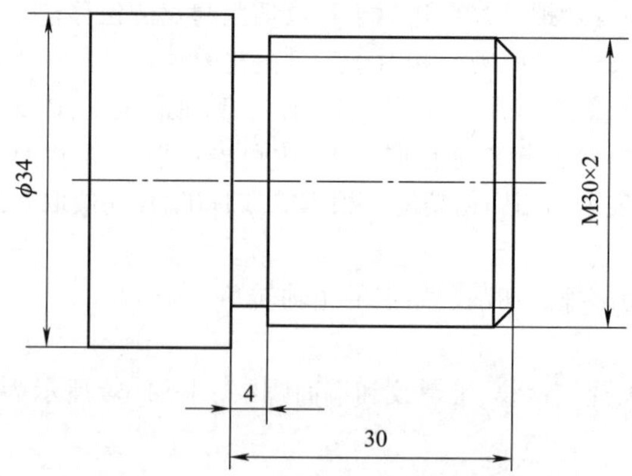

图 3-66　用 G32 指令加工圆柱螺纹实例

(1)螺纹加工尺寸计算。

实际车削时外圆柱面的直径 $d_{计}$：

$$d_{计} = d - 0.1P = 30 - 0.2 = 29.8(\text{mm})$$

螺纹实际牙型高 $h_{1实}$：

$$2h_{1实} = 1.3P = 1.3 \times 2 = 2.6(\text{mm})$$

螺纹实际小径 $d_{1计}$：

$$d_{1计} = d - 1.3P = 30 - 1.3 \times 2 = 27.4(\text{mm})$$

升速进刀段和减速进刀段 $\delta_1 = 5$ mm，$\delta_2 = 2$ mm。

(2)确定切削用量。

双边切深为 2.6 mm，分 5 刀切削，各刀的切削余量分别为 0.9 mm、0.6 mm、0.6 mm、0.4 mm 和 0.1 mm。

主轴转速 $n \leqslant 1\,200/P - K = 1\,200/2 - 80 = 520$(r/min)

学生实习时，一般选用较小的转速，取 $n = 400$ r/min。

进给量 $f = P$，即 2 mm。

(3)编程。

华中系统数控程序如下。

```
%1001
G40 G97 S400 M03
T0404
G00 X32 Z5
X29.1
G32 Z-28 F2.0
G00 X32
Z5.
X28.5
G32 Z-28.0 F2.0
G00 X32
Z5
X27.9
G32 Z-28 F2.0
G00 X32
Z5
X27.5
G32 Z-28 F2.0
G00 X32
Z5
X27.4
G32 Z-28 F2.0
G00 X100
Z100
M30
```

FANUC 系统数控程序如下。

```
O1001;
G40 G97 S400 M03;
T0404;
G00 X32.0 Z5.0;
X29.1;
G32 Z-28.0 F2.0;
G00 X32.;
Z5.0;
X28.5;
G32 Z-28.0 F2.0;
G00 X32.0;
Z5.0;
X27.9;
G32 Z-28.0 F2.0;
G00 X32.0;
```

```
Z5.0;
X27.5;
G32 Z-28.0 F2.0;
G00 X32.0;
Z5.0;
X27.4;
G32 Z-28.0 F2.0;
G00 X100.0;
Z100.0;
M30;
```

6. 螺纹切削加工的注意事项

螺纹加工中容易出现的一种现象为“乱扣”,即车削螺纹时,一般都要经过几次往复车削加工才能完成,在第二次车削时,刀尖偏离前一次车出的螺旋槽,从而把螺旋槽车乱,称为“乱扣”。所以,在加工螺纹时应注意以下事项。

(1)从螺纹粗加工到精加工,主轴的转速必须保持一常数。

(2)在没有停止主轴的情况下,停止螺纹的切削将非常危险。

(3)螺纹切削时进给保持功能无效,如果按下进给保持按键,刀具在加工完螺纹后停止运动。

(4)在螺纹加工中不使用恒定线速度控制功能。

(5)在螺纹加工轨迹中应设置足够的升速进刀段 δ_1 和降速退刀段 δ_2,以消除伺服滞后造成的螺距误差。

3.10.2 螺纹车削简单循环指令

通过前面的例题可以看出,使用 G32 指令加工螺纹时需要多次进刀,程序较长,容易出错。为此数控车床一般均在数控系统中设置了螺纹切削循环指令。华中系统为 G82,FANUC 系统为 G92,两者功能相同。

1. 指令格式

1)圆柱螺纹车削简单循环指令格式

华中系统:

G82 X(U)____ Z(W)____ F____

FANUC 系统:

G92 X(U)____ Z(W)____ F____;

其中:

X、Z:螺纹编程终点的 X、Z 向坐标;

U、W:螺纹编程终点相对于螺纹编程起点的 X、Z 向相对坐标,U 为直径值;

F:螺纹导程。

2)圆锥螺纹车削简单循环指令格式

华中系统:

G82 X(U)____ Z(W)____ I(R)____ F____

FANUC 系统:

G92 X(U)____ Z(W)____ I(R)____ F____;

其中：

X、Z：螺纹终点的绝对坐标；

U、W：螺纹终点相对起点的坐标；

I(R)：圆锥螺纹起点相对于终点半径的差。圆锥螺纹终点半径大于起点半径时I(R)为负值，圆锥螺纹终点半径小于起点半径时I(R)为正值。

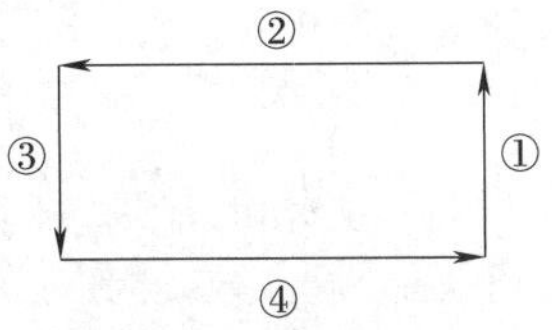

图3-67　G82/G92指令进刀路径

2. 应用

既然是循环指令，在使用前就必须设置循环起点，G82/G92的循环路线与单一形状固定循环基本相同，如图3-67所示，循环路径中除车削螺纹②为进给运动外，其他运动（循环起点进刀①、螺纹车削终点 X 向退刀③、Z 向退刀④）均为快速运动。优越性在于用一条循环指令便完成如图3-67所示的车削循环。该指令是螺纹车削中应用最多的指令。

3. 编程实例

【例3-25】　如图3-68所示，螺纹外径已车至 ϕ41.8 mm，4 mm×2 mm的退刀槽已加工，零件材料为45钢。用G82/G92指令编制该螺纹的加工程序。

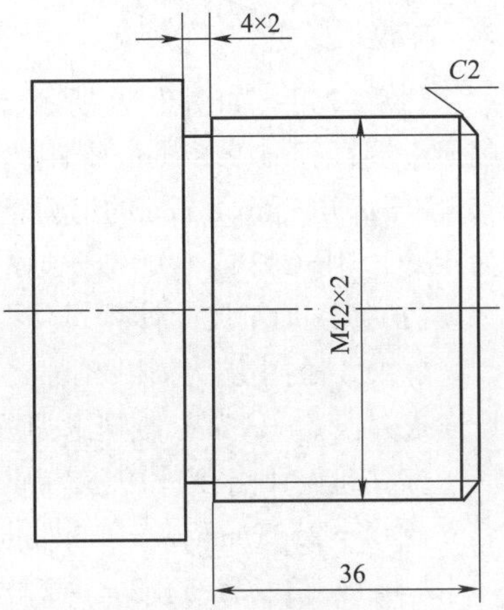

图3-68　用G82/G92指令加工圆柱螺纹实例

(1)螺纹加工尺寸计算。

螺纹加工前的外圆柱面直径：$d_{计}=d-0.1P=41.8$ mm。

螺纹小径：$d_{1计}=d-1.3P=39.4$ mm。

(2)确定切削用量。

双边值为2.6 mm，分5刀完成，各刀的切削余量分别是0.9 mm、0.6 mm、0.6 mm、0.4 mm、0.1 mm。

每次螺纹车削起点的位置坐标为：

X41.1 Z4　　X40.5 Z4　　X39.9 Z4　　X39.5 Z4

X39.4 Z4

每次螺纹车削终点的位置坐标为：

X41.1 Z-38　　X40.5 Z-38　　X39.9 Z-38

X39.5 Z-38　　X39.4 Z-38

主轴转速 $n\leq 1\,200/P-K=1\,200/2-80=520$(r/min)。

学生实习时，一般选用较小的转速，取 $n=400$ r/min。

进给量 $f=P$，即2 mm。

(3)编程。

华中系统数控程序如下。

```
%1001
T0101
M03 S400
G00 X44 Z4
G82 X41.1 Z-38 F2
X40.5 Z-38 F2
X39.9 Z-38 F2
X39.5 Z-38 F2
X39.4 Z-38 F2
G00 X100
```

```
Z100
M30
```

FANUC 系统数控程序如下。

```
O1001;
T0101;
M03 S400;
G00 X44. Z4. ;
G92 X41. 1 Z-38. F2. ;
X40. 5;
X39. 9;
X39. 5;
X39. 4;
G00 X100. ;
Z100. ;
M30;
```

【例 3-26】 如图 3-69 所示，圆锥螺纹外径已车削至小端直径 ϕ19. 8 mm，螺距为 2 mm。大端直径 ϕ24. 8 mm，4 mm × 2 mm 的退刀槽已加工，零件材料为 45 钢。用 G82 或 G92 指令编写螺纹的加工程序。

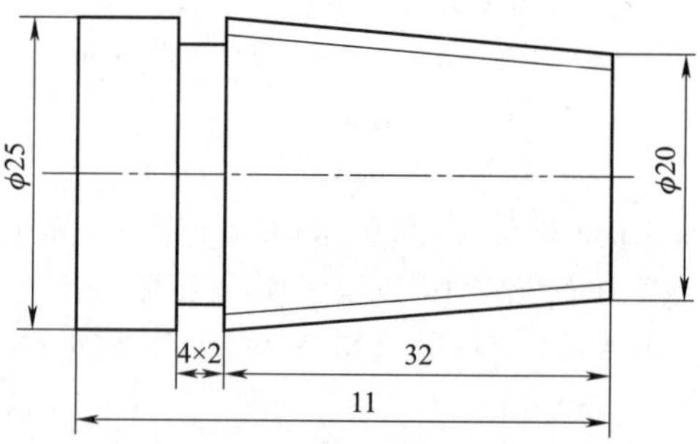

图 3-69　用 G82/G92 指令加工圆锥螺纹实例

(1)螺纹加工尺寸计算。

螺纹大径：小端为 ϕ19. 8 mm，大端为 ϕ24. 8 mm；升速进刀段 δ_1 = 3 mm，减速退刀段 δ_2 = 2 mm。

螺纹起点 A 点：X = 19. 53 mm，Z = 3 mm；螺纹终点 B 点：X = 25. 3 mm，Z = −34 mm。

I = (19. 53 − 25. 3)/2 = −2. 9 mm。

(2)确定切削用量。

双边切削深度为 1. 3P = 2. 6 mm，分 5 刀切削，各刀的切削余量分别为 0. 9 mm、0. 6 mm、0. 6 mm、0. 4 mm、0. 1 mm。

(3)编程。

华中系统数控程序如下。

```
%1000
T0303
M03 S400
G00 X27. Z3.
G82 X24. 4 Z-34 I-2. 9 F2. 0
X23. 8 Z-34 I-2. 9 F2. 0
X23. 2 Z-34 I-2. 9 F2. 0
X22. 8 Z-34 I-2. 9 F2. 0
X22. 7 Z-34 I-2. 9 F2. 0
G00X100
```

```
Z100
M30
```

FANUC 系统数控程序如下。

```
O1000;
T0303;
M03 S400;
G00 X27. Z3. ;
G92 X24.4 Z-34.0 I-2.9 F2.0;
X23.8;
X23.2;
X22.8;
X22.7;
G00 X100. ;
Z100. ;
M30;
```

3.10.3　螺纹车削复合循环指令

1. 华中系统螺纹车削复合循环指令格式

G76 C(c) R(r) E(e) A(α) X(x) Z(z) I(i) K(k) U(d) V(Δd_{min}) Q(Δd) P(p) F(L)

其中：

c：精整次数(1~99)，为模态值。

r：螺纹 Z 向退尾长度(00~99)，为模态值。

e：螺纹 X 向退尾长度(00~99)，为模态值。

α：刀尖角度(两位数字)，为模态值；在 80°、60°、55°、30°、29°和 0°六个角度中选一个。

x、z：绝对值编程时，为有效螺纹终点 C 的坐标；增量值编程时，为有效螺纹终点 C 相对于循环起点 A 的有向距离。(用 G91 指令定义为增量编程，使用后用 G90 指令定义为绝对编程。)

i：螺纹两端的半径差；如 $i=0$，为直螺纹(圆柱螺纹)切削方式。

k：螺纹高度，该值由 X 轴方向上的半径值指定。

Δd_{min}：最小切削深度(半径值)。

d：精加工余量(半径值)。

Δd：第一次切削深度(半径值)。

p：主轴基准脉冲处距离切削起始点的主轴转角。

L：螺纹导程(同 G32)。

2. FANUC 系统螺纹车削复合循环指令格式

G76 P(m)(r)(α) Q(Δd_{min}) R(d)；

G76X(U)__ Z(W)__ R(i) P(k) Q(Δd) F(f)；

其中：

m：精车重复次数(1~99)，该参数为模态量。

r：螺纹尾部倒角量，该值的大小可设置在 0.0L~9.9L 之间，系数应为 0.1 的整数倍，用 00~99 之间的两位数来表示，其中 L 为螺距。该参数为模态量。

α:刀尖角度,可从80°、60°、55°、30°、29°和0°六个角度中选择,用两位整数来表示,常用60°、55°和30°三个角度,该参数为模态量。

m、r、α用地址P同时指定,例如,$m=2$,$r=1.2L$,$\alpha=60°$,表示为P021260。

Δd_{min}:最小车削深度,用半径编程指定,该参数为模态量。

d:精加工余量(半径值)。

X(U)、Z(W):螺纹终点坐标。

i:螺纹部分的半径差。$i=0$时,则为直螺纹。

k:螺纹高度,用半径值指定。

Δd:第一次车削深度,用半径值指定。

f:螺距。

G76指令的参数可参考图3-70和图3-71。

指令中,Q、P、R地址后的数值一般以无小数点形式表示。

实际加工三角形螺纹时,以上参数一般取:$m=2$,$r=1.1L$,$\alpha=60°$,表示为P021160。$\Delta d_{min}=0.1$ mm,$d=0.05$ mm,$k=0.65P$,Δd根据零件材料、螺纹导程、刀具和机床刚性综合给定,建议取0.7~2.0 mm。其他参数由零件具体尺寸确定。

3. 走刀路径

如图3-70所示,C点到D点的切削速度由F代码指定,而其他轨迹均为快速进给。

按G76段中的X(U)和Z(W)指令实现循环加工,增量编程时,要注意u和w的正负号(由刀具轨迹AC和CD段的方向决定)。G76循环进行单边切削,减小了刀尖的受力(见图3-71)。

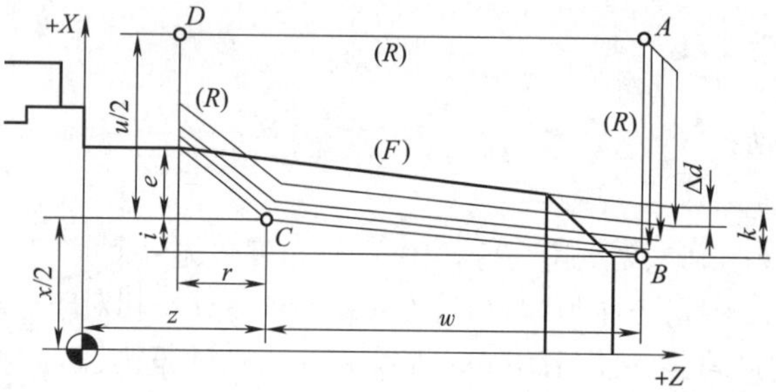

图3-70　螺纹切削复合循环G76

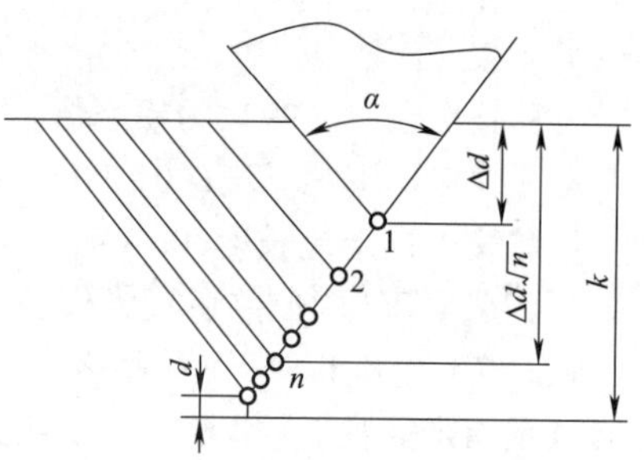

图3-71　G76循环单边切削及其参数

4. 应用

G76指令用于多次自动循环切削螺纹。常用于加工不带退刀槽的圆柱螺纹和圆锥螺纹。

5. 实例

【例3-27】 如图3-72所示,螺纹外径已车至ϕ29.8 mm,零件材料为45钢。用G76指令编制该螺纹的加工程序。

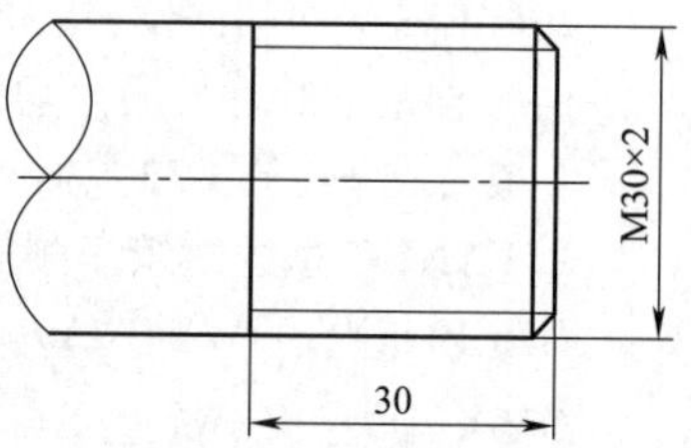

图3-72　用G76指令加工圆柱螺纹实例

(1)螺纹加工尺寸计算。

实际车削时外圆柱面的直径为$d_{计}=d-0.2=30-0.2=29.8$(mm),用G70或G01加工保证。

螺纹实际牙型高度$h_{1实}=0.65P=0.65\times2=1.3$(mm)。

升速进刀段$\delta_1=5$ mm。

(2)确定切削用量。

精车重复次数$m=2$,螺纹尾部倒角量$r=1.1L$,刀尖角度$\alpha=60°$,表示为P021160。

最小车削深度 $\Delta d_{min}=0.1$ mm，表示为 Q100。

精车余量 $d=0.05$ mm，表示为 R50。

螺纹终点坐标 $X=27.4$ mm，$Z=-30$ mm。

螺纹部分的半径差 $i=0$，R0 可以省略。

螺纹高度 $k=1.3$ mm，表示为 P1300。

第一次车削深度 Δd 取 1.0 mm，表示为 Q1000。

$f=2$ mm，表示为 $F2.0$。

主轴转速 $n \leqslant 1\,200/P-K=1\,200/2-80=520$（r/min），取 $n=400$ r/min。

（3）编程（FANUC 系统）。

```
N10 G40 G97 S400 M03;
N20 T0404;
N30 M08;
N40 G00 X31.5 Z5.0;
N50 G76 P021160 Q100 R50;
N60 G76 X27.4 Z-30.0 P1300 Q1000 F2.0;
N70 G00 X200;
N80 Z100;
N90 M30;
```

【例 3-28】　用螺纹切削复合循环 G76 指令编程，加工螺纹为 ZM60×2，工件尺寸如图 3-73 所示，其中括弧内尺寸根据标准得到。

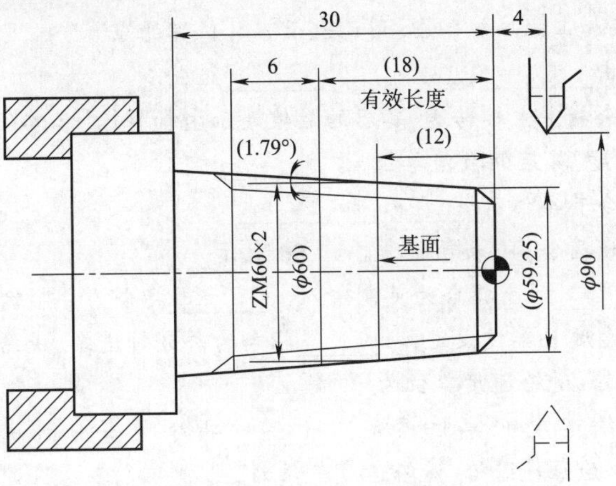

图 3-73　用 G76 指令加工圆锥螺纹实例

华中系统数控程序如下。

```
% 3338
N1 T0101                          (换 1 号刀，确定其坐标系)
N2 G00 X100 Z100                  (到程序起点或换刀点位置)
N3 M03 S400                       (主轴以 400 r/min 的速度正转)
N4 G00 X90 Z4                     (到简单循环起点位置)
N5 G80 X61.125 Z-30 I-1.063 F80   (加工锥螺纹外表面)
```

```
N6 G00 X100 Z100 M05                         (到程序起点或换刀点位置)
N7 T0202                                     (换 2 号刀,确定其坐标系)
N8 M03 S300                                  (主轴以 300 r/min 的速度正转)
N9 G00 X90 Z4                                (到螺纹循环起点位置)
N10 G76 C2 R-3 E1.3 A60 X58.15 Z-24 I-0.875 K1.299 U0.1 V0.1 Q0.9 F2
N11 G00 X100 Z100                            (返回程序起点位置或换刀点位置)
N12 M05                                      (主轴停)
N13 M30                                      (主程序结束并复位)
```

习题

一、填空题

1. 数控编程分为________和________两种。

2. 右手直角笛卡儿坐标系坐标轴正方向,假设________静止,________运动。

3. 数控车床一般有________个坐标轴,分别为________和________轴。

4. 写出程序段中主要字的含义:G 功能________;M 功能________;T 功能________;F 功能________;S 功能________。

5. 华中系统,编程方式的选择,绝对坐标指令________,增量坐标指令________。

6. 在数控车削编程中,X 坐标值有两种表示方法________和________。

7. 一个零件程序是一组被传送到数控装置中去的________和________。

8. ________是指刀架转位换刀的位置。

9. ________是指在加工程序编制中,用于表示刀具位置的点。

10. 一个完整程序由________、________、________组成。

11. 主轴功能 S 用来指定主轴转速,其后的数值表示主轴转速,其单位为________,恒线速度功能时 S 指定切削线速度,其后的数值单位为________。

12. 进给功能 F 指令其单位有________和________。

13. 刀具功能 T0100 指令,01 表示________,00 表示________。

14. 尺寸单位选择,________指令为英制输入,________指令为公制输入。

15. 华中系统进给速度 F 单位设定,________指令为每分钟进给,进给速度单位为________,________指令为每转进给,进给速度单位为________。

16. FANUC 系统进给速度 F 单位设定,________指令为每分钟进给,进给速度单位为________,________指令为每转进给,进给速度单位为________。

17. 调用子程序指令为________,子程序结束指令为________。

18. 阶梯轴加工有________和________两种。

19. G00 指令功能________,指令格式中 X(U)是指________,Z(W)是指________。

20. G01 指令功能________,指令格式中 X(U)是指________,Z(W)是指________,F 是指________。

21. 精加工零件轮廓尺寸偏差相差较大的尺寸,编程时应取________值。

22. G00、G01 指令均属于________态指令。

23. CK6150 数控机床刀架前置时,常用刀尖方位 T 为:外圆右偏刀 T = ________,镗孔右偏刀 T = ________。

24. G41 为________指令，G42 为________指令，G40 为________指令。

25. G90 指令格式中 R 值为切削起终点的________，该值有正负号，若________R 取负值，反之取正值。

26. G71 指令主要应用于________毛坯的加工，其格式中 Δd 为________；r 为________；Δx 为________ Δz 为________。

27. G73 指令主要应用于________毛坯的加工，其格式中 ΔI 为________；ΔK 为________。

28. 切槽时在整个加工程序中应采用________个刀位点，常用________为刀位点。

29. G04 指令用于________________，暂停指令 G04 使刀具相对于零件做短时间的无进给________，以降低________及________，为________态代码。

30. 圆弧按其形状一般分为________圆弧和________圆弧。

31. 粗加工凸圆弧表面有________和________两种方法。

32. 圆弧加工中 G02 表示________方向，G03 表示________方向。

33. 采用圆弧插补指令时，指定圆心位置通常有________方法，一种是用________指定圆心，另外一种是用________指定圆心。

34. 常见螺纹的牙型有________、________、________和________。

35. 普通螺纹的牙型角 α 等于________，英制螺纹的牙型角 α 等于________，梯形螺纹的牙型角 α 等于________。

36. 三角螺纹单项测量法测量________、________和________。

37. 实际生产中，螺纹实际牙型高度 $h_{1实}$ 一般取________，螺纹实际小径 $d_{1计}$ 等于________。

38. 车削外螺纹时，需要计算________、________和________三个尺寸。

39. 实际生产中，螺纹升速进刀段 δ_1 的值一般取________，减速退刀段 δ_2 的值一般取________。

40. 螺纹加工时，需选取的切削用量是________、________和________。

41. 螺纹螺距 $P = 1.5$ mm 时，螺纹加工走刀次数是____________，分层切削余量分别是________________。

42. G32 指令是________指令，其格式中的 X(U) 是指________，Z(W) 是指________，F 是指________。

43. G92 指令是________指令，其格式中的 X(U) 是指________，Z(W) 是指________，I(R) 是指________，F 是指________。

二、简答题

1. 简述工件坐标系工件原点的选择方法。
2. 简述零件程序的结构。
3. 什么是非模态 M 功能？什么是模态 M 功能？
4. 什么是非模态 G 功能？什么是模态 G 功能？
5. 简述 G00、G01 指令功能、格式及应用。
6. 简述 G02、G03 指令功能、格式及应用。
7. 简述 G92 指令功能、格式及应用。
8. 简述 FANUC 系统 G71 指令功能、格式及应用。
9. 简述 FANUC 系统 G73 指令功能、格式及应用。
10. 螺纹 M24 × 1.5-6g 编程相关计算。

三、编程题

1. 如图 3-74 所示,零件毛坯为尺寸 φ40×80 的棒料,材料为 45 钢,$a_p \leqslant 2.5$ mm,编写零件加工程序。

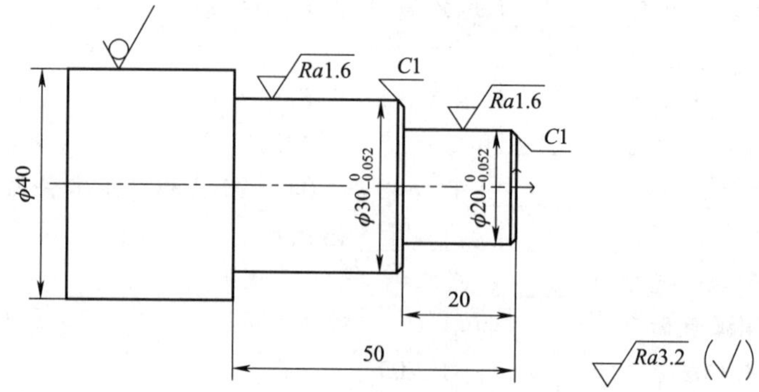

图 3-74　编程题 1

2. 如图 3-75 所示,零件毛坯为尺寸 φ45×100 的棒料,材料为 45 钢,$a_p \leqslant 2.5$ mm,编写零件加工程序。

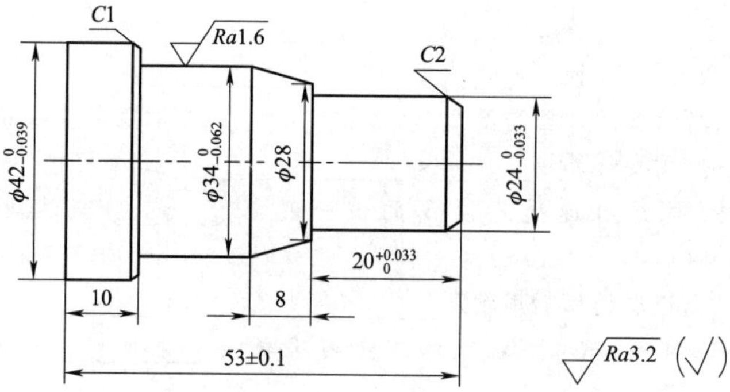

图 3-75　编程题 2

3. 如图 3-76 所示,零件毛坯为尺寸 φ55×70 的棒料,材料为 45 钢,$a_p \leqslant 2.5$ mm,编写零件加工程序。

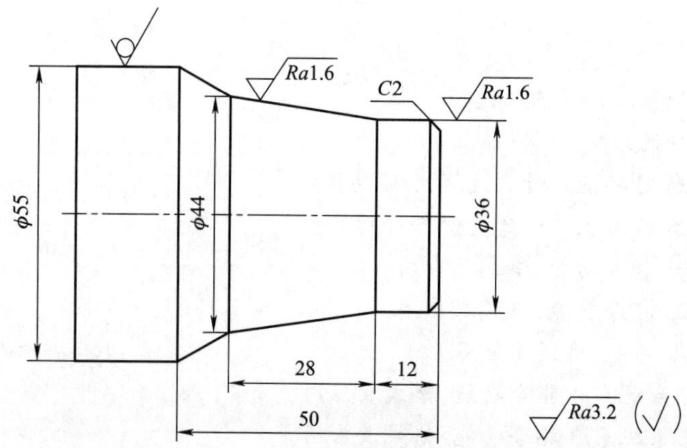

图 3-76　编程题 3

4. 如图 3-77 所示，毛坯为图样双点画线铸件，$a_p \leqslant 2$ mm，编写零件加工程序。

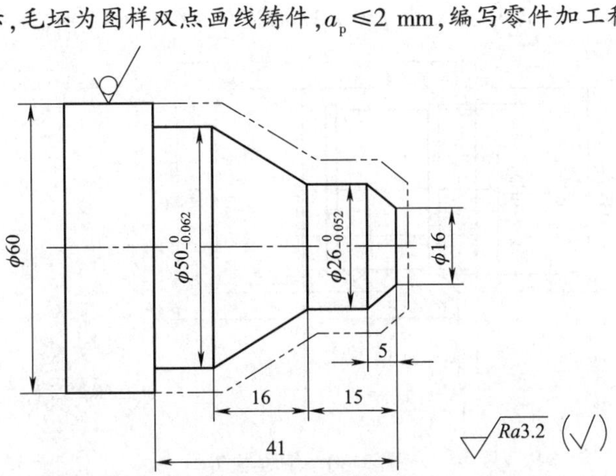

图 3-77　编程题 4

5. 如图 3-78 所示，零件毛坯为尺寸 $\phi 85 \times 90$ 的棒料，材料为 45 钢，编写零件加工程序。

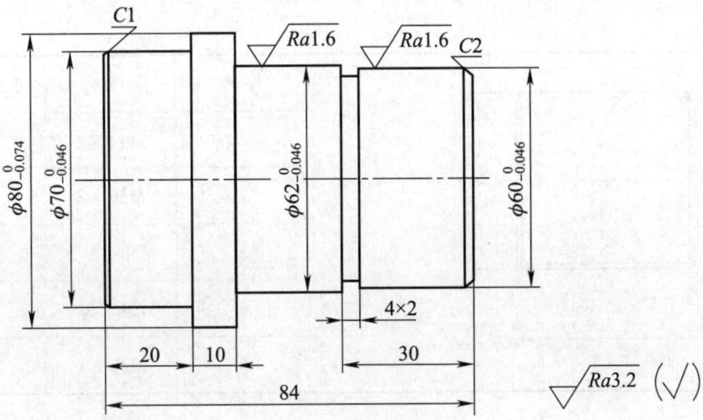

图 3-78　编程题 5

6. 如图 3-79 所示，零件毛坯为尺寸 $\phi 35 \times 130$ 的棒料，材料为 45 钢，编写零件加工程序。

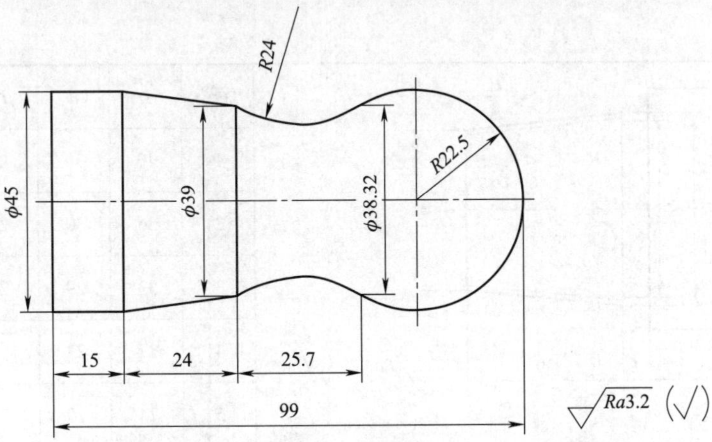

图 3-79　编程题 6

7. 如图 3-80 所示，零件毛坯为尺寸 $\phi50\times37$ 的棒料，材料为 45 钢，编写零件加工程序。

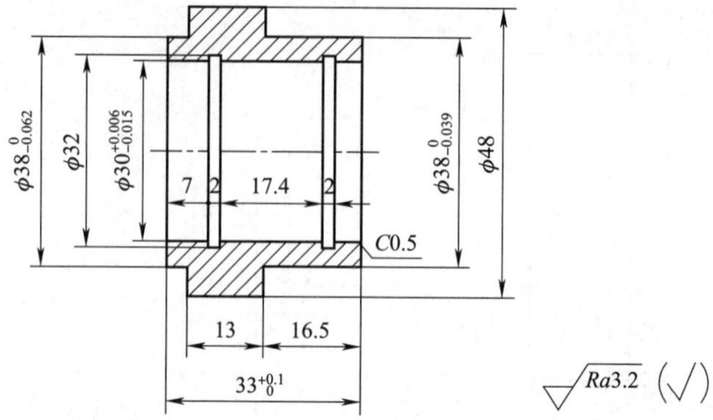

图 3-80　编程题 7

8. 如图 3-81 所示，材料为 45 钢，确定外螺纹加工尺寸，分别用 G32、G92 指令编制螺纹加工程序。

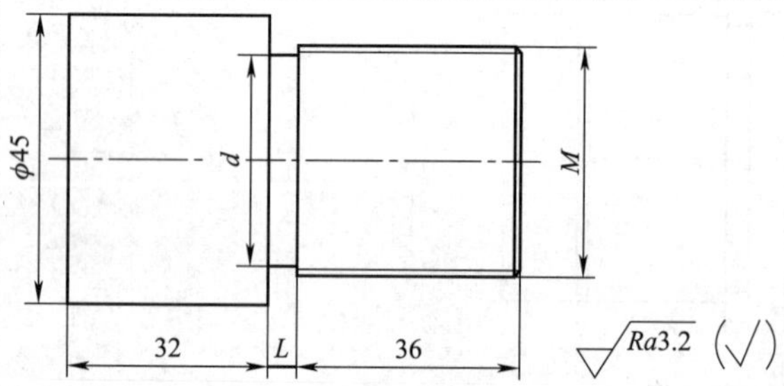

序号	M	d	L
1	M42×3	φ37	5
2	M36×2	φ33	5
3	M30×1.5	φ27	5
4	M24×1.5	φ20	5
5	M20×1	φ18	5

图 3-81　编程题 8

9. 如图 3-82 所示，材料为 45 钢，确定外圆锥螺纹加工尺寸，分别用 G32、G92 指令编制螺纹加工程序。

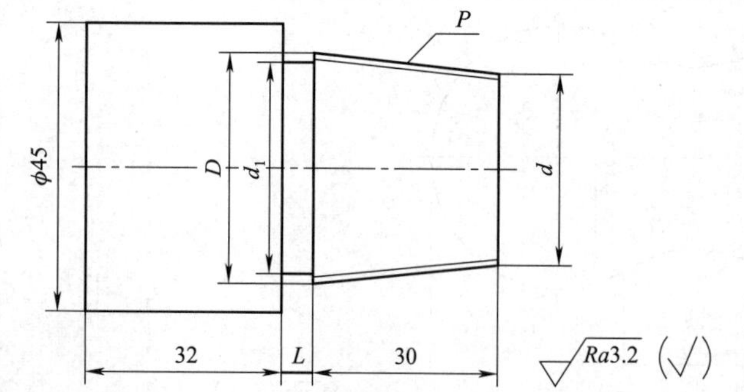

序号	D	d	P	d_1	L
1	40	30	2	32	5
2	36	30	2	28	5
3	33	29	2	26	5
4	27	23	1.5	20	5
5	24	20	2	17	4

图 3-82　编程题 9

10. 如图 3-83 所示，材料为 45 钢，确定多线螺纹加工尺寸，编制螺纹加工程序。

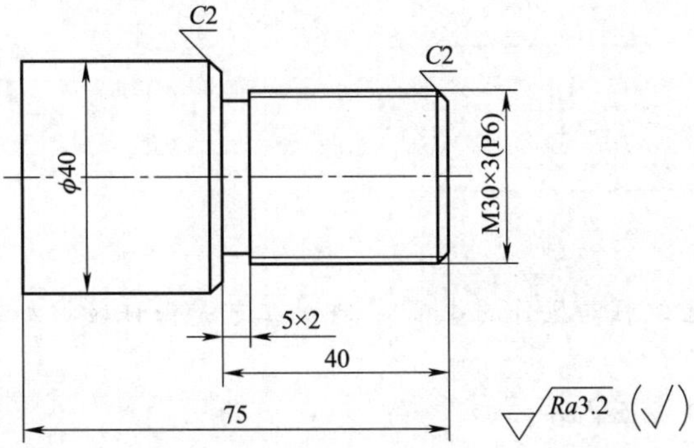

图 3-83　编程题 10

第 4 章 数控车削加工工艺基础知识

数控加工工艺是数控编程与操作的基础，合理的工艺是保证数控加工质量、发挥数控机床性能的前提条件。

本章主要介绍以下几方面内容：

1. 机械制造工艺规程概述。
2. 机械加工工艺路线的确定。
3. 加工余量与工序尺寸的确定。
4. 机械制造精度的实现，机械加工工艺尺寸链。
5. 数控加工工艺特点，数控加工工艺路线设计。

4.1 机械制造工艺规程概述

4.1.1 工艺规程的内容与作用

工艺规程是在具体的生产条件下说明并规定工艺过程的工艺文件。根据生产过程工艺性质的不同，有毛坯制造、零件机械加工、热处理、表面处理以及装配等不同的工艺规程。其中，规定零件制造工艺过程和操作方法等的工艺文件称为机械加工工艺规程；用于规定产品或部件的装配工艺过程和装配方法的工艺文件是机械装配工艺规程。它们是在具体的生产条件下，确定的最合理或较合理的制造过程、方法，并按规定的形式书写成工艺文件，指导制造过程。

工艺规程是制造过程的纪律性文件。其中机械加工工艺规程包括工件加工工艺路线及所经过的车间和工段、各工序的内容及所采用的机床和工艺装备、工件的检验项目及检验方法、切削用量、工时定额及工人技术等级等内容。机械装配工艺规程包括装配工艺路线、装配方法、各工序的具体装配内容和所用的工艺装备、技术要求及检验方法等内容。

机械制造工艺规程的作用主要有以下几方面。

1. 工艺规程是指导生产的主要技术文件

合理的工艺规程是在总结生产实践经验的基础之上，依据工艺理论和必要的工艺试验而制定的，是保证产品质量与经济效益的指导性文件。在生产中应严格执行既定的工艺规程。但是，工艺规程也不是固定不变的，工艺人员应不断总结工人的革新创造，及时吸取国内外先进工艺技术，对现行工艺不断地予以改进和完善，以便更好地指导生产。

2. 工艺规程是生产组织和管理工作的基本依据

在生产管理中，产品投产前原材料及毛坯的供应、通用工艺装备的准备、机械负荷的调整、专用工艺装备的设计和制造、作业计划的编排、劳动力的组织以及生产成本的核算等，都是以工艺规程作为基本依据的。

3. 工艺规程是新建或扩建工厂或车间的基本资料

在新建或扩建工厂或车间时，只有依据工艺规程和生产纲领才能正确确定生产所需要的机床和其他设备的种类、规格和数量；确定车间的面积，机床的布置，生产工人的工种、等级及数量以及辅助部门的安排等。

4.1.2　机械制造工艺规程的类型及格式

将工艺规程的内容填入一定格式的卡片，即称为生产准备和施工所依据的工艺文件。

1. 机械加工工艺规程

机械加工工艺规程的类型很多，其中常用的有机械加工工艺过程卡片和机械加工工序卡片。

(1) 机械加工工艺过程卡片。它是简要说明零件机械加工过程以工序为单位的一种工艺文件，主要用于单件小批生产和中批生产的零件，大批大量生产可酌情自定。本卡片是生产管理方面的文件，其格式见表 4-1。

表 4-1　机械加工工艺过程卡片

		机械加工工艺过程卡片	产品型号		零(部)件图号				
			产品名称		零(部)件名称		共(　)页	第(　)页	
	材料牌号		毛坯种类	毛坯外形尺寸	每个毛坯可制件数		每台件数	备注	
	工序号	工序名称	工序内容	车间	工段	设备	工序装备	工时 准终	工时 单件
描图									
描校									
底图号									
装订号				设计(日期)	审核(日期)	标准化(日期)	会签(日期)		

标记	处数	更改文件号	签字	日期	标记	处数	更改文件号	签字	日期

(2)机械加工工序卡片。它是在工艺过程卡片的基础上,进一步按每道工序所编制的一种工艺文件。该卡片中要画出工序简图(图上应标明定位基准、工序尺寸及公差、形位公差和粗糙度要求,用粗实线表示加工部位等),并详细说明该工序中每个工步的加工内容、工艺参数、操作要求以及所用设备和工艺装备等。工序卡片主要用于大批大量生产中的复杂产品的关键零件以及单件小批生产中的关键工序,其格式见表4-2。

表4-2　机械加工工序卡片

<table>
<tr><td rowspan="2"></td><td rowspan="2">机械加工
工序卡片</td><td>产品型号</td><td></td><td>零(部)件图号</td><td></td><td colspan="2"></td></tr>
<tr><td></td><td></td><td>零(部)件名称</td><td></td><td>共(　)页</td><td>第(　)页</td></tr>
</table>

车间	工序号	工序名称	材料牌号
毛坯种类	毛坯外形尺寸	每个毛坯可制件数	每台件数
设备名称	设备型号	设备编号	同时加工件数

<table>
<tr><td rowspan="1">夹具编号</td><td>夹具名称</td><td colspan="2">切削液</td></tr>
<tr><td rowspan="2">工位器具编号</td><td rowspan="2">工位器具名称</td><td colspan="2">工序工时</td></tr>
<tr><td>准终</td><td>单件</td></tr>
<tr><td></td><td></td><td></td><td></td></tr>
</table>

<table>
<tr><td rowspan="2"></td><td rowspan="2">工序号</td><td rowspan="2">工步内容</td><td rowspan="2">工艺装备</td><td rowspan="2">主轴转速/(r/min)</td><td rowspan="2">切削转速/(m/min)</td><td rowspan="2">进给量/(mm/r)</td><td rowspan="2">切削深度/mm</td><td rowspan="2">进给次数</td><td colspan="2">工步工时</td></tr>
<tr><td>机动</td><td>辅助</td></tr>
<tr><td></td><td></td><td></td><td></td><td></td><td></td><td></td><td></td><td></td><td></td><td></td></tr>
<tr><td></td><td></td><td></td><td></td><td></td><td></td><td></td><td></td><td></td><td></td><td></td></tr>
<tr><td></td><td></td><td></td><td></td><td></td><td></td><td></td><td></td><td></td><td></td><td></td></tr>
<tr><td>描图</td><td></td><td></td><td></td><td></td><td></td><td></td><td></td><td></td><td></td><td></td></tr>
<tr><td></td><td></td><td></td><td></td><td></td><td></td><td></td><td></td><td></td><td></td><td></td></tr>
<tr><td>描校</td><td></td><td></td><td></td><td></td><td></td><td></td><td></td><td></td><td></td><td></td></tr>
<tr><td></td><td></td><td></td><td></td><td></td><td></td><td></td><td></td><td></td><td></td><td></td></tr>
<tr><td>底图号</td><td></td><td></td><td></td><td></td><td></td><td></td><td></td><td></td><td></td><td></td></tr>
<tr><td></td><td></td><td></td><td></td><td></td><td></td><td></td><td></td><td></td><td></td><td></td></tr>
<tr><td>装订号</td><td></td><td></td><td></td><td></td><td></td><td></td><td></td><td></td><td></td><td></td></tr>
</table>

<table>
<tr><td></td><td></td><td></td><td colspan="8"></td><td rowspan="2">设计
(日期)</td><td rowspan="2">审核
(日期)</td><td rowspan="2">标准化
(日期)</td><td rowspan="2">会签
(日期)</td><td rowspan="2"></td></tr>
<tr><td></td><td></td><td></td><td></td><td></td><td></td><td></td><td></td><td></td><td></td><td></td></tr>
<tr><td></td><td>标记</td><td>处数</td><td>更改文件号</td><td>签字</td><td>日期</td><td>标记</td><td>处数</td><td>更改文件号</td><td>签字</td><td>日期</td><td></td><td></td><td></td><td></td><td></td></tr>
</table>

2. 机械装配工艺规程

常用的机械装配工艺规程有装配工艺过程卡和装配工序卡。装配工艺过程卡片上的每一工序应简要说明该工序的工作内容、所需设备及工艺装备、时间定额等;装配工序卡片上应配以装配工序简图,并要详细说明该工序的工艺内容、装配方法、所用工艺装备及时间定额等。单件小批生产通常不要求填写这两种卡片,而是用装配工艺流程图来代替,工人按照装配图和装配工艺流程图进行装配。中批生产中,一般只需填写装配工艺过程卡,对复杂产品还需填写装配工序卡。大批大量生产时,不仅要求填写装配工艺过程卡,而且要填写装配工序卡,以便指导工人进行装配。装配工艺过程卡和装配工序卡的格式可参阅国家机械工业局指导性文件 JB/T 9165. 2—1998《工艺规程格式》的规定。

4. 1. 3　工艺规程设计的原则与步骤

1. 工艺规程设计的原则

在保证产品质量的前提下,应尽量提高生产率和降低成本。应在充分利用本企业现有生产条件的基础上,尽可能采用国内外先进工艺技术和经验,并保证有良好的劳动条件。工艺规程应做到正确、完整、统一和清晰,所用术语、符号、计量单位、编号等都要符合相应标准。

2. 设计工艺规程的原始资料

工艺规程设计必须具备下列原始资料。

(1)产品的装配图和零件的工作图。

(2)产品验收的质量标准。

(3)产品的生产纲领。

(4)毛坯的生产条件或协作关系。

(5)现有生产条件和资料。它包括工艺装备及专用设备的制造能力、有关机械加工车间的设备和工艺装备的条件、技术工人的水平以及各种工艺资料和技术标准等。

(6)国内外同类产品的有关工艺资料等。

3. 机械加工工艺规程设计的步骤

(1)分析零件图和产品的装配图。

(2)确定毛坯。

(3)选择定位基准。

(4)拟定工艺路线。

(5)确定各工序的设备、刀具、量具和辅助工具。

(6)确定各工序的加工余量,计算工序尺寸及公差。

(7)确定各工序的切削用量和时间定额。

(8)确定各主要工序的技术要求及检验方法。

(9)进行技术经济分析,选择最佳方案。

(10)填写工艺文件。

4. 机械装配工艺规程设计的主要步骤

(1)分析零件图和产品的装配图。

(2)确定装配组织形式。

(3)选择装配方法。

(4)划分装配单元,规定合理的装配顺序。

(5)划分装配工序。

(6)编制装配工艺文件。

4.2 机械制造工艺规程设计

这里结合图4-1所示某车床主轴箱体的加工,说明机械加工工艺规程设计的一般原则和具体过程。

4.2.1 零件图的审查

零件图是制定工艺规程最主要的原始资料,在制定工艺时,必须对零件进行工艺分析,主要包括以下两方面内容。

1. 产品的零件图与装配图的分析

通过认真地分析与研究产品的零件图与装配图,熟悉产品的用途、性能及工作条件,明确零件在产品中的位置和功用,找出主要技术要求与技术关键,以便在制定工艺规程时,采取适当的措施加以保证。

在对零件工作图进行分析时,应主要从以下三个方面进行。

(1)零件图的完整性与正确性。在了解零件形状与各表面构成特征之后,应检查零件视图是否足够,尺寸、公差、表面粗糙度和技术要求的标注是否齐全、合理,重点要掌握主要表面的技术要求,因为主要表面的加工确定了零件工艺过程的大致轮廓。

(2)零件技术要求的合理性。零件的技术要求主要指精度(尺寸精度、形状精度、位置精度)、热处理及其他要求(如动、静平衡等)。要注意分析这些要求,在保证使用性能的前提下是否经济合理,在现有生产条件下能否实现等。

(3)零件的选材是否适当。零件的选材要立足国内,在能满足使用要求的前提下尽量选用我国资源丰富的材料。

2. 零件的结构工艺性分析

零件结构工艺性,是指所设计的零件在能满足使用要求的前提下制造的可行性和经济性。结构工艺性的问题比较复杂,它涉及毛坯制造、机械加工、热处理和装配等各方面的要求。表4-3中列举了一些零件机械加工工艺性对比的例子,供参考。

实际中,在对零件图审查时若发现其上的视图、尺寸标注、技术要求有错误或遗漏,或结构工艺性不好时,应提出修改意见。

图4-1所示的车床主轴箱体是车床的基础零件,由它将一些轴、套、齿轮等零件组装在一起,使其保持正确的相互位置,彼此按着一定的传动关系协调地运动,构成机床主轴箱部件,依靠箱体的基准平面安装在床身上。主轴箱体的加工质量直接影响着机床的性能、精度和寿命。该主轴箱体零件的主要技术要求如下。

(1)孔径精度。孔径的尺寸误差和几何形状误差会造成轴承与孔的配合不良。孔径过大,配合过松,使主轴回转轴线不稳定,并降低了支承刚度,易产生振动和噪声;孔径太小,会使配合过紧,轴承将因外环变形而不能正常运转,缩短寿命。装轴承的孔不圆,也使轴承外环变形而引起主轴径向跳动。因此,对孔的精度要求高。其中主轴孔的尺寸公差等级为IT6,其余孔为IT6~IT7。孔的几何形状精度未作规定的,一般控制在尺寸公差范围内即可。

(2)孔与孔的位置精度。同一轴线上各孔的同轴度误差和孔端面对轴线的垂直度误差,会使轴和轴承装配到箱体内出现歪斜,从而造成主轴径向跳动和轴向窜动,也加剧了轴承磨损。孔系之间的平行度误差和中心距误差会影响齿轮的啮合质量。一般同轴上各孔的同轴度约为最小孔尺寸公差之半。中心距的精度应符合齿轮啮合的精度要求。

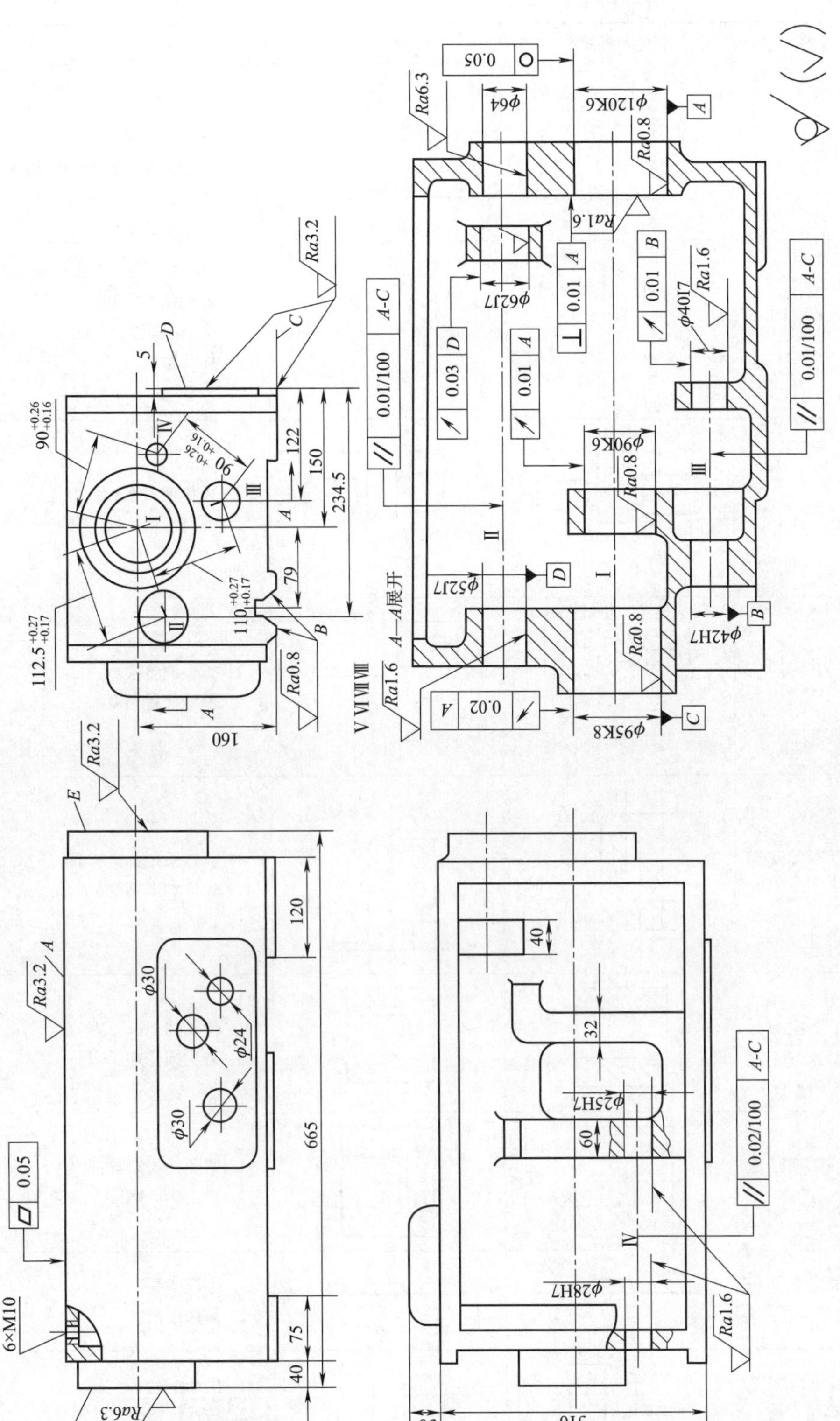

图 4-1　某车床主轴箱体简图

表 4-3　零件机械加工工艺性实例

工艺性内容	不合理的结构	合理的结构	说　　明
1. 加工面积应尽量小	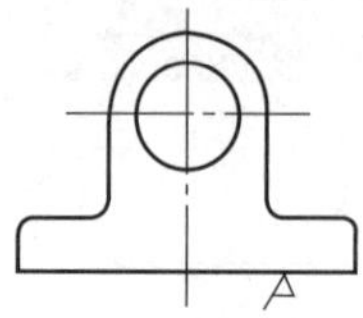	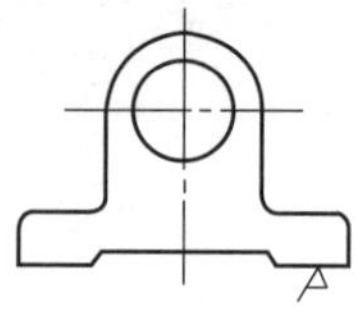	1. 减少加工量； 2. 减少刀具及材料的消耗量
2. 钻孔的入端和出端应避免斜面	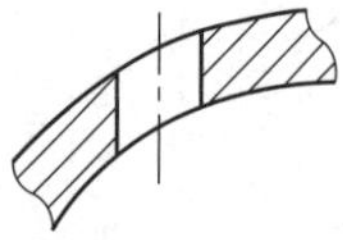	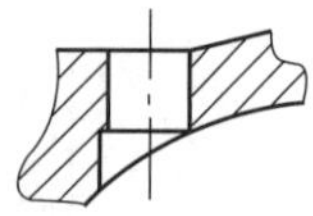	1. 避免钻头折断； 2. 提高生产率； 3. 保证精度
3. 槽宽尺寸一致	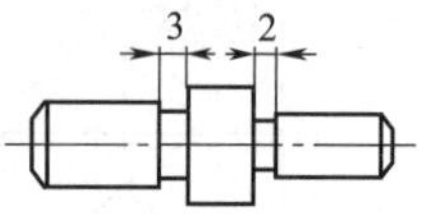	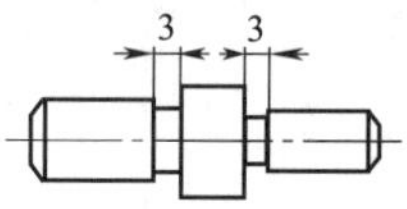	1. 减少换刀次数； 2. 提高生产率
4. 键槽布置在同方向上	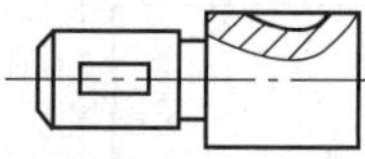	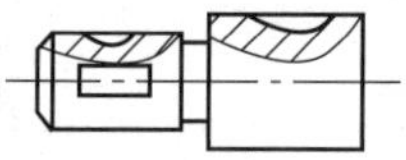	1. 减少调整次数； 2. 保证位置精度
5. 孔的位置不能离壁太近	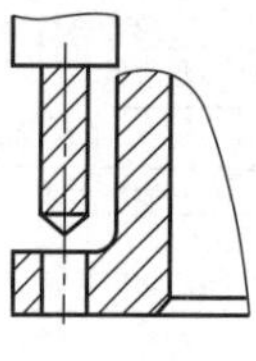	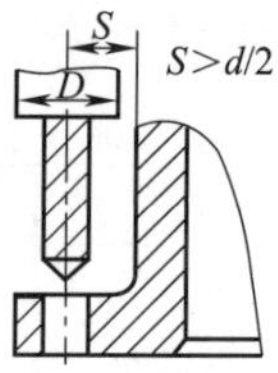	1. 可以采用标准刀具； 2. 保证加工精度
6. 槽的底面不应与其他加工面重合	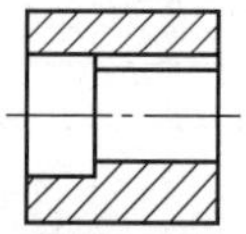	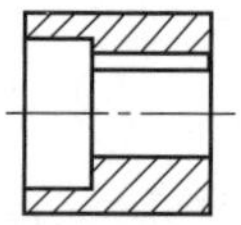	1. 便于加工； 2. 避免损伤加工表面
7. 螺纹根部应有退刀槽	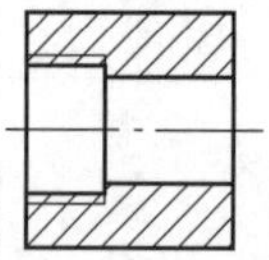	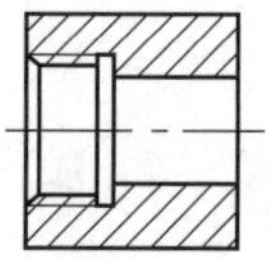	1. 避免损伤刀具； 2. 提高生产率
8. 凸台表面位于同一平面上	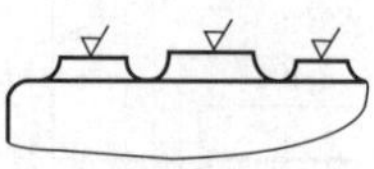	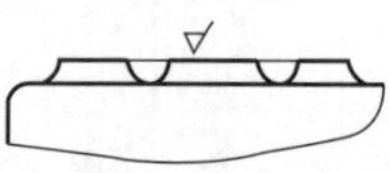	1. 生产率高； 2. 易保证精度
9. 轴上两相接精加工表面间应设刀具越程槽	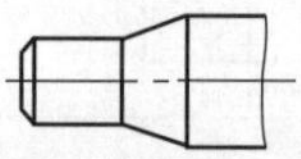	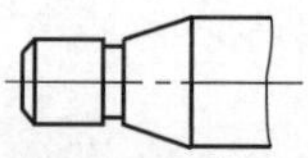	1. 生产率高； 2. 易保证精度

(3)孔和平面的位置精度。主轴孔和主轴箱安装基面的平行度决定了主轴和床身导轨的相互位置关系。这项精度是在总装时通过刮研来达到的。为了减少刮研工作量，一般都要规定主轴轴线对安装基面的平行度公差。在垂直和水平两个方向上，只允许主轴前端向上和向前偏。

(4)主要平面的精度。装配基面的平面度影响主轴箱与床身连接时的接触刚度，加工过程中作为定位基面则会影响主要孔的加工精度。因此规定底面和导向面必须垂直，用涂色法检查接触面积或单位面积上的接触点来衡量平面度的精度。顶面的平面度要求是为了保证箱盖的密封性，防止工作时润滑油泄出。当大批大量生产将其顶面用作定位基面加工孔，这时对平面度要求还要提高。

(5)表面粗糙度。重要孔和主要平面的粗糙度会影响连接面的配合性质或接触刚度，其具体要求的 Ra 值一般为 0.4 μm，其他各纵向孔 Ra 值为 1.6 μm，孔的内端面 Ra 值为 3.2 μm，装配基准面和定位基准面 Ra 值为 0.63～2.5 μm，其他平面的 Ra 值为 2.5～10 μm。

4.2.2　毛坯的确定

毛坯制造是零件生产过程的一部分。根据零件的技术要求、结构特点、材料、生产纲领等方面的情况，合理地确定毛坯的种类、毛坯的制造方法、毛坯的形状和尺寸等，不仅影响到毛坯制造的经济性，而且影响到机械加工的经济性。所以在确定毛坯的时候，既要考虑热加工方面的因素，也要兼顾冷加工方面的要求，以便从确定毛坯这一环节中，降低零件的制造成本。

1. 毛坯种类的确定

毛坯的种类有铸件、锻件、型材、焊接件、冷冲压件和其他毛坯。具体确定时可结合有关资料进行，同时还要全面考虑下列因素的影响。

1)毛坯的种类

(1)铸件：用于形状复杂的零件毛坯。

(2)锻件：用于强度要求高、形状比较简单的零件毛坯。

(3)型材：分热轧和冷拉两种。热轧型材用于一般零件；冷拉型材精度较高，规格尺寸较小，主要用于自动机床加工(送料、夹紧可靠)。

(4)焊接件：用于大件毛坯。焊接件毛坯制造简单方便，但变形较大。

(5)冷冲压件：用于形状复杂的板料零件毛坯。

(6)其他：有挤压、热轧、粉末冶金等毛坯。

2)选择毛坯应考虑的因素

(1)零件的材料及其力学性能。当零件的材料确定后，毛坯的类型也就大致确定了。例如，材料是铸铁，就选铸造毛坯；材料是钢材，且力学性能要求高时，可选锻件，当力学性能要求较低时，可选型材或铸钢。

(2)生产类型。大批大量生产时，可选精度和生产率都比较高的毛坯制造方法。用于毛坯制造的费用可由材料消耗和机械加工成本的降低来补偿。如锻件应采用模锻、冷轧和冷拉型材；铸件采用金属模机器造型或精铸等。单件小批生产时，可选成本比较低的毛坯制造方法，如木模手工造型和自由锻造等。

(3)零件的形状和尺寸。形状复杂的毛坯，常用铸造方法。尺寸大的零件可采用砂型铸造或自由锻造；中、小型零件可用较先进的铸造方法或模锻、精锻等。常见的一般用途的钢质阶梯轴零件，如各台阶的直径相差不大，可选用棒料；如各台阶的直径相差较大，宜用锻件。

(4)现有生产条件。确定毛坯时,必须结合具体的生产条件,如现场毛坯制造的实际水平和外协的可能性等。尤其应注意发挥行业协作网络的功能,实行专业化协作是实现优质低耗的重要途径。

(5)充分考虑利用新工艺、新技术和新材料的可能性。如考虑精铸、精锻、冷轧、冷挤压、粉末冶金和工程塑料等在机械中的应用。这样可大大减少机械加工量,甚至可不用机械加工,其经济效益非常显著。

2. 毛坯形状和尺寸的确定

受毛坯制造技术所限,加之对零件精度和表面质量的要求越来越高,故毛坯某些表面仍留有一定的加工余量,以便通过机械加工来达到质量要求。毛坯尺寸与零件尺寸的差值称为毛坯加工余量,毛坯制造尺寸的公差称为毛坯公差。毛坯加工余量及公差同毛坯制造方法有关,生产中可参照有关工艺手册和部门或企业的标准来确定。

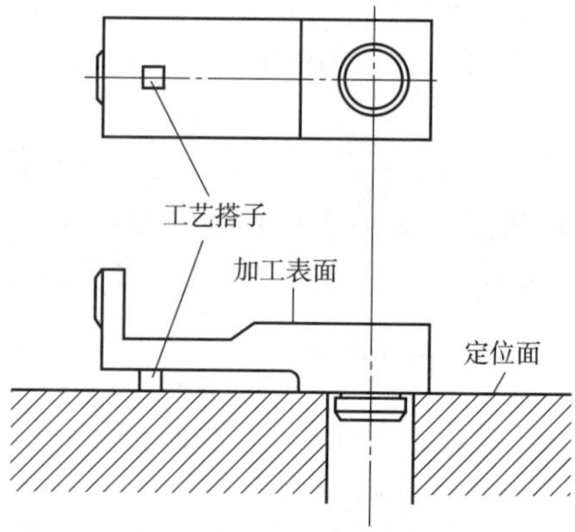

图 4-2 工艺搭子的应用

毛坯加工余量确定以后,还要考虑毛坯制造、机械加工和热处理等多方面工艺因素的影响。如为了加工时安装工件的方便,有些铸件毛坯需铸出工艺搭子,如图 4-2 所示。工艺搭子在零件加工好后一般均应切除。对于图 4-3 所示发动机连杆零件,为了保证加工质量,同时也为了加工方便,常将分离零件先做成一个整体毛坯,加工到一定阶段后再切割分离。对于形状比较规则的小型零件,也应将多件合成一个毛坯,当加工到一定阶段后,再分离成单件。

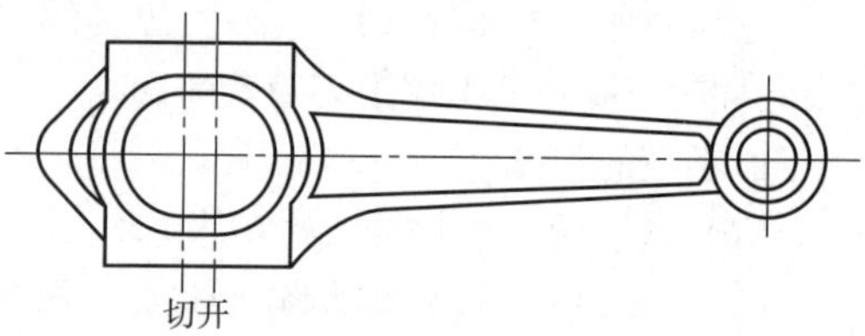

图 4-3 发动机连杆锻坯图

图 4-1 所示的车床主轴箱体,由于结构复杂,常采用铸造毛坯。而铸铁具有成形容易,可加工性良好,并且耐磨性好、吸振性好、成本低等优点,所以,机床主轴箱体一般都采用铸铁材料。其中用得最多的是各种牌号的灰铸铁,如 HT200、HT250、HT300 等。

4.2.3 加工工艺路线的确定

1. 表面加工方法的选择

零件上的各种典型表面都有许多加工方法,表面加工方法的选择应根据零件各表面所要求的加工精度和表面粗糙度,尽可能选择与经济加工精度和表面粗糙度相适应的加工方法。在正常加工条件下(采用符合质量标准的设备、工艺装备和标准技术等级的工人,不延长加工时间)所能保证的加工精度,称为经济加工精度,简称经济精度。经济表面粗糙度的概念类同于经济精度的概念。各种加工方法所能达到的经济加工精度和表面粗糙度,可参见表 4-4。需要指出,经济精度的数值不是一成不变的,随着科学技术的发展、工艺的改进和设备及工艺装备的更新,经济加工精度会逐步提高。

表4-4　常用加工方法的经济加工精度和表面粗糙度

加工表面	加工方法	经济精度等级	经济粗糙度 Ra 值/μm	适用范围
外圆表面	粗车	IT11 以下	12.5~50	适用于淬火钢以外的各种金属
	粗车—半精车	IT8~IT10	3.2~6.3	
	粗车—半精车—精车	IT7~IT8	0.8~1.6	
	粗车—半精车—精车—滚压(或抛光)	IT7~IT8	0.025~0.2	
	粗车—半精车—磨削	IT7~IT8	0.4~0.8	主要用于淬火钢,也可用于未淬火钢,但不宜加工有色金属
	粗车—半精车—粗磨—精磨	IT6~IT7	0.1~0.4	
	粗车—半精车—粗磨—精磨—超精加工(或轮式超精磨)	IT5	0.1~R_z0.1	
	粗车—半精车—精车—金刚石车	IT6~IT7	0.025~0.2	主要用于要求较高的有色金属加工
	粗车—半精车—粗磨—精磨—镜面磨 粗车—半精车—粗磨—精磨—研磨	IT5 以上 IT5 以上	0.025~R_z0.05 0.1~R_z0.05	极高精度的外圆加工
孔	钻	IT11~IT12	12.5	用于未淬火钢及铸铁的实心毛坯,可用于加工有色金属(但表面粗糙度稍粗糙,孔径为15~20 mm)
	钻—铰	IT9	1.6~3.2	
	钻—粗铰—精铰	IT7~IT8	0.8~1.6	
	钻—扩	IT10~IT11	6.3~12.5	同上,但孔径大于20 mm
	钻—扩—铰	IT8~IT9	1.6~3.2	
	钻—扩—粗铰—精铰	IT7	0.8~1.6	
	钻—扩—机铰—手铰	IT6~IT7	0.1~0.4	
	钻—扩—拉	IT7~IT9	0.1~1.6	大批大量生产(精度由拉刀的精度而定)
	粗镗(或扩孔)	IT11~IT12	6.3~12.5	除淬火钢外各种材料,毛坯有铸出孔或锻出孔
	粗镗(扩)—半精镗(精扩)	IT8~IT9	1.6~3.2	
	粗镗(扩)—半精镗(精扩)—精镗(铰)	IT7~IT8	0.8~1.6	
	粗镗(扩)—半精镗(精扩)—精镗—浮动镗刀精镗	IT6~IT7	0.4~0.8	
	粗镗(扩)—半精镗—磨孔	IT7~IT8	0.2~0.8	主要用于淬火钢、未淬火钢,不适用有色金属
	粗镗(扩)—半精镗—粗磨—精磨	IT6~IT7	0.1~0.2	
	粗镗—半精镗—精镗—金刚镗	IT6~IT7	0.05~0.4	主要用于精度要求高的有色金属加工
	钻—(扩)—粗铰—精铰—珩磨	IT6~IT7	0.025~0.2	精度要求很高的孔
	钻—(扩)—拉—珩磨	IT6~IT7		
	粗镗—半精镗—精镗—珩磨	IT6~IT7		
	以研磨代替上述方案中的珩磨	IT6 以上		

续表

加工表面	加工方法	经济精度等级	经济粗糙度 *Ra* 值/μm	适用范围
平面	粗车—半精车	IT9	3.2~6.3	端面
	粗车—半精车—精车	IT7~IT8	0.8~1.6	端面
	粗车—半精车—磨削	IT8~IT9	0.2~0.8	
	粗刨(或粗铣)—精刨(或精铣)	IT8~IT9	1.6~6.3	一般不淬硬平面(短铣表面粗糙度较细)
	粗刨(或粗铣)—精刨(或精铣)—刮研	IT6~IT7	0.1~0.8	精度要求较高的淬硬平面或不淬硬平面;批量较大时宜采用宽刃精刨方案
	粗刨(或粗铣)—精刨(或精铣)—宽刃精刨	IT7	0.2~0.8	
	粗刨(或粗铣)—精刨(或精铣)—磨削	IT7	0.2~0.8	精度要求高的淬硬平面或不淬硬平面
	粗刨(或粗铣)—精刨(或精铣)—粗磨—精磨	IT6~IT7	0.02~0.4	
	粗铣—拉	IT7~IT9	0.2~0.8	大量生产,较小的平面(精度视拉刀精度而定)

轴类零件的典型工艺过程:毛坯准备—正火—加工端面和中心孔—粗车—调质—半精加工—花键、键槽、螺纹等加工—表面淬火—粗磨—精磨。

在选择表面加工方法时,除应保证加工表面的加工精度和表面粗糙度要求之外,还应综合考虑下列因素。

(1)工件材料的性质。加工方法的选择,常受工件材料性质的限制。例如,淬火钢的精加工要用磨削,而有色金属的精加工为避免磨削时堵塞砂轮,常采用金刚镗或高速精细车等高速切削方法。

(2)工件的结构形状和尺寸。以内圆表面加工为例,回转体零件上较大直径的孔可采用车削或磨削,箱体上IT7级的孔常用镗削或铰削,孔径较小时宜采用铰削,孔径较大或长度较短时宜选镗削。

(3)生产类习惯。选择加工方法时必须考虑生产率和经济性。大批大量生产时,尽可能选用高效率的加工方法,如平面和孔采用拉削。但在生产量不大的情况下,应采用一般的加工方法,如镗孔或钻、扩、铰孔及铣、刨平面等。

(4)具体生产条件。应充分利用现有设备和工艺手段,挖掘企业潜力。

加工方法的选择,除上述因素之外,还应注意充分考虑利用新工艺、新技术的可能性,注意利用企业协作网络的工艺能力提高工艺水平,注意零件的特殊要求等。

2. 加工阶段的划分

1)加工阶段

为保证零件加工质量和合理地使用设备、人力,机械加工工艺过程一般可分为以下几个阶段。

(1)粗加工阶段。此阶段的主要任务是切除毛坯的大部分加工余量,使毛坯在形状和尺寸上尽可能接近成品。因此,此阶段应采取措施尽可能提高生产率。

(2)半精加工阶段。此阶段的任务是完成次要表面的加工,并为主要表面的精加工做好准备。

(3)精加工阶段。通过精加工保证各主要表面达到图样的全部技术要求,此阶段的主要目标是保证加工质量。

(4)光整加工阶段。对于质量要求很高(IT6 级以上,表面粗糙度 Ra 值 0.2 μm 以下)的表面,应安排光整加工,以进一步提高尺寸精度和减小表面粗糙度。但光整加工一般并不能用以纠正形状误差和位置误差。

2)划分加工阶段的意义

(1)可以逐步清除粗加工因余量大、切削力大等因素造成的加工误差,保证加工质量。

(2)可以合理使用机床设备。粗加工要求功率大、刚性好、生产率高、精度要求不高的设备,精加工则要求精度高的设备。

(3)便于安排热处理工序,使冷热加工工序配合得更好。例如,粗加工后工件残余应力大,可安排时效处理,消除残余应力;热处理引起的变形又可在精加工中消除。

(4)可以及时发现毛坯缺陷,及时修补或决定报废,以免因继续盲目加工而造成工时浪费。

应当指出,加工阶段的划分不是绝对的,在应用时要灵活掌握。例如,对于刚性好的重型零件,由于装夹及运输很费时,常在一次装夹下完成表面的粗、精加工。为弥补不分阶段带来的缺陷,可在粗加工工步后松开夹紧机构,让工件有变形的可能,然后用较小的力重新夹紧工件,继续进行精加工。对批量较小、形状简单及毛坯精度高而加工要求低的零件,也可不必划分加工阶段。

3. 加工顺序的安排

零件的加工顺序包括切削加工顺序、热处理先后顺序及辅助工序。在确定工艺路线时,工艺人员要全面地把切削加工、热处理和辅助工序三者一起加以考虑。

1)机械加工顺序的安排原则

(1)基面先行。选作精基准的表面,应安排在起始工序进行加工,以便尽快为后续工序的加工提供精基准。

(2)先主后次。零件的主要工作表面、装配基面应先加工,从而能及早发现毛坯中主要表面可能出现的缺陷。次要表面的加工可适当穿插在主要表面加工工序之间进行。

(3)先粗后精。通过划分加工阶段,各个表面先进行粗加工,再进行半精加工,最后进行精加工和光整加工。从而逐步提高表面的加工精度与表面质量。

(4)先面后孔。对于箱体、支架等类零件,因其平面轮廓比较平整,安放和定位比较稳定可靠,一般先加工平面再加工孔。

有些表面的最后精加工安排在部装或总装过程中进行,以保证较高的配合精度。

2)热处理工序的安排

热处理工序在工艺路线中的位置安排,主要取决于零件材料及热处理的目的。

预备热处理的目的是改善材料的切削加工性能、消除残余应力和为最终热处理做好组织准备。正火和退火常安排在粗加工之前,以改善切削加工性能和消除毛坯的残余应力;调质一般安排在粗加工与半精加工之间进行,为最终热处理做组织准备;时效处理用以消除毛坯制造和机械加工中产生的内应力。

最终热处理的目的是提高零件的强度、表面粗糙度和耐磨性及防腐、美观等。淬火及渗碳淬火(淬火后应回火)、氰化、氮化等安排在精加工磨削之前进行;由于调质后零件的综合机械性能较好,对某些硬度和耐磨性要求不高的零件,也可作为最终热处理,其工序位置安排在精加工之前进行;表面装饰性镀层、发蓝处理,应安排在机械加工完毕后进行。

3)辅助工序的安排

辅助工序主要包括检验、清洗、去毛刺、去磁、倒棱边、涂防锈漆及平衡等。其中检验工序是主要的辅助工序，是保证产品质量的主要措施。除各工序操作者自检外，在关键工序之后、送往外车间加工前后、粗加工结束以后、精加工开始之前、零件全部加工结束之后，一般均应安排检验工序。

4. 工序的集中与分散

在选定了零件上各个表面的加工方法及其加工顺序以后，制定工艺路线可以采用两种不同的原则：一种是工序集中的原则，即使每个工序中包括尽可能多的加工内容，从而使工序的总数减少；另一种是工序分散的原则，其含义与工序集中相反。工序集中与分散各有不同的特点。

工序集中有利于采用高效的专用设备和工艺装备，可大大提高生产率，可减少工序数目，缩短工艺路线，简化生产计划和生产组织工作，可减少设备数量、操作者人数和生产面积，可减少工件装夹次数，缩短辅助时间，且容易保证各加工表面的位置精度。但是工序集中所需的设备及工装较复杂，机床的调整和维修费时，投资大，转产较困难。

工序分散与上述特点相反，每台机床完成较少的加工内容，采用的设备、工装结构简单，调整、维修方便，对工人的技术水平要求低，在加工时，可采用最合理的切削用量，更换产品较容易。但工序分散所需的设备、工装多，操作工人多，生产面积大，工艺路线较长。

在确定工艺路线时，确定工序数目要取决于生产量、零件本身的结构特点和技术要求。在批量较小时，为了简化生产计划，宜采用工序集中原则，采用通用机床完成多个表面的加工，以减少工序数目。随着数控技术不断发展，数控机床、加工中心等设备的不断出现，虽然设备价格昂贵，但灵活高效，能适应加工对象的经常变化，使生产周期大大缩短。在加工中心设备中带有刀具库，能自动完成铣、镗、钻、扩、铰等多个工序加工内容，使工序高度集中，因此，给小批量生产采用工序集中的自动化生产带来广阔的前景。在大批量生产时既可采用多刀、多轴的高效专用机床将工序集中加工，也可将工序分散后组织流水生产。对刚性差、精度高的精密零件应采用工序分散的方法加工，而对重型机械、大型零件应采用工序集中的方法加工。工序集中是现代化生产的发展趋势。

5. 主轴箱体加工工艺路线分析

对于图 4-1 所示的主轴箱体，其加工工艺路线随生产量和设备技术条件的不同，也不相同。表 4-5 所示为小批量生产时的工艺过程，表 4-6 所示为大批量生产时的工艺过程。

表 4-5　某主轴箱体小批量生产工艺过程

序号	工 序 内 容	定 位 基 准
1	铸造	
2	时效	
3	漆底漆	
4	考虑主轴孔有加工余量，并尽量均匀，划 C、A 及 E、D 加工线	
5	粗、精加工顶面 A	按线找正
6	粗、精加工 B、C 面及侧面 D	顶面 A 并校正主轴线
7	粗、精加工两端面 E、F	B、C 面
8	粗、半精加工各纵向孔	B、C 面
9	精加工各纵向孔	B、C 面
10	粗、精加工横向孔	B、C 面
11	加工螺纹孔及各次要孔	

续表

序号	工 序 内 容	定 位 基 准
12	清洗、去毛刺	
13	检验	

表 4-6　某主轴箱体大批量生产工艺过程

序号	工 序 内 容	定 位 基 准
1	铸造	
2	人工时效	
3	漆底漆	
4	铣顶面 A	Ⅰ孔和Ⅱ孔
5	钻、扩、铰 4 × ϕ7.8 mm 和 2 × ϕ8H7 工艺孔(将 6 × M10 mm 孔先钻至 ϕ7.8 mm,铰 2 × ϕ8H7 孔)	顶面 A 及外形
6	铣两端面 E、F 及前面 D	顶面 A 及两工艺孔
7	铣导轨面 B、C	顶面 A 及两工艺孔
8	磨顶面 A	导轨面 B、C
9	粗镗各纵向孔	顶面 A 及两工艺孔
10	精镗各纵向孔	顶面 A 及两工艺孔
11	精镗主轴孔Ⅰ	顶面 A 及两工艺孔
12	加工横向孔及各面上的次要孔	
13	磨 B、C 导轨面及前面 D	顶面 A 及两工艺孔
14	将 2 × ϕ8H7 及 4 × ϕ7.8 mm 孔均扩至 ϕ8.5 mm,攻 6 × M10 mm	
15	清洗、去毛刺	
16	检验	

1)主要表面的加工方法

主轴箱的主要表面是作为安装基面、结合面的平面和作为各种轴的支承孔。

平面的加工主要采用刨削和铣削的方法,在小批量生产时,可采用刨削或在普通铣床上铣削。在大批量生产时,则采用生产率较高的组合铣削。当精度要求高时,多采用组合平面磨削。

箱体上的轴承支承孔精度多为 IT7。这些孔一般需要 3 ~ 4 次加工。小批量生产时采用卧式镗床镗削;在大批量生产时,则多采用专用组合机床通过扩—粗铰—精铰或镗—半精镗—精镗的方案加工,前者用于较小的孔,后者用于较大的孔。当孔的精度高于 IT6 时,还需要增加精细镗、珩磨、滚压等超精加工工序。

2)定位基准的选择

(1)粗基准选择。小批量生产时,采用划线找正装夹工件,体现以主轴孔为粗基准;大批量生产时,直接以主轴孔为粗基准,通过专用夹具装夹工件。

(2)精基准选择。小批量生产时,选择装配基面为精基准,实现基准重合,便于加工安装;在大批量生产时,以顶面和两个工艺孔为精基准,实现基准统一。

3)拟定工艺过程的原则

(1)先面后孔的加工顺序。主轴箱的加工是按先面后孔的顺序进行的,这也是箱体加工的一般规律。

(2)精加工分阶段进行。在大批量生产时,按粗、精加工分开的原则,重要的表面都划分为粗、精两个阶段加工。在小批量生产时,为减少设备数量和工件的转运工作,采用粗、精加工合并的方法,在实际生产时,为消除粗加工的应力和变形影响,在粗加工后把工件松开使应力变形释放,并给予充分的冷却时间,然后再以较小的夹紧力夹紧,进行精加工。

(3)合理安排热处理工序。箱体毛坯铸造之后应安排一次人工时效处理。对高精度或形状特别复杂的箱体,应在粗加工之后再安排一次人工时效处理。

4.3 加工余量与工序尺寸的确定

工艺路线确定之后,就需要安排各个工序的具体加工内容,其中很重要的一项任务就是要确定各工序的工序尺寸及上下偏差。工序尺寸的确定与工序的加工余量有关。

4.3.1 加工余量的概念

加工余量是指加工过程中从加工表面切去的材料层厚度。余量有工序余量和加工总余量(毛坯余量)之分。工序余量是同一被加工表面相邻两工序尺寸之差;加工总余量是某一表面毛坯尺寸与零件图样的设计尺寸之差。

加工总余量和工序余量的关系为

$$Z_0 = Z_1 + Z_2 + \cdots + Z_n = \sum_{i=1}^{n} Z_i$$

式中 Z_0——加工总余量;

$Z_1 + Z_2, \cdots, Z_n$——各工序的工序余量。

图4-4(a)、(b)、(c)所示平面的加工余量是单边余量,它等于实际切除的材料层厚度。

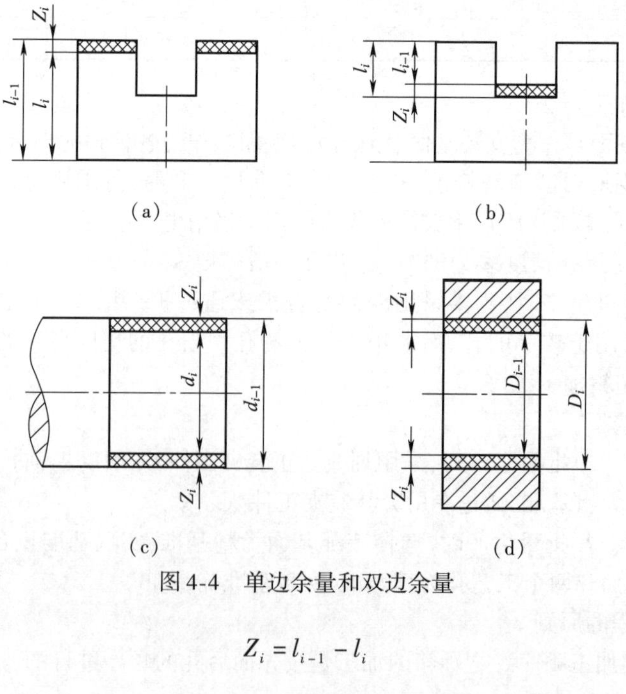

图4-4 单边余量和双边余量

对于外表面: $Z_i = l_{i-1} - l_i$

对于内表面：　　　　　　　　$Z_i = l_i - l_{i-1}$

式中　Z_i——本工序的加工余量；

l_{i-1}——上一工序的基本尺寸；

l_i——本工序的基本尺寸。

图 4-4(c)、(d)所示回转表面的加工余量是指直径上的，是双边余量，其实际切除的材料层厚度是加工余量的一半。

对于外圆表面：　　　　　　　　$2Z_i = d_{i-1} - d_i$

对于内圆表面：　　　　　　　　$2Z_i = D_i - D_{i-1}$

式中　$2Z_i$——本工序直径上的加工余量；

d_{i-1}、D_{i-1}——上一工序的基本直径；

d_i、D_i——本工序的基本直径。

由于毛坯制造和各工序尺寸都有误差，各工序实际切除的余量值是变动的，所以加工余量又分为公称余量、最大余量和最小余量。相邻两工序的基本尺寸之差即是公称余量。为了便于加工，工序尺寸都按“入体原则”标注极限偏差，即按被包容面取上偏差为零，包容面取下偏差为零。毛坯尺寸则按双向布置上、下偏差。工序余量与工序尺寸及其公差的关系如图 4-5 所示。

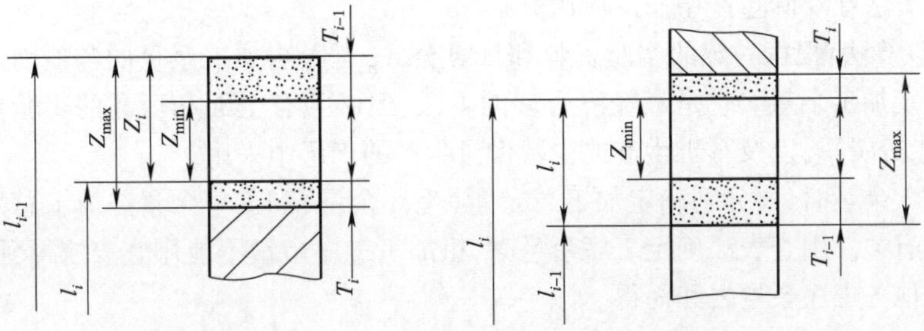

(a)被包容面(轴)　　　(b)包容面(孔)

图 4-5　工序余量与工序尺寸及其公差的关系

余量的公差为

$$T_z = Z_{max} - Z_{min} = T_i + T_{i-1}$$

式中　Z_{max}——工序最大余量；

Z_{min}——工序最小余量；

T_i——本工序尺寸的公差；

T_{i-1}——上一工序尺寸的公差。

4.3.2　加工余量的确定

1. 确定加工余量的原则和需要考虑的因素

加工余量的大小对工件的加工质量和生产率有较大的影响。余量过大，会造成工时浪费，增加成本；余量过小，会造成废品。确定加工余量的基本原则是在保证加工质量的前提下，越小越好。在确定时应考虑以下因素。

(1)上一工序的表面粗糙度 *Ra* 和缺陷层 *Da*。本工序必须把上一工序留下的表面粗糙度 *Ra* 和缺陷层 *Da* 全部切除。

(2)上一工序的尺寸公差 T_{i-1}。本工序的基本余量中包括了上一工序的尺寸公差 T_{i-1}。

(3)上一工序的形位误差 ρa。本工序应纠正上一工序留下的形位误差。这里的形位误差 ρa 是指不由尺寸公差 T_{i-1} 所控制的形位误差。形位误差 ρa 具有方向性,是一项空间误差,需要采用矢量合成。

(4)本工序加工时的装夹误差 εb。包括定位误差、夹紧误差和夹具在机床上的装夹误差。这些误差会使工件在加工时位置发生偏置,所以加工余量还必须考虑装夹误差的影响。例如,用三爪自定心卡盘夹紧工件外圆磨削内孔时,若由于装夹误差使工件加工中心与机床回转中心偏移了 e 距离,从而会使内孔的加工余量不均匀,为了能磨出内孔表面,磨削余量要增大 $2e$ 值才能保证。装夹误差也是空间误差,有方向性,与 ρa 采用矢量合成。

综上所述,本工序的加工余量应大于 Ra、Da、T_{i-1}、ρa 和 εb 之和。在具体确定时,要结合具体情况进行修正。

2. 确定加工余量的方法

在实际生产中,确定加工余量的方法有以下三种。

(1)经验估计法:凭经验来确定加工余量。为防止因余量不够而产生废品,所估加工余量一般偏大。此方法常用于单件小批生产。

(2)查表法:根据工艺手册或工厂中的统计经验资料查表,并结合具体情况加以修正来确定加工余量。此方法在实际生产中广泛应用。

(3)分析计算法:根据一定的实验资料和计算公式,对影响加工余量的各项因素进行综合分析和计算来确定加工余量。它是最经济合理的方法,但必须有全面和可靠的实验数据资料。目前,只在材料十分贵重,以及军工生产或少数大量生产的工厂中采用。

在确定加工余量时,要分别确定加工总余量(毛坯余量)和工序余量。加工总余量的大小与毛坯制造精度有关。用查表法确定工序余量时,粗加工工序余量不能用查表法得到,而是由加工总余量减去其他各工序余量之和而得。

4.4 机械制造精度的实现

如前所述,机械制造过程是机械零件制造过程和机械产品装配过程的总和。机械零件制造过程是被加工零件的形状、结构、精度、表面质量及其他技术要求实现的过程;机械产品的装配过程是产品装配精度和其他技术性能实现的过程。机械加工工艺过程和机械装配工艺过程正是依据这些技术要求和生产纲领、装备条件制定的。而精度要求对机械制造过程中的机械加工工艺规程和机械装配工艺过程的设计有着决定性的作用。

4.4.1 机械零件制造精度

零件的机械加工过程主要取决于零件表面形状结构、表面质量要求和零件的精度要求,在根据零件的结构形状特征、表面质量要求和精度要求确定相应的最终加工方法后,机械加工工艺主要是根据零件的精度要求来制定的。因而,分析零件的精度要求和其他技术要求是确定合理的机械加工工艺的关键。本节主要研究零件的精度构成及其与加工工艺过程的关系。

1. 机械零件制造精度的构成

零件是由各种形状的表面组合而成的,多数情况下,这些表面是简单表面,如平面、圆柱面等,此外常见的还有锥面、球面、螺旋面、齿形表面等。从零件表面成形的角度看,零件的精度指的是经过加工以后得到的实际尺寸与理论尺寸的相符程度,包括下列两方面。

1)表面本身的精度

(1)表面本身的尺寸及其精度,如圆柱面的直径、圆锥面的锥角等。

(2)表面本身的形状精度,如平面度、圆度、轮廓度等。

2)不同表面之间的相互位置精度

(1)表面之间的位置尺寸及其精度,如平面之间的距离、孔间距、孔到平面的距离等。

(2)表面之间的相互位置精度,如平行度、垂直度、对称度等。

上述精度项目在零件图上的表示方式虽不相同,但都可以转换为尺寸方式来表达。每一个零件都是由一系列的确定形状尺寸(形状尺寸)和确定位置尺寸(定位尺寸)来表示的。在机械加工中,一方面要形成零件表面的形状尺寸,另一方面要形成零件表面的定位尺寸。在设计工艺过程时,不但要保证表面自身的形状与尺寸精度,还必须保证表面之间的相对位置精度要求。

2. 获得零件精度的方法

在机械加工中,零件被加工表面的几何形状是由依据成形理论而确定的加工方法来保证的。几何形状的尺寸精度和相互位置精度的获得则根据具体情况不同,有不同的方法。其中主要有试切法和自动获得法两种。

1)试切法

试切法是通过多次走刀来获得所需的加工精度的。在每次试切走刀后测量实际尺寸,校正切削用量,直到达到规定的加工精度为止,如图 4-6(a)所示。采用试切法加工时,需要进行多次试切与测量,生产率较低,加工精度受操作者的技术水平和熟练程度影响较大,一般只适用于单件或小批生产。

2)自动获得法

(1)用定尺寸刀具加工。采用具有一定尺寸和形状的刀具进行加工,如钻头、铰刀、拉刀、丝锥等,由刀具刀刃的尺寸和形状保证所要求的加工精度。

(2)定行程法加工。利用行程控制装置(如行程开关、行程挡板等)来调整控制刀具相对于工件的位置,加工一批工件,获得所需的加工精度,如图 4-6(b)所示。这种方法多用于大批量、自动化和半自动加工,其所能得到的加工精度与设备的调整精度和加工过程的稳定性有关。

(3)设备保证法。工件在加工后,被加工表面的形状精度和相互位置精度取决于机床自身的精度。如车削加工时,外圆表面的圆度取决于车床主轴的回转精度;用数控铣床加工两垂直面时,被加工表面之间的垂直度取决于机床导轨运动的垂直度。

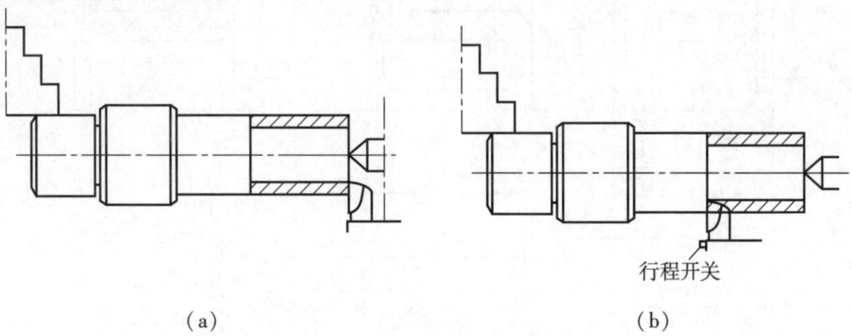

(a)　　(b)

图 4-6　获得加工精度的方法

根据零件的精度要求,确定合理的工艺方法是保证加工精度的基础。在现代机械制造生产中,自动获得精度的方法是主要的方法,尤其是在数控加工中,加工精度更是由数控程序和机床自身来保证的。

在制造过程中,每一次加工的结果实际上是特定尺寸的形成过程,完整的制造过程就是零件上全部尺寸按一定顺序形成的过程。这些按一定顺序形成的尺寸构成了一个封闭的尺寸链。这个尺寸链就是加工工艺尺寸链。加工工艺过程不同,工艺尺寸链也不同。所以,工艺尺寸链是零件加工工艺过程的数字描述。分析工艺尺寸链对合理地设计加工工艺过程、保证制造精度具有决定性作用。

4.4.2 零件机械加工工艺尺寸链

为达到要求的加工精度和表面质量,零件上的表面往往需要采用多种加工方法、多次加工。不同的加工表面也需要不同的加工方法或加工工艺参数。这些加工方法合理有序地安排就形成了机械加工工艺规程。制定合理的机械加工工艺规程是实现优质、高效、低成本的必要保证。尺寸链理论是分析零件机械加工工艺中各工序之间以及各工序内相关尺寸之间的关系,进而合理地确定机械加工工艺的重要手段。

1. 工艺尺寸链的概念

在工艺文件上,由加工过程中的同一零件的工艺尺寸组成的尺寸链称为工艺尺寸链。

从被加工零件的角度看,机械加工工艺中的每一工序在工件表面上都相应地形成一个或一组确定的尺寸,如图 4-7(a)所示。这些尺寸中,一类尺寸是被加工表面自身的形状形成过程中的中间尺寸,如外圆车削时,每次走刀后都在零件上形成一定的直径尺寸和轴向尺寸。在该表面形成的所有工序中,相互关联的加工工艺最后形成一系列相互关联的尺寸,这些相互关联的尺寸在被加工零件上形成尺寸链。在这种尺寸链中,有些尺寸是零件表面结构尺寸,有些则是工序加工余量,如图 4-7(b)所示。另一类尺寸是加工表面之间的相对位置尺寸,其中,一部分尺寸是由加工过程直接得到的,另一部分尺寸则是间接得到的。这两部分相互关联的尺寸组成了确定表面之间相互位置的工艺尺寸链,如图 4-7(c)所示。尺寸链中的每一个尺寸称为尺寸链的环,尺寸链的环按性质分为组成环和封闭环两类。

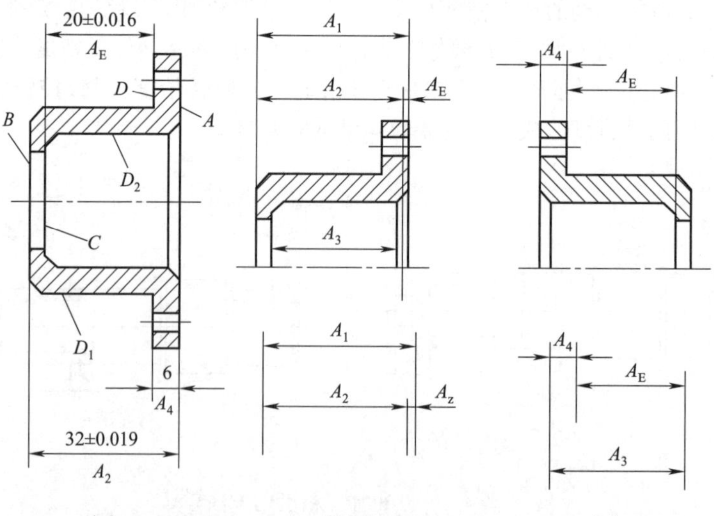

图 4-7 工艺尺寸链

组成环是在加工过程中直接形成的尺寸，如图 4-7(b)中的尺寸 A_1、A_2，图 4-7(c)中的尺寸 A_3、A_4 等，这些尺寸包括零件图上的设计尺寸和在加工过程中调整机床时直接控制的尺寸。

封闭环是由其他尺寸间接形成的尺寸，如图 4-7(b)中的 A_z 和图 4-7(c)中的 A_E，这些尺寸是在加工过程中间接获得的。

组成环按其对封闭环的影响可分为增环和减环。当某一组成环增大时，若封闭环也增大，该组成环称为增环；若某一组成环增大时封闭环减小，该组成环称为减环。图 4-7(b)中 A_1 是增环，A_2 是减环。在一个尺寸链中，只有一个封闭环。在工艺尺寸链中，封闭环是间接得到的尺寸。组成环和封闭环的概念是针对一定的尺寸链而言的，是一个相对概念。同一个尺寸，在一个尺寸链中是组成环，在另一个尺寸链中有可能是封闭环。

根据组成尺寸链的各环尺寸的几何特征不同，工艺尺寸链可分为长度尺寸链和角度尺寸链。

(1)长度尺寸链：组成尺寸链的各环均为长度尺寸的工艺尺寸链，如图 4-7 所示。

(2)角度尺寸链：组成尺寸链的各环均为角度尺寸的工艺尺寸链。这种尺寸链多为形位公差构成的尺寸链，如图 4-8 所示。

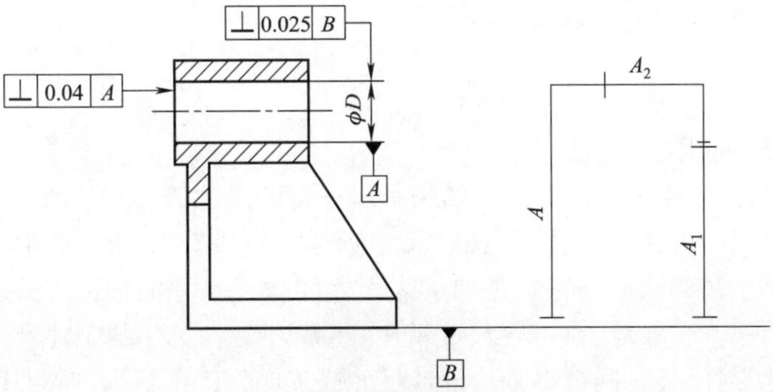

图 4-8　角度尺寸链

按尺寸链各环的空间位置区分，工艺尺寸链有直线尺寸链、平面尺寸链和空间尺寸链三种。其中直线尺寸链最为常见，其定义为各组成环平行于封闭环。以下讨论均以直线和长度尺寸链为例。

2. 尺寸链的计算

尺寸链的计算方法有极值法和概率法两种。在中、小批量生产和可靠性要求高的场合，多采用极值法；在大批量生产(如汽车工业)中，常采用概率法。极值法的计算公式如下。

(1)封闭环的基本尺寸。封闭环的基本尺寸等于所有组成环基本尺寸的代数和，即

$$A_{\Sigma} = \sum_{i=1}^{m} \overrightarrow{A_i} - \sum_{j=m+1}^{n-1} \overleftarrow{A_j}$$

式中　A_{Σ}——封闭环的基本尺寸；

$\overrightarrow{A_i}$——增环的基本尺寸；

$\overleftarrow{A_j}$——减环的基本尺寸；

m——增环的数目；

n——尺寸链的总环数。

(2)封闭环的极限尺寸。

$$A_{\Sigma_{\max}} = \sum_{i=1}^{m} \overrightarrow{A}_{i_{\max}} - \sum_{j=m+1}^{n-1} \overleftarrow{A}_{j_{\min}}$$

$$A_{\Sigma_{\min}} = \sum_{i=1}^{m} \overrightarrow{A}_{i_{\min}} - \sum_{j=m+1}^{n-1} \overleftarrow{A}_{j_{\max}}$$

(3)封闭环的极限偏差。

$$ES_{A_\Sigma} = \sum_{i=1}^{m} ES_{\overrightarrow{A_i}} - \sum_{j=m+1}^{n-1} EI_{\overleftarrow{A_j}}$$

$$EI_{A_\Sigma} = \sum_{i=1}^{m} EI_{\overrightarrow{A_i}} - \sum_{j=m+1}^{n-1} ES_{\overleftarrow{A_j}}$$

式中　ES,EI——分别表示上偏差和下偏差。

(4)封闭环的公差。封闭环的公差等于其上偏差减去下偏差,即等于各组成环公差之和。

$$T_{A_\Sigma} = ES_{A_\Sigma} - EI_{A_\Sigma} = \sum_{i=1}^{n-1} T_i$$

显然,在极值算法中,封闭环的公差大于任一组成环的公差。当封闭环公差一定时,若组成环数目较多,各组成环的公差就会过小,造成工序加工困难。因此,在分析尺寸链时,应使尺寸链的组成环数为最少,即遵循尺寸链最短原则。在大批量生产或封闭环公差较小、组成环较多的情况下,可采用概率算法,其计算公式为

$$T_{A_\Sigma} = \sqrt{\sum_{i=1}^{n-1} T_{2_i}}$$

3. 工艺尺寸链的应用

在机械加工过程中,每一工序的加工结果都以一定的尺寸值表示出来,尺寸链反映了相互关联的一组尺寸之间的关系,也反映了这些尺寸所对应的加工工序之间的相互联系。尺寸链的构成反映了加工工艺的构成。特别是加工表面之间位置尺寸的标注方式,在一定程度上决定了表面加工的顺序。一般地,在工艺尺寸链中,组成环是各工序的工序尺寸,即各工序直接得到并保证的尺寸;封闭环是间接得到的设计尺寸或工序加工余量,有时封闭环也可能是中间工序尺寸。

应用尺寸链计算公式求解工艺尺寸链时,有如下几种情况。

(1)已知全部组成环的极限尺寸,求封闭环的极限尺寸。这种情况一般用于验算及校核原工艺设计的正确性,属于正运算,其结果是唯一的;当加工工艺确定后,每一工序的工序内容及工序尺寸已知,通过对工序尺寸链的正运算,可以检验间接得到的设计尺寸能否满足设计要求。

(2)已知封闭环的极限尺寸,求各组成环的极限尺寸。这种情况一般用于工艺过程设计时确定各工序的工序尺寸时的设计计算。由于组成环一般较多,其结果一般不是唯一的,需要通过公差分配法来设计。在工艺规程设计时,往往是各工序的工序基本尺寸和封闭环的极限尺寸已知,需要通过尺寸链计算和公差分配求出各个工序尺寸的极限偏差。

(3)已知封闭环和部分组成环的尺寸,求其他组成环的尺寸。在工艺过程中所遇到的尺寸链多数是这种类型。

分配公差时有以下 3 种方法。

①等公差值分配法。即把封闭环的公差均匀地分配给各个组成环。这种方法计算简单。但当各环的基本尺寸相差较大或要求不同时,这种方法就不宜使用。

②等公差等级分配法。各组成环按相同的公差等级,根据具体尺寸的大小进行分配,并保证:

$$T_{A_\Sigma} \geqslant \sum_{i=1}^{n-1} T_i$$

这种方法保证了各组成环工序尺寸具有相同的公差等级，使各工序的加工难度基本均衡。但实际加工中，不同加工方法的工序加工精度是不同的，并且各工序尺寸的作用不同，其合理的精度等级也不相同，因而这种方法也有其不完善的一面。

③组成环主次分类法。在封闭环公差较小而组成环又较多时，可首先把组成环按作用的重要性进行主次分类，再根据相应加工方法的经济加工精度，确定合理的各组成环公差等级，并使各组成环的公差符合式 $T_{A_\Sigma}=\sqrt{\sum_{i=1}^{n-1} T_{2_i}}$ 的要求。在实际生产中，这种方法应用较多。

对于复杂零件的加工，其加工工艺往往包含多个尺寸链，并且这些尺寸链之间是相互耦合的，在分配公差时还必须对尺寸链之间的相互影响加以综合考虑。

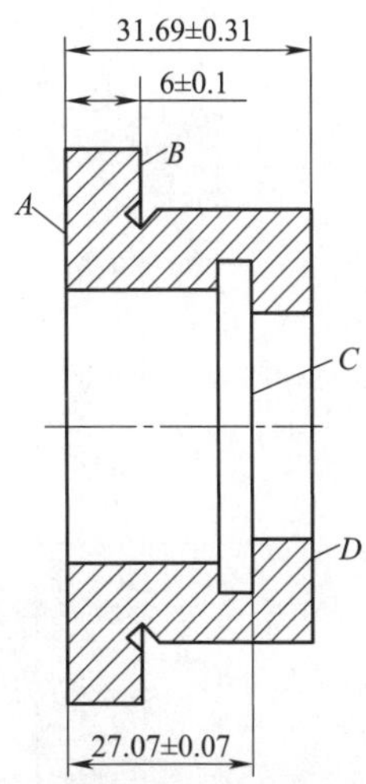

图 4-9　轴套零件的轴向尺寸

4.4.3　工序尺寸及公差计算的图表追踪法

制定工艺规程的重要内容之一就是确定各工序的工序尺寸及其公差。工序余量确定之后，工序尺寸及公差的确定，则要依据工序基准或定位基准是否重合，采用不同的计算方法。

基准不重合时，工序尺寸及其公差需通过工艺尺寸链的计算方法求解确定。对于加工工序较多，且工艺基准需多次转换的零件，采用图表追踪法建立工艺尺寸链进行计算是有效的方法。这种方法对于应用计算机辅助工艺规程的设计是十分有利的。

如图 4-9 所示零件，其轴向尺寸加工工艺路线的安排如图 4-10 所示。A、B、C 面都经过两次加工，都经过了基准转换。要保证加工质量必须正确地确定每一工序的加工余量、工序尺寸及公差。应用图表追踪法计算如下。

1. 绘制加工过程尺寸联系图

按适当比例绘制工件简图，标出与计算有关的轴向尺寸（为方便计算，设计尺寸都用平均尺寸表示），从各个有关端面向下引竖线，分别代表加工过程中不同阶段有余量差别的各个表面。在图表的左边按加工过程写出加工工序，在图表的右边列出需要计算的项目。

用图表右下方的代表符号，画出各工序的工艺基准（这里指工序基准）、加工表面、工艺尺寸（或工序尺寸）、加工余量以及间接获得的设计尺寸（图表中的结果尺寸）。当工序尺寸为已知的设计尺寸时，则用方框框出，以区别于未知的工序尺寸。加工余量按待加工表面的入体方向绘制。

在图表绘制过程中，应注意以下几点。

（1）必须严格按照加工先后顺序依次标注加工尺寸，不得随意颠倒。

（2）加工尺寸不得多余或遗漏。

（3）箭头一定要指向加工表面。

2. 用图表追踪法建立工艺尺寸链

（1）确定全部封闭环。封闭环有两种，一种是间接获得的设计尺寸，如图 4-10 中的 L_{01}、L_{02}；另一种是除靠火花磨削的余量（Z_7）之外的其余加工余量，如图 4-10 中的 Z_4、Z_5、Z_6。

（2）建立尺寸链的方法。从封闭环两端出发，沿竖线同步向上追踪，遇到箭头拐弯横向追踪，至基准面后再沿竖线继续向上追踪，直到两端的追踪路线相交为止，工艺尺寸链的建立即告完成。追踪中遇到的带箭头的加工尺寸即欲查找的组成环。由此方法可查出该工件的工艺尺寸链，如图4-11所示。

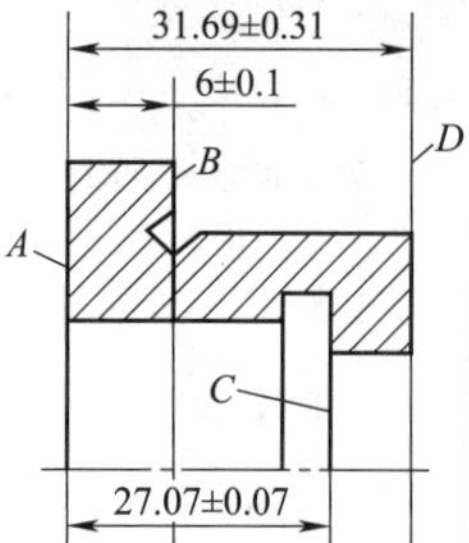

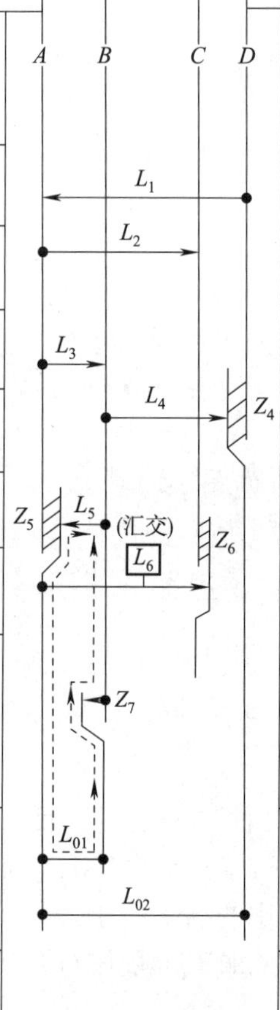

单位：mm

顺序号	加工内容	计算项目：工序公差 $\pm\frac{1}{2}T_i$ 初拟	调整后	余量变动量 $\pm\frac{1}{2}T_{Z_i}$	最小余量 $Z_{i_{min}}$	平均余量 Z_{i_M}	平均尺寸 A_{i_M}	注成单向偏差 $A_{i\ 0}^{+T_i}$ 或 $A_{i\ -T_i}^{\ 0}$
Ⅰ	粗车A面	±0.5	—	—	—	—	34	34.5_{-1}^{0}
	粗车C面	±0.3	—	—	—	—	26.7	$26.4_{0}^{+0.6}$
Ⅱ	粗、精车B面	±0.1	—	—	—	—	6.58	$6.68_{-0.2}^{0}$
	粗车D面	±0.3	±0.23	±0.83	1	1.83	25.59	$25.82_{-0.46}^{0}$
Ⅲ	精车A面	±0.1	±0.08	±0.18	0.3	0.48	6.1	$6.18_{-0.16}^{0}$
	精车C面	±0.07	—	±0.55	0.3	0.85	27.07	$27_{0}^{+0.14}$
Ⅳ	靠火花磨B面	±0.02	—	±0.02	0.08	0.1	—	—
结果尺寸		±0.1 ±0.3		—	—	—	6 31.69	—
符号说明		工艺基准	工艺尺寸	加工表面	结果尺寸	余量		

图4-10　工序尺寸计算图表

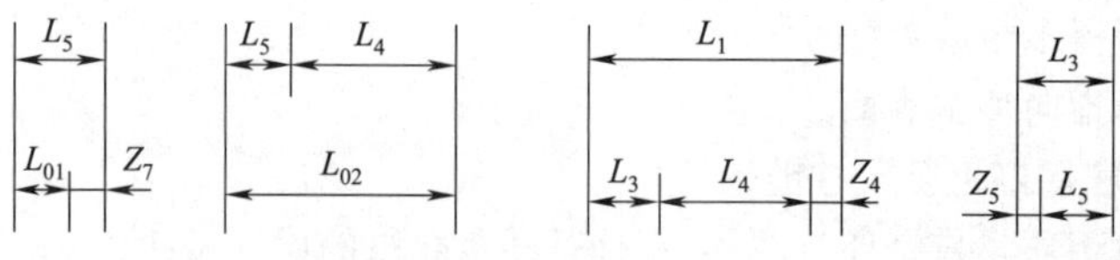

(a)　(b)　(c)　(d)

图4-11　工艺尺寸链

3. 计算项目的填写

图 4-10 右侧的计算项目栏填写过程如下。

(1)初步选定工序公差并做必要的调整,再确定工序最小余量。

(2)根据工序公差计算余量变动量。

(3)根据工序公差和余量变动量计算平均余量。

(4)根据平均余量计算平均工序尺寸。

(5)把平均工序尺寸和平均公差改写成基本尺寸和上下偏差形式。

在确定工序公差时,若工序尺寸是设计尺寸,则工序公差取图样标注公差;若工序尺寸是中间尺寸,其公差按经济加工精度或按经验选取;靠火花磨削的余量公差按操作者技术水平确定。

把初定的工序尺寸公差代入相应的工艺尺寸链后,若组成环公差之和大于封闭环公差,就需要对初定的工序公差进行修正,应缩小组成环的公差。首先是缩小公共环的公差,其次是缩小不会造成加工困难的工序尺寸的公差。

图 4-11(a)、(b)所示的尺寸链按初定的工序公差验算,结果尺寸 L_{01} 和 L_{02} 超差。考虑到 L_5 是两个尺寸链的公共环,先缩小 L_5 的公差至 ±0.08 mm,并将压缩后的公差分别代入两个尺寸中重新验算,L_{01} 不超差,L_{02} 仍超差。L_{02} 在所在的尺寸链中,考虑到 L_4 的公差不会给加工带来很大困难,故将 L_4 的公差缩小至 ±0.23 mm,并将其代入 L_{02} 所在的尺寸链中验算,不超差。于是,各工序公差便可以肯定下来,并填入“调整后”一栏中。

最小加工余量 $Z_{i_{\min}}$ 通常是根据手册和现有资料结合实际经验修正确定。

图表内“余量变动量”一项,是由余量所在的尺寸链中,根据有关公式计算求得。例如,$T_{Z_4} = T_1 + T_3 + T_4 = \pm(0.5 + 0.1 + 0.23)\text{ mm} = \pm 0.83\text{ mm}$。

图表内“平均余量”一项是按下式求出的:

$$Z_{i_{\mathrm{M}}} = Z_{i_{\min}} + T_{Z_i}/2$$

例如,$Z_{5_{\mathrm{M}}} = Z_{5_{\min}} + T_{2_5}/2 = (0.3 + 0.18)\text{ mm} = 0.48\text{ mm}$。

图表内“平均尺寸”可以通过尺寸链计算得到。在各尺寸链中,先找只有一个未知数的尺寸链,求出该未知数,然后逐个将所有未知尺寸求解出来,亦可利用工艺尺寸联系图,沿着拟求尺寸两端的竖线向下找后面工序与其有关的工序尺寸和平均加工余量,将这些工序尺寸分别和加工余量相加或相减求出拟求工序尺寸。

图表内最后一项要求将平均工序尺寸改注成基本尺寸和上下偏差的形式。按入体原则,L_2 和 L_6 应注成单向正偏差形式,L_1、L_3、L_4、L_5 应注成单向负偏差形式。

4.5　数控加工工艺概述

4.5.1　数控加工工艺的概念

数控加工工艺是使用数控机床加工零件的一种工艺方法。数控技术的应用使机械加工工艺过程产生了很大变化,它不仅涉及数控加工设备,还包括了工艺规程、工装和加工过程控制等内容。其中,数控加工工艺的制定是核心工作。数控加工工艺主要包括以下几方面内容。

(1)通过数控加工的适应性分析,选择并确定进行数控加工的零件的内容。

(2)结合加工表面的特点和数控设备的功能对零件进行数控加工工艺分析。

(3)设计数控加工工艺。

(4)根据编程的需要,对零件图形进行数学处理和计算。

(5)编写加工程序。

(6)检验修改加工程序。

(7)编制数控加工工艺技术文件,如数控加工工序卡、刀具卡、程序说明卡、走刀路线图等。

4.5.2 数控加工工艺的特点

1. 工艺内容十分具体

在数控加工工艺中必须对工步划分、走刀路线、对刀点、换刀点、切削用量等具体的工艺问题作出确定和正确的选择。

2. 工艺设计非常严密

数控加工工艺的设计必须注意加工过程中的每一个细节,如冷却状况、排屑情况等。在对工件图形进行数学处理和编程时,都要准确无误。

3. 注意加工的适应性

要根据数控加工工艺的特点正确选择加工方法和加工对象。由于数控机床的特点,适合采用数控加工的零件主要是形状复杂、加工精度要求高,用普通机床无法完成或难以完成的零件;用数字模型描述的复杂曲线或曲面轮廓零件;难以测量、控制尺寸的内型腔零件;必须在一次装夹中完成多工序加工内容的零件。

4.5.3 数控加工工艺路线的设计

数控加工工艺路线设计仅限于几道数控加工工序的工艺过程,而不是指从毛坯到成品的整个加工工艺过程。

在设计数控加工工艺路线时应注意以下几方面问题。

1. 工序的划分

根据数控加工的特点,工序的划分可按以下几种方法进行。

(1)按安装划分。一次安装为一个工序,适用于加工内容不多的工件。

(2)按刀具划分。每换一把刀为一个工序。

(3)按加工部位划分。对于加工内容很多的零件,根据零件的结构特点把加工部位划分为几个部分,每部分为一个工序。

(4)按粗、精加工划分。对于易发生变形的零件和精度要求高的零件,应把粗、精加工分在不同的工序中进行。

(5)按设备划分。对于带自动换刀的加工中心,应在保证加工质量的前提下,发挥机床的功能,在一次安装中完成尽可能多的加工内容,这时可以按机床划分工序。

2. 加工顺序的安排

加工顺序的安排重点是保证定位夹紧时工件的刚性和保证加工精度,一般按以下原则进行。

(1)上道工序的加工不影响下道工序的装夹(特别是定位)。

(2)先进行内型腔加工,后进行外表面加工。

(3)以相同的装夹方式或同一刀具加工的工序尽可能采用集中的连续加工,减少重复定位误差,减少重复装夹、更换刀具等辅助时间。

(4)同一次安装中的加工内容,对工件刚性影响小的内容先行。

3. 数控加工工艺过程与普通加工工艺的衔接

数控加工工序前后一般都穿插有普通机床加工工序,因此,在制定数控加工工艺过程时,一定要使之与整个工艺过程协调吻合。

4.5.4　数控编程中的工艺处理

在编制数控加工程序时，首先必须进行工艺设计。即应根据工件图样进行工艺分析、处理、选择数控机床、制定进给路线、选择刀具和切削用量，然后才能编制加工程序。在进行工件数控加工工艺设计时，与在普通机床上进行加工考虑的问题不同。普通机床的工艺规程对工件的加工过程不必规定得很详细，一部分内容可由操作人员自行决定，如工步的安排、进给路线、切削用量等。而数控加工程序中必须包括工件加工的整个过程，如机床的运动、切削用量及进给路线等。这就要求程序员要有较好的素质，一个好的程序员首先必须是一个好的工艺人员，对数控机床的性能、特点和应用、切削规范和工夹具等要非常熟悉，否则就无法做到全面、周到地考虑工件加工的全过程并正确合理地编制加工程序。数控编程中的工艺处理主要包括如下内容。

1. 加工方法的选择

在分析工件精度、形状及其他技术条件基础上，考虑工件是否适合于在数控机床上进行加工以及选择什么类型的数控机床加工。

通常考虑是否选择数控加工的因素是：工件的技术要求能否保证；对提高生产率是否有利；经济上是否合算。一般来说，工件的复杂程度高，精度要求高，多品种、小批量的生产，采用数控加工能获得较高的经济效益。

2. 加工工序的划分

一般在数控机床上加工工件应采用工序集中的原则安排工序，即尽可能在一次装夹中就能完成全部工序。同时考虑到数控机床的特点及保持数控机床的精度，延长数控机床的使用寿命，降低数控机床的使用成本，工件的粗加工应尽可能安排在普通机床上完成之后，再装夹到数控机床上进行加工。

加工工序划分的原则如下。

(1)按粗、精加工划分工序。考虑到工件的加工精度、刚度和变形等因素，应将工件的粗、精加工工序分开进行，即先进行粗加工、半精加工，而后进行精加工。这样一方面可使粗加工引起的各种变形得到恢复，另一方面能及时发现毛坯的各种缺陷，并能发挥粗加工的效率。在粗加工后精加工之前，最好隔一段时间或安排时效处理，以提高工件的加工精度。

(2)按先面后孔划分工序。对箱体类工件，为提高孔的位置精度，应先加工面，后加工孔，这一原则与在普通机床上加工相同。

(3)按所用刀具划分工序。在数控机床上，为了减少换刀次数，缩短辅助时间，减少不必要的定位误差，可按刀具集中工序的方法加工工件，即在一次装夹中，应尽可能用同一把刀具加工完成工件上要求相同的部位后，再用另一把刀加工其他部位。

3. 工件的装夹方式

数控机床上进行工件定位安装与普通机床一样，也要合理选择定位基准和夹紧方案。所选择的定位方式应具有较高的定位精度，没有过定位干涉现象且便于工件的安装，决不允许出现欠定位。同时，选择定位方式时应尽量减少装夹次数。有些工件需要二次装夹时，应尽量采用同一定位基准以减少定位误差。考虑夹紧方案时，要注意夹紧力的作用点和作用方向，夹紧力作用点应靠近主要支承点或在支承点所组成的三角形区域内。

数控机床上应尽量采用组合夹具，必要时可以设计专用夹具。选择夹具时要考虑数控加工的特点，一是要保证夹具的坐标方向与机床的坐标方向相对固定；二是要协调工件和机床坐标系之间的尺寸关系。

4. 对刀点和换刀点的确定

"对刀点"是指数控加工时,刀具相对工件运动的起点,这个起点也是编程时程序的起点,因此"对刀点"又称"程序起点"或"起刀点"。在编程时应正确选择对刀点的位置,选择的原则如下。

(1)选定的对刀点位置,应便于数学处理和使程序编制简单。

(2)在机床上容易找正。

(3)加工过程中便于检查。

(4)引起的加工误差小。

对刀点可以选在工件上(如工件上的设计基准或定位基准),也可选在夹具或机床上(夹具或机床上设相应的对刀装置)。若对刀点选择在夹具或机床上,则必须与工件的定位基准有一定的尺寸联系,以保证机床坐标系与工件坐标系的关系。

对刀时,应使刀位点与对刀点重合。"刀位点"是指车刀、镗刀的刀尖,钻头的钻尖,立铣刀、端面铣刀刀头底面的中心,球头铣刀的球头中心。

对刀点不仅是程序的起点,往往也是程序的终点。因此在批量生产中,要考虑对刀点的重复定位精度。一般情况下,刀具在加工一段时间后或每次启动机床时,都要进行一次刀具回机床原点或参考点的操作,以减少对刀点累计误差的产生。

对多刀数控机床,换刀时,还要考虑换刀点的设置。为避免加工过程中换刀时刀具与工件、夹具、机床产生碰撞现象,换刀点应设置在工件外合适的位置。

5. 进给路线的选择

进给路线是指数控加工过程中刀具相对于工件的运动轨迹和方向。进给路线除了作为编程时轨迹坐标计算的依据外,还应保证工件的加工精度和表面粗糙度,同时还应考虑尽量缩短进给路线、减少进退刀时间和其他辅助时间,并能简化程序、减少编程工作量。因此,在选择进给路线时,应充分考虑上述要求,使确定的进给路线合理、实用。

6. 刀具的选择

由于在数控机床上是根据编好的程序自动进行加工的,主轴转速也比普通机床的转速高,因此,合理选择刀具尤为重要。选择数控机床用刀具时,通常要考虑机床的加工能力、工序内容、工件材料等因素。一般来说,数控机床用刀具应具有较高的寿命和刚度,刀具材料抗脆性好,有良好的断屑性能和尺寸稳定、安装调整方便等特点。

在内轮廓加工中,注意刀具半径要小于轮廓曲线的最小曲率半径;在自动换刀机床中,要预先测出刀具的结构尺寸和调整尺寸,以便在加工时进行刀具补偿。

7. 切削用量的确定

切削用量是指主轴转速、进给速度和背吃刀量。编程时程序员要将切削用量各参数编入程序或者在加工前预先调整好机床的转速。确定切削用量各参数应根据机床说明书、手册中的有关规定来进行或根据经验采用类比法来确定。

(1)主轴转速。主轴转速要根据允许的切削速度来确定

$$n = \frac{1\,000v}{\pi D}$$

式中 v——切削速度,由刀具寿命来确定,m/min;

D——工件或刀具直径,mm;

n——主轴转速，r/min。

(2)进给速度。进给速度主要受工件的加工精度、表面粗糙度和刀具、工件材料的影响，最大进给速度还受到机床刚度和进给系统性能的制约。在加工精度、表面粗糙度质量要求高时，进给速度值应取小一些，一般在 20 ~ 50 mm/min 范围内选取。

(3)背吃刀量的确定。背吃刀量的确定主要受机床、夹具、刀具、工件组成的工艺系统刚度的影响。在系统刚度允许的情况下，尽量选择背吃刀量等于加工余量，以减少加工次数、提高加工效率。对加工精度和表面粗糙度质量要求较高的工件，应留一点加工余量，最后进行精加工。

4.5.5　数控编程的数学处理

编程时的数学处理，主要是按照已确定的加工路线和允许的编程误差，计算工件加工轨迹的尺寸，即计算工件轮廓的基点或节点的坐标。对不具备刀具补偿功能的数控系统，还需计算刀具中心(刀位点)轨迹的基点或节点的坐标。

所谓基点是指工件轮廓各几何元素之间的交点或切点，如直线与直线的交点、直线与圆弧的切点或交点、圆弧与圆弧之间的切点或交点等。当工件仅由直线和圆弧组成轮廓时，利用一般数控机床都具备的直线和圆弧插补功能，计算出这类轮廓的基点坐标，就可编写出所要求的加工程序来。

除直线和圆弧之外的非圆曲线，如抛物线、椭圆、阿基米德螺线及一般的二次曲线，数控系统不具备这类曲线的插补功能时，必须用若干直线段或圆弧段来逼近这类曲线。逼近直线段和圆弧段与轮廓曲线的交点或切点称为节点。根据这些节点坐标，才能编写出轮廓曲线的加工程序。

下面仅就基点和节点的一些基本计算方法加以说明。

1. 直线-圆弧轮廓工件的基点计算

数控机床一般都具备直线和圆弧插补功能。对仅由直线和圆弧组成的平面轮廓，编程时，只需计算工件几何元素之间的基点即可。利用解析几何求基点时，是将直线和圆弧建立代数方程，然后解联立方程，其解便是所求的切点或交点坐标。

直线方程的一般表达式为

$$AX + BY + C = 0$$

圆方程的一般表达式为

$$(X - X_0)^2 + (Y - Y_0)^2 = R^2$$

式中　X_0、Y_0——圆弧的圆心坐标；

R——圆弧半径，mm。

2. 非圆曲线的节点计算

对于直线和圆以外的非圆曲线，为了能在具有直线和圆弧插补功能的数控机床上加工出来，需用直线段或圆弧段逼近这些非圆曲线，用逼近直线段或圆弧段代替这些非圆曲线。这就需要求出逼近直线段或圆弧段与非圆曲线的交点或切点，即计算节点坐标。

常用的非圆曲线的节点计算方法有用直线逼近的等间距法和用圆弧逼近的圆弧分割法等。下面分别予以介绍。

(1)等间距法直线逼近的节点计算。等间距法直线逼近是使每一个程序段中的某一个坐标的增量相等。在直角坐标系中令 X 坐标的增量相等，在极坐标系中可令转角坐标的增量相等。然后根据曲线方程 $Y = f(x)$ 求出另一个坐标值。求出各节点坐标后，还要验算逼近误差是否小于允许的误差值 $\delta_{允}$，逼近误差是指逼近直线与所对应的曲线之间的法向距离。一般情况下，只需验算曲线的曲率半径比较小的逼近直线或曲线有拐角处的逼近直线的逼近误差。如果这些地方的逼近误差小于允许误差值 $\delta_{允}$，其他地方的逼近误差也一定小于允许误差值。具体的验算方法在这里不作定量分析。

（2）圆弧逼近法的节点计算。非圆曲线除了用上述直线逼近的算法以外，对于曲率比较大而数控机床又具备圆弧插补功能时，可用圆弧逼近的方法求曲线上的节点坐标，从而以各逼近圆弧段取代非圆曲线进行编程。圆弧逼近法的算法目前常用的有圆弧分割法、三点圆法和相切圆法等。

用圆弧分割法求节点时，需求出每段逼近圆弧的圆心点、起点、终点的坐标值以及圆弧段的半径。作出的圆弧段与曲线的逼近误差应小于或等于允许逼近误差 $\delta_{允}$。

习题

一、填空题

1. ________是在具体的生产条件下说明并规定工艺过程的工艺文件。
2. 常用的机械加工工艺规程有机械加工________卡片和机械加工________卡片。
3. 常用毛坯的种类有________、________、________、________、________和其他毛坯。
4. 机械加工工艺过程加工阶段一般可以分________、________、________和________。
5. 机械加工顺序的安排原则有________、________、________和________。
6. 在选定了零件上各个表面的加工方法及其加工顺序以后，制定工艺路线可以采用两种不同的原则，一种是________原则，另一种是________原则。
7. 一般轴类零件的典型工艺过程包括：毛坯准备，________，加工端面和中心孔，粗车，________，________，花键、键槽、螺纹等加工，________，粗磨，________。
8. ________是指加工过程中从加工表面切去的材料层厚度。
9. 加工余量有________余量和________余量（毛坯余量）之分。
10. 在工艺文件上，由加工过程中的同一零件的工艺尺寸组成的尺寸链称为________。
11. ________是使用数控机床加工零件的一种工艺方法。

二、简答题

1. 简述工艺规程设计的原则和步骤。
2. 零件工艺分析中审查零件图的主要内容有什么？
3. 简述加工阶段的划分和意义。
4. 简述机械加工顺序的安排原则。
5. 简述确定加工余量的方法。
6. 简述获得零件精度的方法。
7. 简述数控加工工艺的特点。
8. 简述数控编程中的工艺处理。

第 5 章 数控车削技能实训

5.1 阶梯轴类零件的加工实训

图 5-1 所示为阶梯轴的加工项目图样。

1. 实训目标

(1)初步掌握对刀的方法及其检查方法。

(2)掌握阶梯轴、倒角的加工方法。

(3)能够正确使用量具检测阶梯轴相关尺寸。

(4)遵守操作规程,养成文明操作、安全操作的良好习惯。

2. 工艺分析

1)加工方案

根据零件的尺寸和毛坯尺寸 ϕ45 mm×100 mm,确定加工方案。

(1)采用三爪自定心卡盘装夹。

(2)零件伸出卡盘 40 mm。

(3)对刀。

(4)车端面。

(5)粗、精加工零件轮廓至尺寸要求。

2)刀具卡

实训课题		5.1	零件名称	阶梯轴	零件图号	5-1
序号	刀具号	刀具名称及规格	刀尖半径 R/mm	刀尖位置 T	数量/个	加工表面
(1)	T0101	90°硬质合金右偏刀	0.4	3	1	外轮廓表面
(2)	T0202	90°硬质合金右偏刀	0.4	3	1	外轮廓表面

3)工序卡

材料	45 号钢	零件图号	5-1	系统	FANUC oi	工序号	001
程序名		机床设备	CAK6140		夹具名称	三爪自定心卡盘	
操作序号	工步内容(走刀路线)		G 功能	T 刀具	切削用量		
					转速 S/(r/min)	进给速度 F/(mm/r)	切削深度 α_p/mm
(1)	粗车工件外轮廓		—	T01	600	0.2	2
(2)	精车工件外轮廓		—	T02	1 000	0.1	0.4

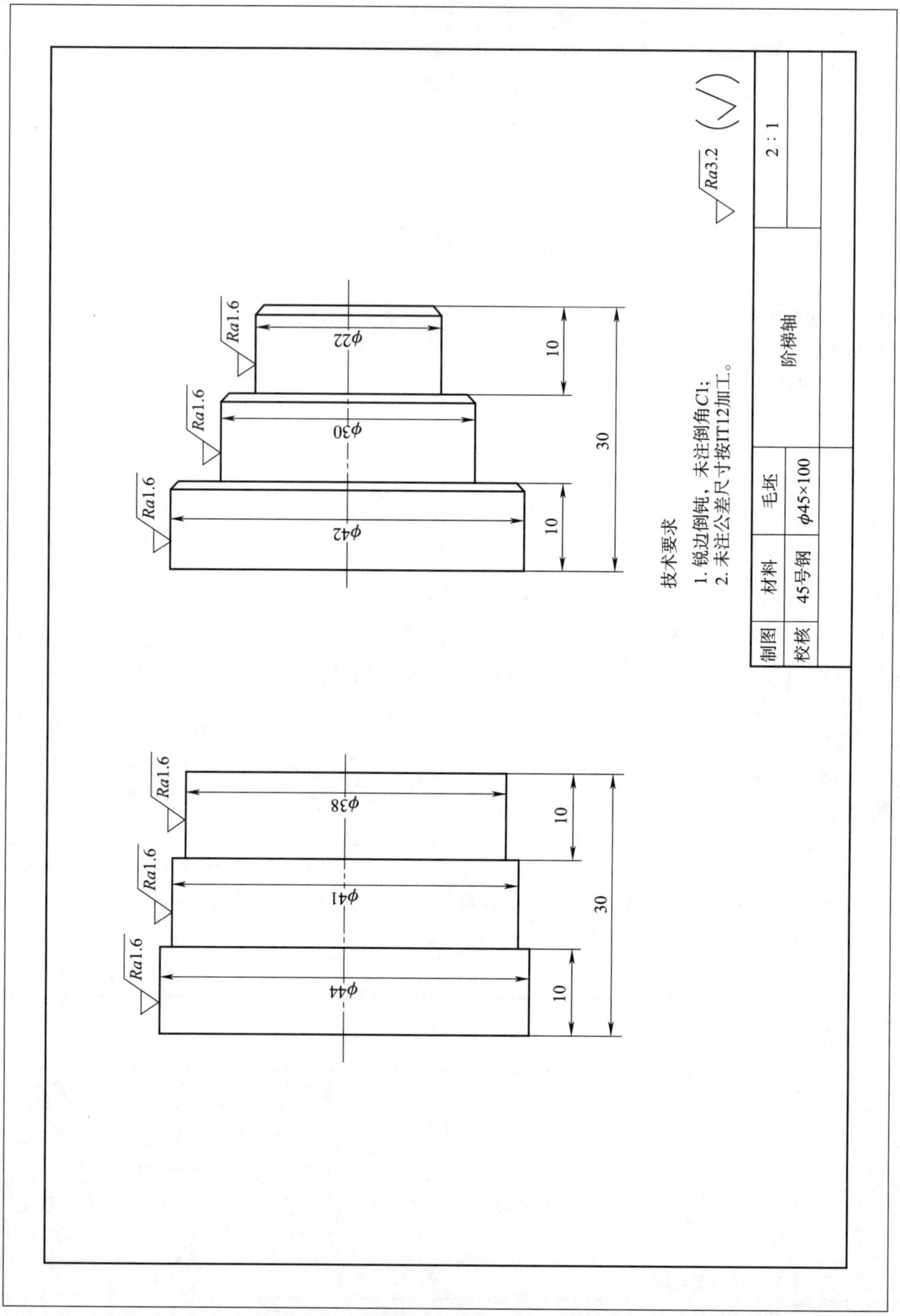

Ra1.6
φ22
φ30
φ42
φ38
φ41
φ44
10
30
Ra3.2
技术要求
1. 锐边倒钝，未注倒角C1;
2. 未注公差尺寸按IT12加工。
制图
校核
材料
45号钢
毛坯
φ45×100
阶梯轴
2 : 1

图 5-1 阶梯轴

3. 注意事项

(1)操作时间:120 min。

(2)确认车刀安装的刀位和程序中刀号相一致。

(3)仔细检查和确认是否符合“单段”加工模式。

(4)为检验对刀正确性,刀具靠近零件时按“进给保持”,检验余量和实际位置是否相符。

(5)运行程序时,“快速进给倍率”不大于 30%。

4. 实训报告

<table>
<tr><td colspan="6">数控车削技能实训报告单</td></tr>
<tr><td>机床号</td><td></td><td>班级</td><td></td><td>姓名</td><td></td></tr>
<tr><td>基点计算</td><td colspan="5"></td></tr>
<tr><td>零件程序</td><td colspan="5"></td></tr>
<tr><td>问题分析</td><td colspan="5"></td></tr>
<tr><td>学习心得</td><td colspan="5"></td></tr>
<tr><td>教师评价</td><td colspan="5">指导教师:</td></tr>
</table>

5. 评分标准

考核评分表						
检查项目		技术要求	配分	评分标准	检查结果	得分
机床操作	1	按步骤开机、检查、润滑	2	不正确无分		
	2	回机床参考点	2	不正确无分		
	3	按程序格式输入程序,检查及修改	2	不正确无分		
	4	程序轨迹检查	2	不正确无分		
	5	工、夹、刀具的正确安装	2	不正确无分		
	6	按指定方式对刀	2	不正确无分		
	7	检查对刀	10	不正确无分		
外圆	8	ϕ38 mm	10	超差 0.05 扣 4 分		
	9	ϕ41 mm	10	超差 0.05 扣 4 分		
	10	ϕ44 mm	8	超差 0.05 扣 4 分		
长度	11	10 mm	8	超差无分		
	12	10 mm	8	超差无分		
	13	30 mm	8	超差无分		
其他	14	锐边倒角	6	不符无分		
	15	遵守安全操作规程	20	违反扣 3 分/次		
总配分			100	总得分		
加工开始时间:				加工日期:	检查:	
加工结束时间:				加工时间:	评分:	

6. 试切对刀

1)FANUC 系统试切对刀

按下“MDI”键,按“PROG”键,输入“M03 S600”,按“INSERT”键,再按“循环启动”键。

(1)X 方向对刀。在“手动”方式下移动刀架使其靠近零件,车削外圆 B 面,如图 5-2 所示,车削长度至够测量外圆直径即可。车削后不移动 X 轴,仅“+Z”方向退刀。退出足够距离后按下“主轴停止”键,待主轴停止转动后,测量已切削外圆直径。按“OFFSET/SETTING”键,显示画面如图 5-3 所示,然后按下“形状”软键,用↑键或↓键移动光标到相应刀号的位置,如 1 号刀在 G001,输入 X 直径,按“测量”软键,完成 X 方向对刀。

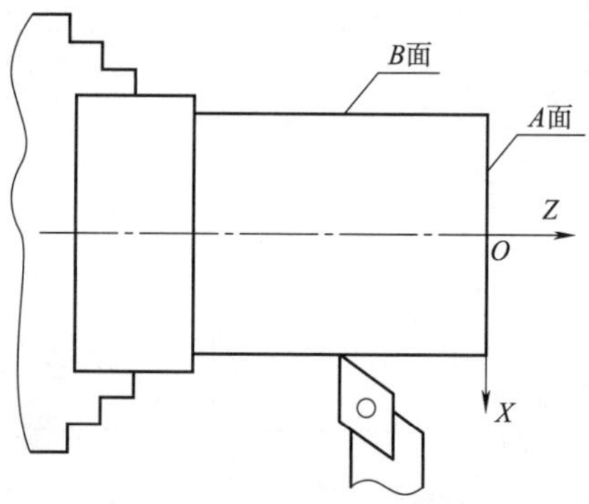

图 5-2　对刀示意图

(2)Z 方向对刀。在“手动”方式下按“主轴正转”键使主轴转动,移动刀架使其靠近零件,车削端面 A,如图 5-2 所示。不移动 Z 轴,仅“+X”方向退刀,退出足够距离后按下“主轴停止”键,按“OFFSET/SETTING”键,然后按下“形状”软键,用↑键或↓键移动光标到相应刀号的位置,如 1 号刀在 G001,输入 Z0,按“测量”软键,完成 Z 方向对刀。

(3)刀尖 R 补偿量的设定。刀尖 R 补偿量的显示如图 5-3 所示,按下“形状”软键,调整光标至相应的刀号处,输入 R 值及刀尖方位号 TIP。

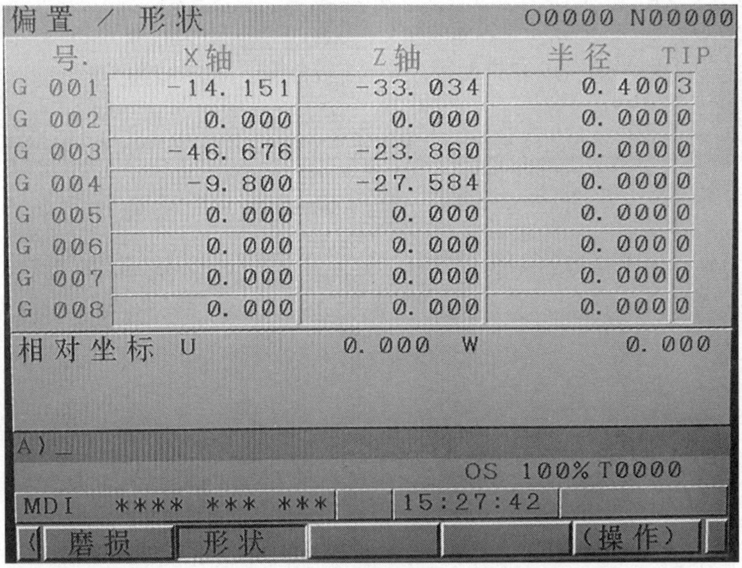

偏置 / 形状　　O0000 N00000

号.	X轴	Z轴	半径	TIP
G 001	-14.151	-33.034	0.400	3
G 002	0.000	0.000	0.000	0
G 003	-46.676	-23.860	0.000	0
G 004	-9.800	-27.584	0.000	0
G 005	0.000	0.000	0.000	0
G 006	0.000	0.000	0.000	0
G 007	0.000	0.000	0.000	0
G 008	0.000	0.000	0.000	0

相对坐标 U 0.000 W 0.000

A)_

OS 100% T0000

MDI **** *** ***　15:27:42

磨损　形状　(操作)

图 5-3　参数输入界面(形状)

2)华中 HNC-21/22T 系统试切对刀

(1)每一把刀具独立建立自己的补偿偏置值,具体对刀方法如下。

①菜单命令:“刀具补偿 F4”→“刀偏表 F1”(见图 5-4)→用光标键▼、▲将蓝色亮条移动到要设置刀具的行。

②用刀具试切工件的外径,然后沿“+Z”轴方向退刀(注意:在此过程中不要移动 X 轴)。

③将测量试切后的工件直径手动填入“试切直径”栏。这样,X 偏置就设置好了。

④用刀具试切工件的端面,然后沿“+X”轴方向退刀。

⑤计算试切工件端面到该刀具要建立的工件坐标系的零点位置的有向距离,将其填入“试切长度”栏。这样,这把刀的 Z 偏置就设置好了。

刀偏表:

刀偏号	X偏置	Z偏置	X磨损	Z磨损	试切直径	试切长度
#0001	0.000	0.000	0.000	0.000	42.22	0.000
#0002	0.000	0.000	0.000	0.000	0.000	0.000
#0003	0.000	0.000	0.000	0.000	0.000	0.000
#0004	0.000	0.000	0.000	0.000	0.000	0.000

图 5-4　华中系统刀偏表

(2)刀尖 R 补偿量的设定。车床的刀具可以多方向安装,并且刀具的刀尖也有多种形状。为使数控装置监控到刀具的安装情况,以便准确地进行刀尖半径补偿,定义了车刀刀尖的位置码。刀补数据设置的操作步骤如下。

①菜单命令:“刀具补偿 F4”→“刀补表 F2”(见图 5-5)→用光标键▼、▲将蓝色亮条移到要编辑的选项。

刀补表：

刀补号	半径	刀尖方位
#0001	0.400	3
#0002	0.000	0
#0003	0.000	0
#0004	0.000	0

图 5-5　华中系统刀补表

②按【Enter】键→输入相应的 R 数值及刀尖方位号→按【Enter】键确认。

③编辑方法：按【Enter】键→用光标键▼、▲、“BS”、“Del”键进行编辑修改→按【Enter】键确认。

7. 常用量具——游标卡尺

游标卡尺是一种常用量具，具有结构简单、使用方便、精度中等和测量的尺寸范围大等特点，可以使用它测量零件的外径、内径、长度、宽度、厚度、深度和孔距等，应用范围很广。游标卡尺的结构示意图如图 5-6 所示。

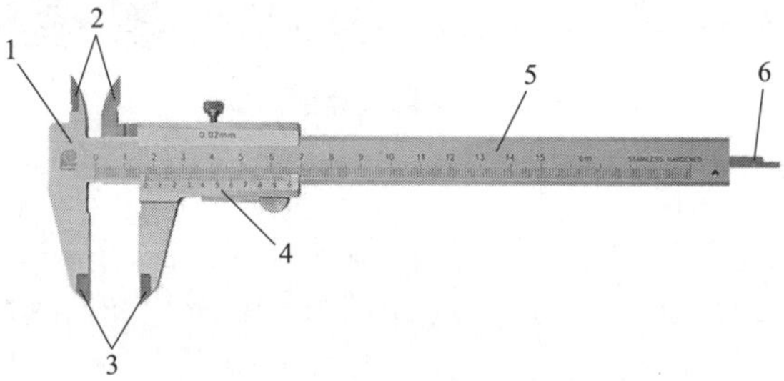

图 5-6　游标卡尺的结构示意图

1—尺身；2—内测量爪；3—外测量爪；4—游标尺；5—主尺；6—深度尺

以准确度为 0.1 mm 的游标卡尺为例，主尺的最小分度是 1 mm，游标尺上有 10 个小的等分刻度，它们的总长等于 9 mm，因此游标尺的每一分度与主尺的最小分度相差 0.1 mm。所以当左右测脚合在一起，游标的零刻线与主尺的零刻度线重合时，除了游标的第 10 条刻线与主尺的 9 mm 的刻线重合外，其余刻线都不重合。游标的第 1 条刻线在主尺的 1 mm 刻线左边 0.1 mm 处。游标的第 2 条刻线在主尺的 2 mm 刻线左边 0.2 mm 处。

在测量大于 1 mm 的长度时，整的毫米数由主尺上读取，十分之几毫米从游标上读取。

5.2　调头工件的加工实训

图 5-7 所示为调头工件加工项目图样。

1. 实训目标

(1)掌握外圆刀的多种对刀方法。

(2)掌握端面、外圆、圆锥的编程和加工方法。

(3)掌握保证零件总长的方法。

(4)遵守操作规程，养成文明操作、安全操作的良好习惯。

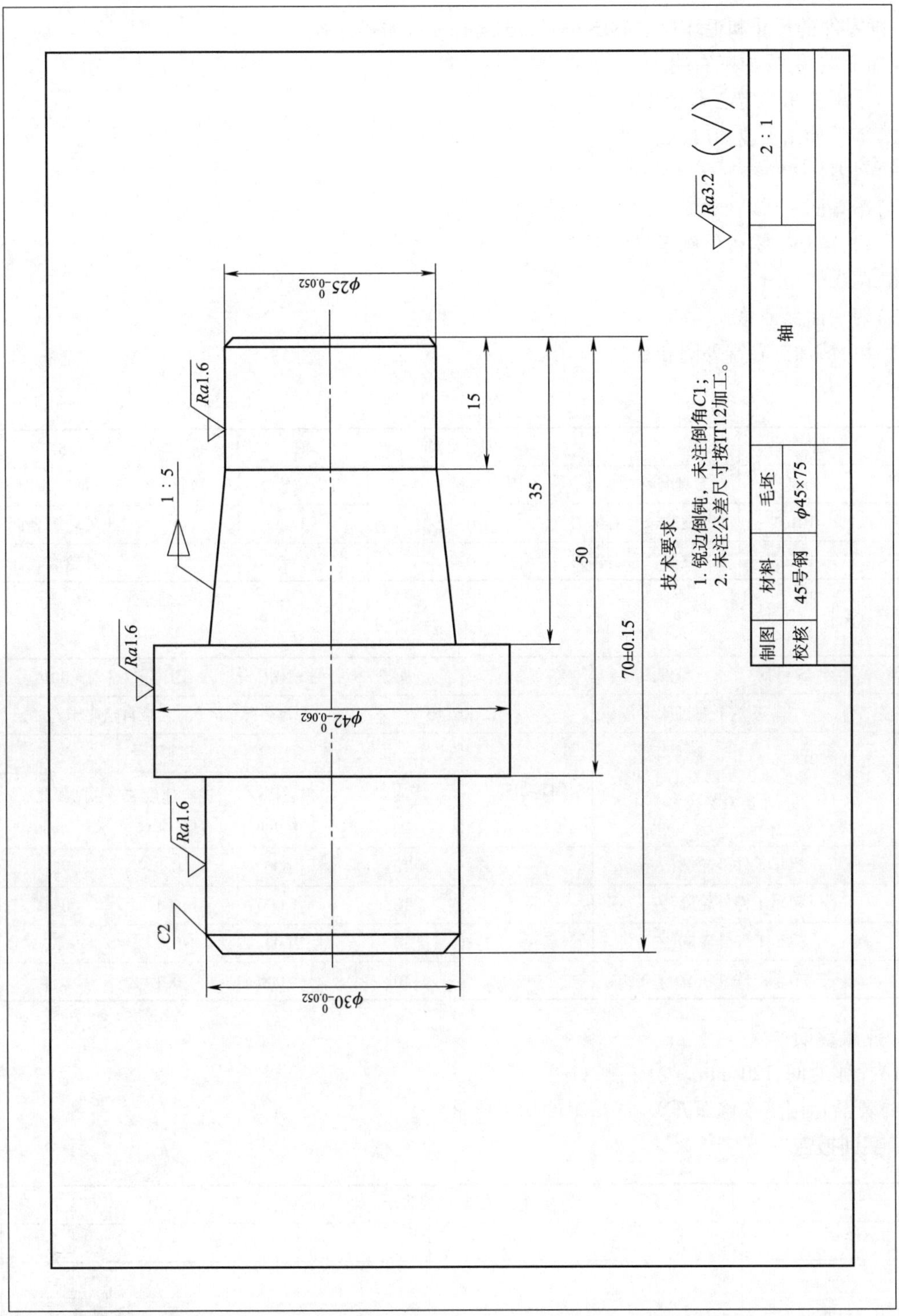

$\phi25_{-0.052}^{\ 0}$
$\phi42_{-0.062}^{\ 0}$
$\phi30_{-0.052}^{\ 0}$
Ra1.6
Ra1.6
Ra1.6
1 : 5
C2
15
35
50
70±0.15
Ra3.2 (√)
技术要求
1. 锐边倒钝，未注倒角C1；
2. 未注公差尺寸按IT12加工。
轴
2 : 1
制图
校核
材料
45号钢
毛坯
φ45×75

图 5-7　调头工件

2. 工艺分析

1)加工方案

根据零件的尺寸和毛坯尺寸 $\phi45$ mm×75 mm,确定加工方案。

先加工左端,后加工右端。

(1)采用三爪自定心卡盘装夹。

(2)零件伸出卡盘40 mm。

(3)对刀。

(4)车端面。

(5)粗、精加工零件轮廓至尺寸要求。

(6)调头加工。

(7)切端面保证总长。

(8)粗、精加工右端外圆和锥面。

2)刀具卡

实训课题		5.2	零件名称	轴	零件图号	5-7
序号	刀具号	刀具名称及规格	刀尖半径 R/mm	刀尖位置 T	数量/个	加工表面
(1)	T0101	90°硬质合金右偏刀	0.4	3	1	外轮廓表面
(2)	T0202	90°硬质合金右偏刀	0.4	3	1	外轮廓表面

3)工序卡

材料	45号钢	零件图号	5-2	系统	FANUC oi	工序号	001
程序名		机床设备	CAK6140		夹具名称	三爪自定心卡盘	
操作序号	工步内容(走刀路线)		G功能	T刀具	切削用量		
					转速 S/(r/min)	进给速度 F/(mm/r)	切削深度 α_p/mm
(1)	粗车工件外轮廓(左)		—	T01	600	0.2	2
(2)	精车工件外轮廓(左)		—	T02	1 000	0.1	0.4
(3)	粗车工件外轮廓(右)		—	T01	600	0.2	2
(4)	精车工件外轮廓(右)、		—	T02	1 000	0.1	0.4

3. 注意事项

(1)操作时间:120 min。

(2)灵活运用倍率修调开关,提高工件加工质量。

4. 实训报告

数控车削技能实训报告单					
机床号		班级		姓名	
基点计算					

零件程序	
问题分析	
学习心得	
教师评价	指导教师：

5. 评分标准

考核评分表						
检查项目		技术要求	配分	评分标准	检查结果	得分
机床操作	1	按步骤开机、检查、润滑	2	不正确无分		
	2	回机床参考点	2	不正确无分		
	3	按程序格式输入程序，检查及修改	2	不正确无分		
	4	程序轨迹检查	2	不正确无分		
	5	工、夹、刀具的正确安装	2	不正确无分		
	6	按指定方式对刀	2	不正确无分		
	7	检查对刀	5	不正确无分		

外圆	8	$\phi25_{-0.052}^{0}$ mm	10	超差 0.05 扣 4 分		
	9	$\phi42_{-0.062}^{0}$ mm	10	超差 0.05 扣 4 分		
	10	$\phi30_{-0.052}^{0}$ mm	8	超差 0.05 扣 4 分		
长度	11	15 mm	4	超差 0.05 扣 4 分		
	12	35 mm	4	超差 0.05 扣 4 分		
	13	50 mm	4	超差 0.05 扣 4 分		
	14	(70 ±0.15)mm	12	超差 0.05 扣 4 分		
其他	15	锐边倒钝,未注倒角 $C1$	6	不符无分		
	16	遵守安全操作规程	25	违反扣 3 分/次		
总配分			100	总得分		
加工开始时间:				加工日期:	检查:	
加工结束时间:				加工时间:	评分:	

6. 常用量具——千分尺

1)千分尺的使用

(1)简介。外径千分尺简称千分尺,它是比游标卡尺更精密的长度测量仪器,如图 5-8 所示。最常见的一种千分尺量程为 0 ~ 25 mm,分度值为 0.01 mm。外径千分尺的结构由固定的尺架、测砧、测微螺杆、固定套管、微分筒、测力装置、锁紧装置等组成。固定套管上有一条水平线,这条线上、下各有一排间距为 1 mm 的刻度线,上排的刻度线恰好在下排两相邻刻度线中间。微分筒上的刻度线是将圆周分为 50 等份的水平线,它是旋转运动的。

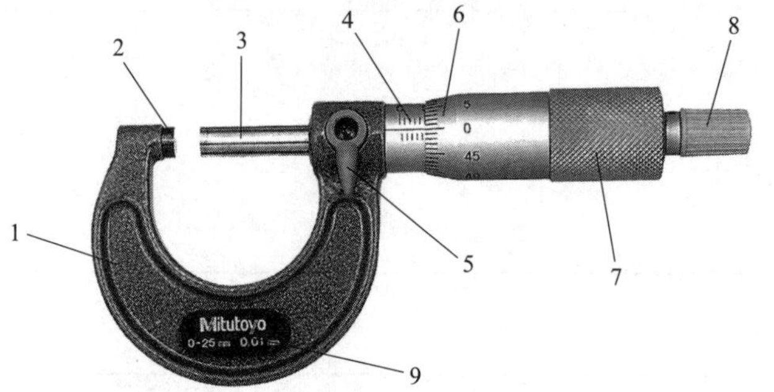

图 5-8　外径千分尺结构图

1—尺架;2—测砧;3—测微螺杆;4—固定套管;5—锁紧装置;6—微分筒;7—旋钮;8—测力装置(棘轮旋柄);9—隔热装置

(2)测量。测量前将被测物擦干净,松开千分尺的锁紧装置,转动旋钮,使测砧与测微螺杆之间的距离略大于被测物体。一只手拿千分尺的尺架,将待测物置于测砧与测微螺杆的端面之间,另一只手转动旋钮,当螺杆要接近物体时,改旋测力装置,直至听到"喀喀"声。旋紧锁紧装置(防止移动千分尺时螺杆转动),即可读数。

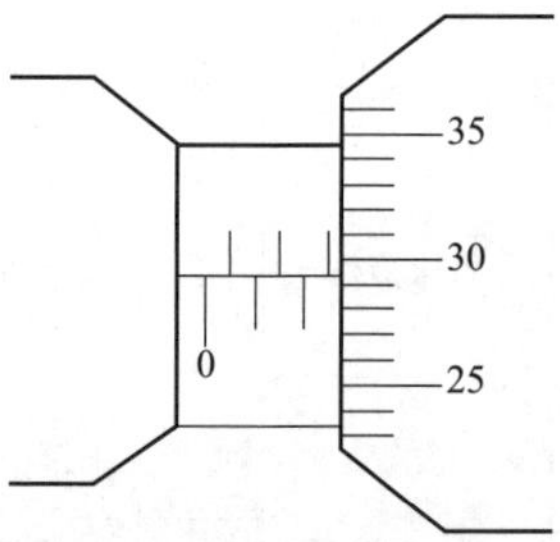

图 5-9　千分尺读数方法

(3)读数。如图 5-9 所示,读数时,先以微分筒的端面为准线,读出固定套管下排刻度线的分度值(只读出以毫米为单位的整数),再以固定套管上的水平横线作为读数准线,读出可动刻度上的分度值,读数时应估读到最小刻度的十分之一，即0.001 mm。如果微分筒的端面与固定刻度的下刻度线之间无上刻度线，测量结果即为下刻度线的数值加可动刻度的值；如微分筒端面与下刻度线之间有一条上刻度线，测量结果应为下刻度线的数值加上0.5 mm，再加上可动刻度的值。

2）调头加工工件的注意事项

工件调头后的加工必须保证零件加工后的总体长度，因此必须进行二次对刀。X向同前面对刀方式相同，Z向对刀步骤如下。

切削工件端面至中心，Z方向保持不动，按X正向按钮，刀具退出。测量工件毛坯Z向总长度记为Z_1，工件要求长度为Z，长度差为$\Delta = Z_1 - Z$。执行程序之前必须先要把0点设置为加工原点，进入形状补偿参数设定界面，将光标移到Z坐标位置，输入$Z\Delta$，（Δ即为刀尖当前位置在新建工件坐标中的Z坐标值），按“测量”键，对应的刀具偏移量自动输入。

3）影响表面粗糙度的因素

（1）工件刚性差，加工表面粗糙度增大。

（2）刀具前角γ_o为小值时，塑性变形增大，表面粗糙度也将增大。过小的后角α_o将增大摩擦，表面粗糙度也将增大。刃倾角λ_s为负，加工表面的表面粗糙度增大。刀具材料软，刃磨质量差，刀具磨损，加工表面粗糙度增大。

（3）切削用量的影响。

①切削塑性材料时，切削速度v_c在一定速度范围内（20～80 m/min）易产生积屑瘤和鳞刺。

②进给量f大，加大了表面粗糙度值；f过小，会增加刀具与工件表面的挤压次数，使塑性变形增大，从而加大表面粗糙度值。

③背吃刀量a_p过小或过大，在精密加工中均会加大表面粗糙度值。

5.3 成形面零件的加工实训

图5-10所示为成形面零件加工项目图样。

1. 实训目标

（1）掌握端面、外圆、圆锥、圆弧的编程和加工方法。

（2）能熟练掌握精车刀的刀具补偿。

（3）能对加工质量进行分析处理。

2. 工艺分析

1）加工方案

根据零件的尺寸和毛坯尺寸ϕ45 mm×90 mm，确定加工方案。

先加工零件外形轮廓，切断零件后调头，保证零件总长。

（1）采用三爪自定心卡盘装夹。

（2）零件伸出卡盘70 mm。

（3）对刀。

（4）车端面。

（5）粗、精加工零件轮廓至尺寸要求。

（6）切断零件，总长留有0.5 mm余量。

（7）零件调头，夹ϕ42 mm外圆（校正）。

（8）加工零件总长至尺寸要求。

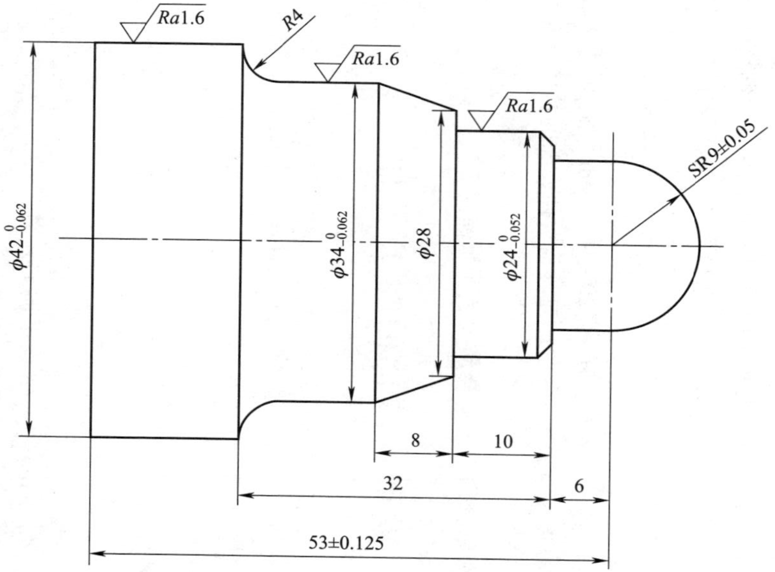

技术要求

1. 锐边倒钝，未注倒角C1.5;
2. 未注公差尺寸按IT12加工。

$\sqrt{Ra3.2}$ ($\sqrt{}$)

制图	材料	毛坯	成形面零件	2：1
校核	45号钢	$\phi45\times90$		

图 5-10　成形面零件加工项目图样

2）刀具卡

实训课题		5.3	零件名称	成形面零件	零件图号	5-3
序号	刀具号	刀具名称及规格	刀尖半径 R/mm	刀尖位置 T	数量/个	加工表面
（1）	T0101	90°硬质合金右偏刀	0.4	3	1	外轮廓表面
（2）	T0202	90°硬质合金右偏刀	0.4	3	1	外轮廓表面
（3）	T0303	切断刀	B = 4 mm		1	

3）工序卡

材料	45 号钢	零件图号	5-3	系统	FANUC oi	工序号	001
程序名		机床设备	CAK6140		夹具名称	三爪自定心卡盘	
操作序号	工步内容（走刀路线）		G 功能	T 刀具	切削用量		
					转速 S/（r/min）	进给速度 F/（mm/r）	切削深度 α_p/mm
（1）	粗车工件外轮廓（左）			T01	600	0.2	2
（2）	精车工件外轮廓（左）			T02	1 000	0.1	0.4
（3）	切断			T03	400	0.05	
（4）	端面			T01	600	0.1	

3. 注意事项

（1）操作时间：120 min。

（2）使用刀具补偿量时，要根据数控系统的要求正确使用。

（3）对刀时，要注意编程零点和对刀零点的位置。

4. 实训报告

数控车削技能实训报告单					
机床号		班级		姓名	
基点计算					
零件程序					

问题分析	
学习心得	
教师评价	指导教师:

5. 评分标准

考核评分表						
检查项目		技术要求	配分	评分标准	检查结果	得分
机床操作	1	按步骤开机、检查、润滑	2	不正确无分		
	2	回机床参考点	2	不正确无分		
	3	按程序格式输入程序,检查及修改	2	不正确无分		
	4	程序轨迹检查	2	不正确无分		
	5	工、夹、刀具的正确安装	2	不正确无分		
	6	按指定方式对刀	2	不正确无分		
	7	检查对刀	2	不正确无分		
外圆	8	$\phi 42_{-0.062}^{0}$ mm $Ra1.6$ μm	6/5	超差0.01扣4分,降级无分		
	9	$\phi 34_{-0.062}^{0}$ mm $Ra1.6$ μm	6/5	超差0.01扣4分,降级无分		
	10	$\phi 24_{-0.052}^{0}$ mm $Ra1.6$ μm	6/5	超差0.01扣4分,降级无分		
圆锥	11	锥台($D=34,d=28,L=8$)	6	超差无分		
弧面	12	SR(9±0.05)mm	6	超差无分		
长度	13	(53±0.125)mm	6	超差无分		
	14	32 mm	6	超差无分		
	15	18 mm	6	超差无分		
	16	10 mm	6	超差无分		
其他	17	$C1.5$	4	不符无分		
	18	锐边去毛刺	3	不符无分		
	19	安全操作规程	10	违反扣3分/次		
总配分			100	总得分		
加工开始时间:				加工日期:	检查:	
加工结束时间:				加工时间:	评分:	

6. 常用量具——半径样板

1)半径样板简介

半径样板又称R规、R样板、半径规,如图5-11所示。

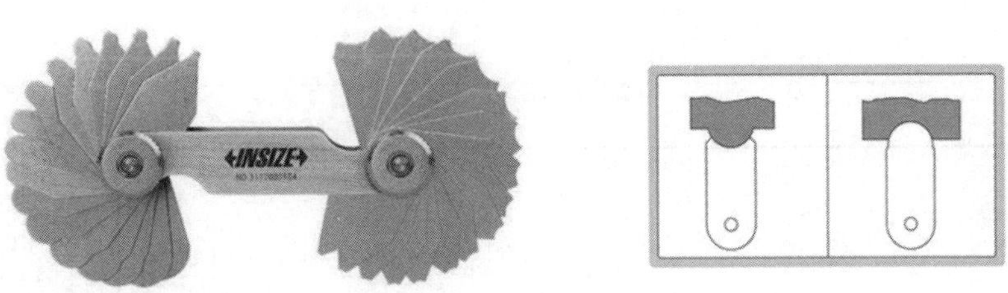

图 5-11　半径样板

半径样板是利用光隙法测量圆弧半径的工具。测量时必须使半径样板的测量面与工件的圆弧完全地紧密接触。当测量面与工件的圆弧中间没有间隙时,工件的圆弧度数则为此时半径样板上所显示的数字。由于是目测,故准确度不是很高,只能作定性测量。

2)半径样板的使用方法

检验轴类零件的圆弧曲率半径时,半径样板要放在径向界面内;检验平面形圆弧曲率半径时,半径样板应平行于被检截面,不得前后倾斜。

使用半径样板检验工件圆弧半径有两种方法:一是当已知被检验工件的圆弧半径时,可选用相应尺寸的半径样板去检验;二是事先不知道被检工件的圆弧半径时,则要用试测法进行检验。方法是:首先用目测估计被检工件的圆弧半径,依次选择半径样板去试测。当光隙位于圆弧的中间部分时,说明工件的圆弧半径 r 大于半径样板的圆弧半径 R,应换一片半径大一些的半径样板去检验。若光隙位于圆弧的两边,说明工件的半径 r 小于半径样板的半径 R,则换一片小一点的半径样板去检验,直到两者吻合,即 $r=R$,则此半径样板的半径就是被测工件的圆弧半径。

如果根据工件圆弧半径的公差选两片极限半径样板,对于凸面圆弧,用上限半径样板检验时,允许其两边沿漏光;用下限半径样板检验时,允许其中间漏光,均可确定该工件的圆弧半径在公差范围内。对于凹面圆弧,漏光情况则相反。

3)维护保养

半径样板使用后应擦净,擦时要从铰链端向工作端方向擦,切勿逆擦,以防止半径样板折断或者弯曲。

半径样板要定期检定。半径样板上标明的半径数值不清时不可使用,以防错用。

5.4　螺纹件的加工实训

图 5-12 所示为螺纹件的加工项目图样。

1. 实训目标

(1)能根据零件图样要求,合理选择进刀路线及切削用量。

(2)掌握三角形螺纹的基本加工方法。

(3)掌握切槽刀、螺纹车刀的对刀方法。

2. 工艺分析

1)加工方案

根据零件的尺寸和毛坯尺寸 ϕ45 mm×85 mm,确定加工方案。

先加工零件外形轮廓,切断零件后调头,保证零件总长。

(1)采用三爪自定心卡盘装夹。

(2)零件伸出卡盘 70 mm。

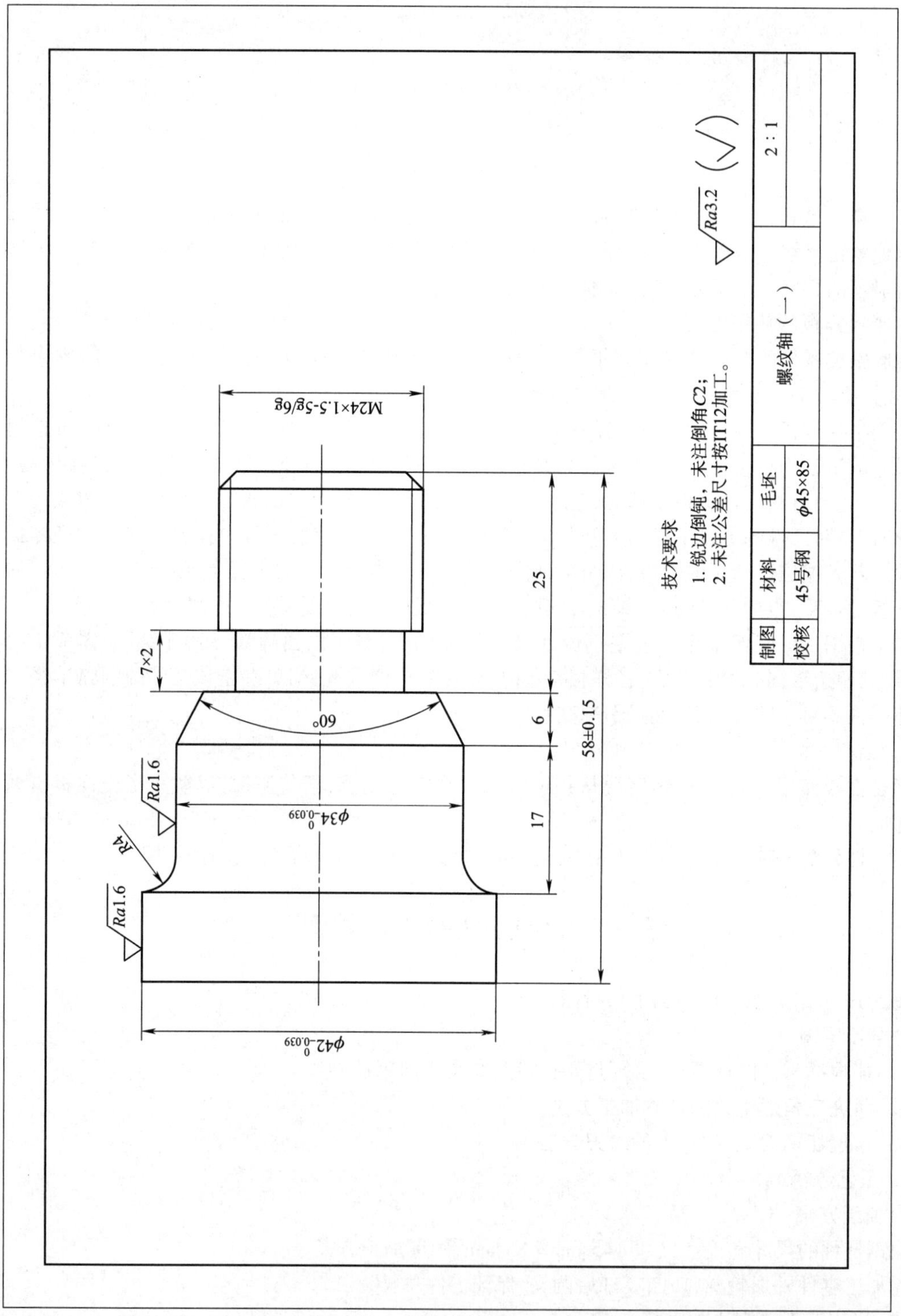

图 5-12 螺纹件的加工项目图样

(3)车端面。
(4)粗、精加工零件外形轮廓至尺寸要求。
(5)切槽 7×2 至尺寸要求。
(6)粗、精加工螺纹至尺寸要求。
(7)切断零件,总长留有 0.5 mm 余量。
(8)零件调头,夹 ϕ42 mm 外圆(校正)。
(9)加工零件总长至尺寸要求。

2)刀具卡

实训课题		5.4	零件名称	螺纹轴(一)	零件图号	5-3
序号	刀具号	刀具名称及规格	刀尖半径 R/mm	刀尖位置 T	数量/个	加工表面
(1)	T0101	90°硬质合金右偏刀	0.4	3	1	外轮廓表面
(2)	T0202	90°硬质合金右偏刀	0.4	3	1	外轮廓表面
(3)	T0303	车槽刀	B=4 mm		1	
(4)	T0404	60°外螺纹车刀	0.2	0	1	

3)工序卡

材料	45 号钢	零件图号	5-3	系统	FANUC oi	工序号	001
程序名		机床设备	CAK6140		夹具名称	三爪自定心卡盘	
操作序号	工步内容(走刀路线)		G 功能	T 刀具	切削用量		
					转速 S/(r/min)	进给速度 F/(mm/r)	切削深度 α_p/mm
(1)	粗车工件外轮廓			T01	600	0.2	2
(2)	精车工件外轮廓			T02	1 000	0.1	0.4
(3)	切削 7×2 退刀槽			T03	400	0.05	
(4)	车削螺纹			T04	500	1.5	
(5)	切断			T03	400	0.05	
(6)	端面			T01	600	0.1	

3. 注意事项

(1)操作时间:120 min。
(2)加工螺纹时,一定要根据螺纹的牙型角、导程合理选择刀具。
(3)螺纹车刀的前、后刀面必须平整、光洁。

4. 实训报告

数控车削技能实训报告单					
机床号		班级		姓名	
基点计算					

零件程序	
问题分析	
学习心得	
教师评价	指导教师：

5. 评分标准

考核评分表						
检查项目		技术要求	配分	评分标准	检查结果	得分
机床操作	1	按步骤开机、检查、润滑	2	不正确无分		
	2	回机床参考点	2	不正确无分		
	3	按程序格式输入程序，检查及修改	2	不正确无分		
	4	程序轨迹检查	2	不正确无分		
	5	工、夹、刀具的正确安装	2	不正确无分		
	6	按指定方式对刀	2	不正确无分		
	7	检查对刀	2	不正确无分		
外圆	8	$\phi 42_{-0.039}^{0}$ mm $Ra1.6$ μm	6/4	超差 0.01 扣 4 分，降级无分		
	9	$\phi 34_{-0.062}^{0}$ mm $Ra1.6$ μm	6/4	超差 0.01 扣 4 分，降级无分		

圆锥	10	锥台($D=34,\alpha=60°,L=6$)	6	超差无分		
沟槽	11	7 mm×2 mm	7	超差无分		
长度	12	(58±0.15)mm	6	超差无分		
	13	17 mm	6	超差无分		
	14	8 mm	6	超差无分		
	15	25 mm	6	超差无分		
螺纹	16	M24×1.5-5g/6g	12	不符无分		
其他	17	C2	3	不符无分		
	18	R4 mm	2	不符无分		
	19	锐边倒角 C0.5	2	不符无分		
	20	遵守安全操作规程	10	违反扣 3 分/次		
总配分			100	总得分		
加工开始时间:				加工日期:	检查:	
加工结束时间:				加工时间:	评分:	

6. 常用量具——螺纹环规

1)螺纹环规的使用方法

如图 5-13 所示,螺纹环规通规模拟被测螺纹的最大实体牙型,检验被测螺纹的作用中径是否超过其最大实体牙型的中径,并同时检验底径实际尺寸是否超过其最大实体尺寸。

图 5-13　螺纹环规

2)检验方法

如果被测螺纹能够与螺纹通规旋合通过,且与螺纹止规不完全旋合通过(螺纹止规只允许与被测螺纹两段旋合,旋合量不得超过两个螺距),就表明被测螺纹的作用中径没有超过其最大实体牙型的中径,且单一中径没有超出其最小实体牙型的中径,那么就可以保证旋合性和连接强度,则被测螺纹中径合格;否则,不合格。

7. 常用量具——万能角度尺

万能角度尺的测量范围为 0~320°,分度值为 2′或 5′。万能角度尺简称角度尺,利用游标原理进行读数,是对工件进行内外角度测量的一种角度测量工具。它主要由基尺、主尺、直尺、角尺各工作面进行组合,可测量 0~320°之间 4 个角度段内的任意角度值。

1)结构简图及名称

万能角度尺的结构如图5-14所示,其由直尺、基尺、主尺、卡块、扇形尺、制动头、游标尺、直角尺等部分组成。

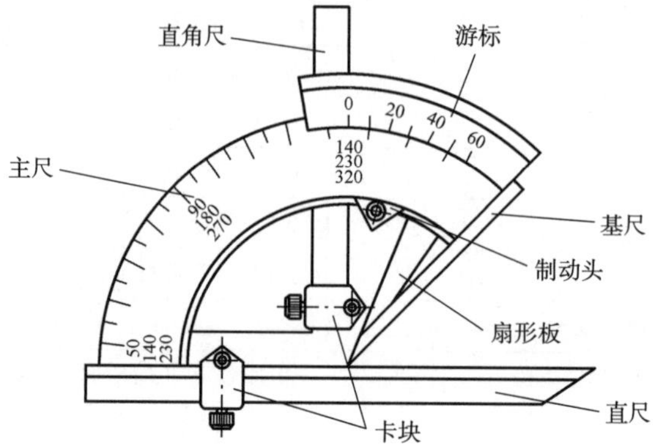

图5-14　万能角度尺结构简图

2)使用方法

(1)使用前应先将角度尺各组合件擦净。

(2)使用过程中应注意以下事项。

①当测量0~50°的角度时,把基尺加以组合,将工件直接放入基尺与直角尺两个工作面之间测量。

②当测量50°~140°的角度时,把直尺连同直尺的卡块同时卸下,并紧固住卡块,将工件放置在直角尺长工作面与基尺之间测量。

③当测量140°~230°的角度时,把直角尺上移,移至长短边交点,直至基尺旋转中心为止,将工件放在基尺与直角尺短工作面之间测量。

④当测量230°~320°的角度时,把直角尺连同卡块全部卸下,将工件放在扇形板与基尺工作面之间测量。

使用后将角度尺擦净,放入包装盒内保存。

5.5　螺纹轴的加工实训

图5-15所示为螺纹轴的加工项目图样。

1. 实训目标

(1)提高一般轴类零件工艺分析、程序编写的能力。

(2)会编制单线及多线圆柱螺纹的加工程序。

(3)能控制螺纹的尺寸精度和表面粗糙度。

2. 工艺分析

1)加工方案

根据零件的尺寸和毛坯尺寸 ϕ40 mm×80 mm,确定加工方案。

加工零件时先加工零件左端,后调头,加工零件右端。

零件左端加工步骤如下。

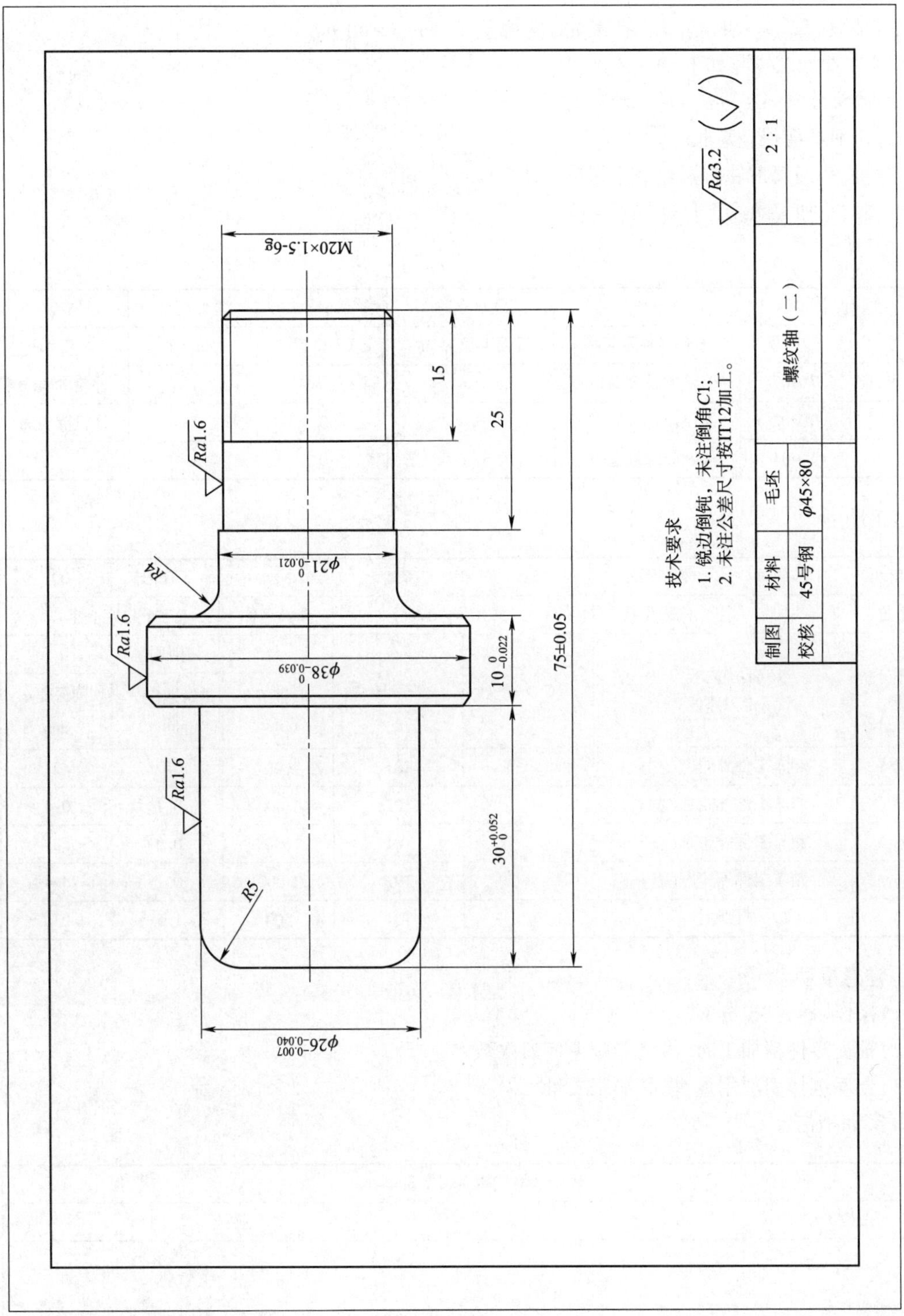

图 5-15　螺纹轴的加工项目图样

(1)采用三爪自定心卡盘装夹。

(2)零件伸出卡盘 60 mm。

(3)车端面。(4)粗、精加工零件左端轮廓至 $\phi38$ mm×40 mm。

零件右端加工步骤如下。

(1)调头装夹 $\phi26$ mm 部分(校正)。

(2)切削端面保证总长。

(3)粗、精加工零件右端轮廓至尺寸要求。

(4)粗、精加工螺纹至尺寸要求。

2)刀具卡

实训课题		5.5	零件名称	螺纹轴(二)	零件图号	5-5
序号	刀具号	刀具名称及规格	刀尖半径 R/mm	刀尖位置 T	数量/个	加工表面
(1)	T0101	90°硬质合金右偏刀	0.4	3	1	外轮廓表面
(2)	T0202	90°硬质合金右偏刀	0.4	3	1	外轮廓表面
(3)	T0404	60°外螺纹车刀	0.2	0	1	

3)工序卡

材料	45 号钢	零件图号	5-5	系统	FANUC oi	工序号	001
程序名		机床设备	CAK6140		夹具名称	三爪自定心卡盘	
操作序号	工步内容(走刀路线)		G 功能	T 刀具	切削用量		
					转速 S/(r/min)	进给速度 F/(mm/r)	切削深度 α_p/mm
(1)	粗车工件外轮廓(左)			T01	600	0.2	2
(2)	精车工件外轮廓(左)			T02	1 000	0.1	0.4
(3)	粗车工件外轮廓(右)			T01	600	0.2	2
(4)	精车工件外轮廓(右)			T02	1 000	0.1	0.4
(5)	车削螺纹			T04	500	1.5	

3. 注意事项

(1)操作时间:120 min。

(2)轴类零件精加工时,尽可能减少换刀次数。

(3)合理选择切削用量,提高加工质量。

4. 实训报告

数控车削技能实训报告单					
机床号		班级		姓名	
基点计算					

零件程序	
问题分析	
学习心得	
教师评价	指导教师：

5. 评分标准

考核评分表						
检查项目		技术要求	配分	评分标准	检查结果	得分
机床操作	1	按步骤开机、检查、润滑	2	不正确无分		
	2	回机床参考点	2	不正确无分		
	3	按程序格式输入程序，检查及修改	2	不正确无分		
	4	程序轨迹检查	2	不正确无分		
	5	工、夹、刀具的正确安装	2	不正确无分		
	6	按指定方式对刀	2	不正确无分		
	7	检查对刀	5	不正确无分		

外圆	8	$\phi 38_{-0.039}^{0}$ mm $Ra1.6$ μm	6/4	超差0.01扣4分,降级无分		
	9	$\phi 26_{-0.040}^{-0.007}$ mm $Ra1.6$ μm	6/4	超差0.01扣4分,降级无分		
	10	$\phi 21_{-0.021}^{0}$ mm $Ra1.6$ μm	6/4	超差0.01扣4分,降级无分		
长度	11	$30_{0}^{+0.052}$ mm	6	超差无分		
	12	(75 ± 0.05) mm	6	超差无分		
	13	$10_{-0.022}^{0}$ mm	6	超差无分		
	14	25 mm	6	超差无分		
螺纹	15	M20 × 1.5-6g	12	不符无分		
其他	16	$C1$	3	不符无分		
	17	$R4$、$R5$	4	不符无分		
	18	遵守安全操作规程	10	违反扣3分/次		
总配分			100	总得分		
加工开始时间:				加工日期:	检查:	
加工结束时间:				加工时间:	评分:	

6. 常用量具——螺纹千分尺

螺纹中径常用螺纹千分尺测量(见图5-16),使用方法与一般的外径千分尺相似。它有两个可以调换的测量头,在测量时,两个与牙型相同的触头正好卡在螺纹的牙型面,所得到的千分尺读数就是该螺纹的中径实际尺寸。

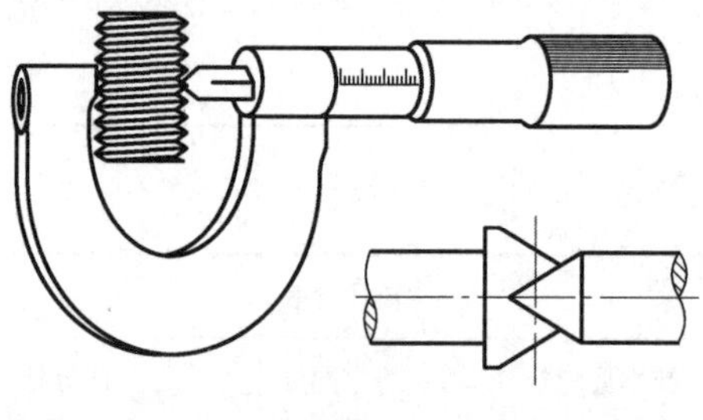

图5-16　螺纹千分尺

5.6　综合件的加工实训(一)

图5-17所示为综合件的加工项目图样。

1. 实训目标

(1)提高一般轴类零件工艺分析及程序编写的能力。

(2)提高加工过程中保证尺寸精度的技能、技巧。

(3)培养综合应用能力。

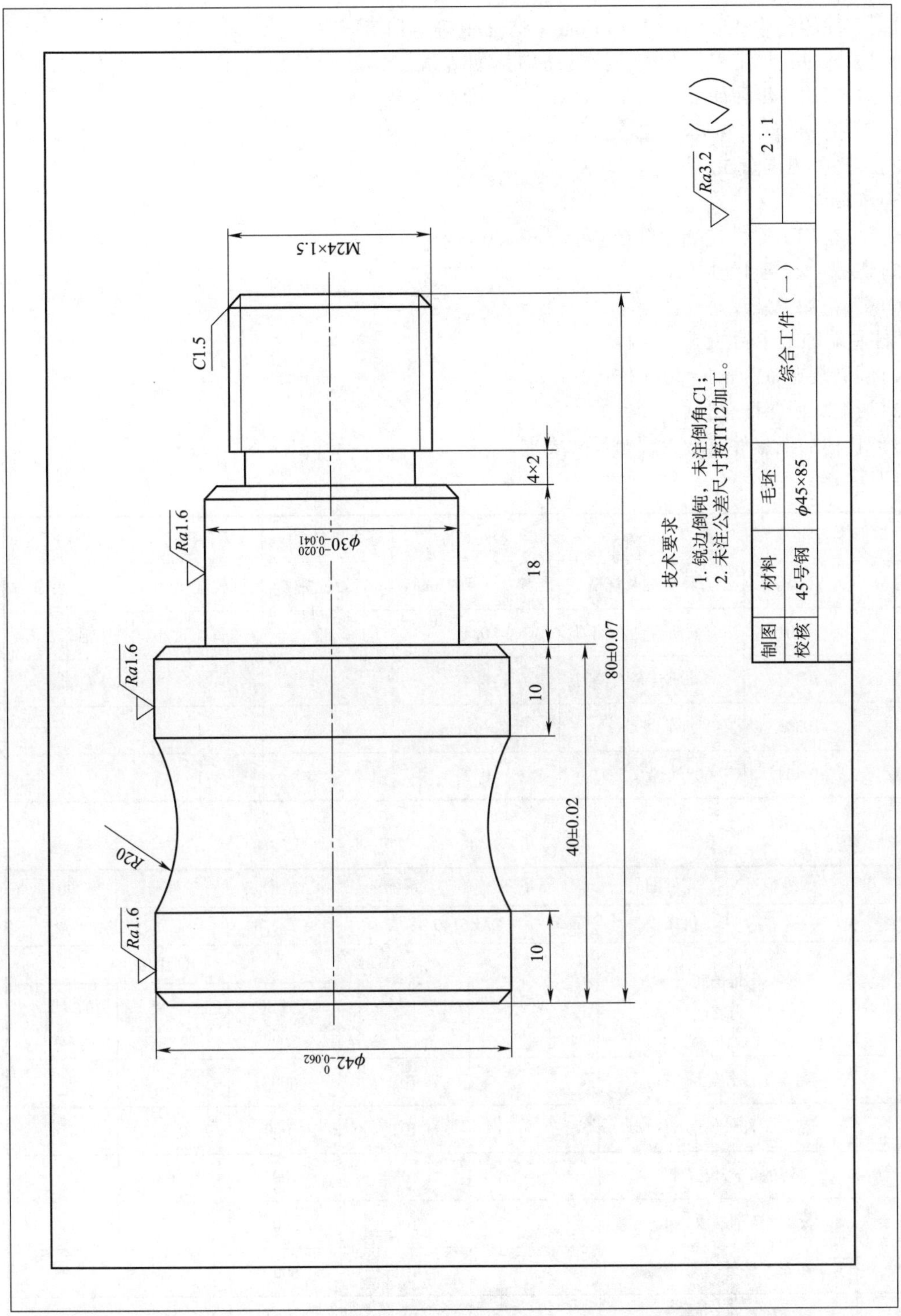

图 5-17　综合件的加工项目图样

2. 工艺分析

1)加工方案

根据零件的尺寸和毛坯尺寸 $\phi45$ mm×85 mm,确定加工方案。

加工零件时先加工零件右端,后调头加工零件左端。

零件右端加工步骤如下。

(1)采用三爪自定心卡盘装夹。

(2)零件伸出卡盘 50 mm。

(3)车端面。

(4)粗、精加工零件左端轮廓至 $\phi42$ mm×50 mm。

(5)切槽 4×2 至尺寸要求。

(6)粗、精加工螺纹至尺寸要求。

零件左端加工步骤如下。

(1)调头装夹 $\phi30$ mm 部分(校正)。

(2)切削端面保证总长。

(3)粗、精加工零件左端轮廓至尺寸要求。

2)刀具卡

实训课题		5.6	零件名称	综合工件(一)	零件图号	5-6
序号	刀具号	刀具名称及规格	刀尖半径 R/mm	刀尖位置 T	数量/个	加工表面
(1)	T0101	90°硬质合金右偏刀	0.4	3	1	外轮廓表面
(2)	T0202	90°硬质合金右偏刀	0.4	3	1	外轮廓表面
(3)	T0303	车槽刀	B=4 mm		1	
(4)	T0404	60°外螺纹车刀	0.2	0	1	

3)工序卡

材料	45号钢	零件图号	5-6	系统	FANUC oi	工序号	001
程序名		机床设备	CAK6140		夹具名称	三爪自定心卡盘	
操作序号	工步内容(走刀路线)	G功能		T刀具	切削用量		
					转速 S/(r/min)	进给速度 F/(mm/r)	切削深度 α_p/mm
(1)	粗车工件外轮廓(右)			T01	600	0.2	2
(2)	精车工件外轮廓(右)			T02	1 000	0.1	0.4
(3)	切削4×2退刀槽			T03	400	0.05	
(4)	车削螺纹			T04	500	1.5	
(5)	粗车工件外轮廓(左)			T01	600	0.2	2
(6)	精车工件外轮廓(左)			T02	1 000	0.1	0.4

3. 注意事项

(1)操作时间:120 min。

(2)合理选择切削用量,提高加工质量。

(3)采用多种方法保证总长。

4. 实训报告

数控车削技能实训报告单					
机床号		班级		姓名	
基点计算					
零件程序					
问题分析					
学习心得					
教师评价	指导教师:				

5. 评分标准

考核评分表						
检查项目		技术要求	配分	评分标准	检查结果	得分
机床操作	1	按步骤开机、检查、润滑	2	不正确无分		
	2	回机床参考点	2	不正确无分		
	3	按程序格式输入程序,检查及修改	2	不正确无分		
	4	程序轨迹检查	2	不正确无分		
	5	工、夹、刀具的正确安装	2	不正确无分		
	6	按指定方式对刀	2	不正确无分		
	7	检查对刀	2	不正确无分		
外圆	8	$\phi 42_{-0.062}^{0}$ mm $Ra1.6$ μm	6/4	超差0.01扣4分,降级无分		
	9	$\phi 30_{-0.041}^{-0.020}$ mm $Ra1.6$ μm	6/5	超差0.01扣4分,降级无分		
沟槽	10	4×2	5	超差无分		
长度	11	(40±0.02)mm	4	超差无分		
	12	(80±0.07)mm	4	超差无分		
	13	18 mm	4	超差无分		
	14	10 mm	4	超差无分		
螺纹	15	M24×1.5	10	超差0.01扣4分		
圆弧	16	*R*20 mm	10	不符无分		
其他	17	*C*1	2	不符无分		
	18	*C*1.5	1	不符无分		
	19	锐边倒角*C*0.5	2	不符无分		
	20	遵守安全操作规程	20	违反扣总分10分/次		
总配分			100	总得分		
加工开始时间:				加工日期:	检查:	
加工结束时间:				加工时间:	评分:	

6. 常用量具——三针

用量针测量螺纹中径的方法称三针量法。测量时,在螺纹凹槽内放置具有同样直径 D 的三根量针,如图 5-18 所示,然后用适当的量具(如千分尺)测量尺寸 M 的大小,以验证所加工的螺纹中径是否正确。

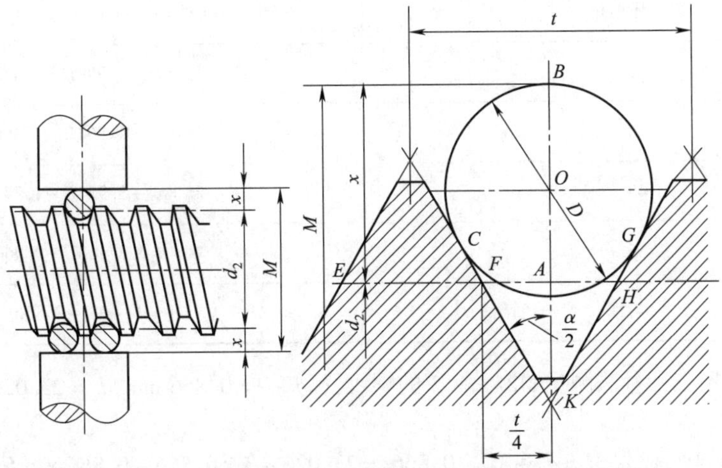

图 5-18　三针测量法原理图

如果已知螺纹牙型角,也可用表 5-1 中所列的简化公式计算。

表 5-1　量针直径 D 计算公式

螺纹牙型角 α	简化公式
29°	$D=0.516t$
30°	$D=0.518t$
40°	$D=0.533t$
55°	$D=0.564t$
60°	$D=0.577t$

【例 5.1】　对 M24×1.5 的螺纹进行三针测量,已知 $M=24.325$,求需用的量针直径 D 及螺纹中径 d_2。

解:因为 $\alpha=60°$,代入 $D=0.577t$ 中,得 $D=0.577\times1.5=0.8655$ mm

所以 $d_2=24.325-0.8655(1+1/0.5)+1.5\times1.732/0.5=23.0275$ mm

与理论值($d_2=23.026$)相差 $\Delta d=23.0275-23.026=0.0015$ mm,可见其差值非常小。

实际上螺纹的中径尺寸,一般都可以从螺纹标准中查到或从零件图上直接注明。因此只要将上面计算螺纹中径的公式移项,变换一下,便可得出计算千分尺应测得的读数公式:

$$M = d_2 + D\left(1 + \frac{1}{\sin\frac{\alpha}{2}}\right) - \frac{1}{2}t \cdot \cot\frac{\alpha}{2}$$

如果已知牙型角,也可以用表 5-2 中所列的简化公式计算。

表 5-2　螺纹中径简化公式

螺纹牙型角 α	简化公式
29°	$M = d_2 + 4.994D - 1.933t$
30°	$M = d_2 + 4.864D - 1.866t$
40°	$M = d_2 + 3.924D - 1.374t$
55°	$M = d_2 + 3.166D - 0.960t$
60°	$M = d_2 + 3D - 0.866t$

【例 5.2】　用三针量法测量 M24 ×1.5 的螺纹,已知 $D = 0.866$ mm, $d_2 = 23.026$ mm,求千分尺应测得的读数值。

解:因为 $\alpha = 60°$,代入 $M = d_2 + 3D - 0.866t = 23.026 + 3 \times 0.866 - 0.866 \times 1.5 = 24.325$ mm

5.7　综合件的加工实训(二)

图 5-19 所示为综合件的加工项目图样。

1. 实训目标

(1)掌握一般轴类零件的程序编制。

(2)能采用合理的方法保证尺寸精度。

(3)能分析质量异常的原因,找出解决问题的途径。

2. 工艺分析

1)加工方案

根据零件的尺寸和毛坯尺寸 ϕ45 mm ×100 mm,确定加工方案。

加工零件时先加工零件左端,后调头,加工零件右端。

零件左端加工步骤如下。

(1)采用三爪自定心卡盘装夹。

(2)零件伸出卡盘 60 mm。

(3)车端面。

(4)粗、精加工零件左端轮廓至 ϕ42 mm ×47 mm。

零件右端加工步骤如下。

(1)调头装夹 ϕ35 mm 部分(校正)。

(2)切削端面,保证总长。

(3)粗、精加工零件右端轮廓至尺寸要求。

(4)切槽 6 ×2 至尺寸要求。

(5)粗、精加工螺纹至尺寸要求。

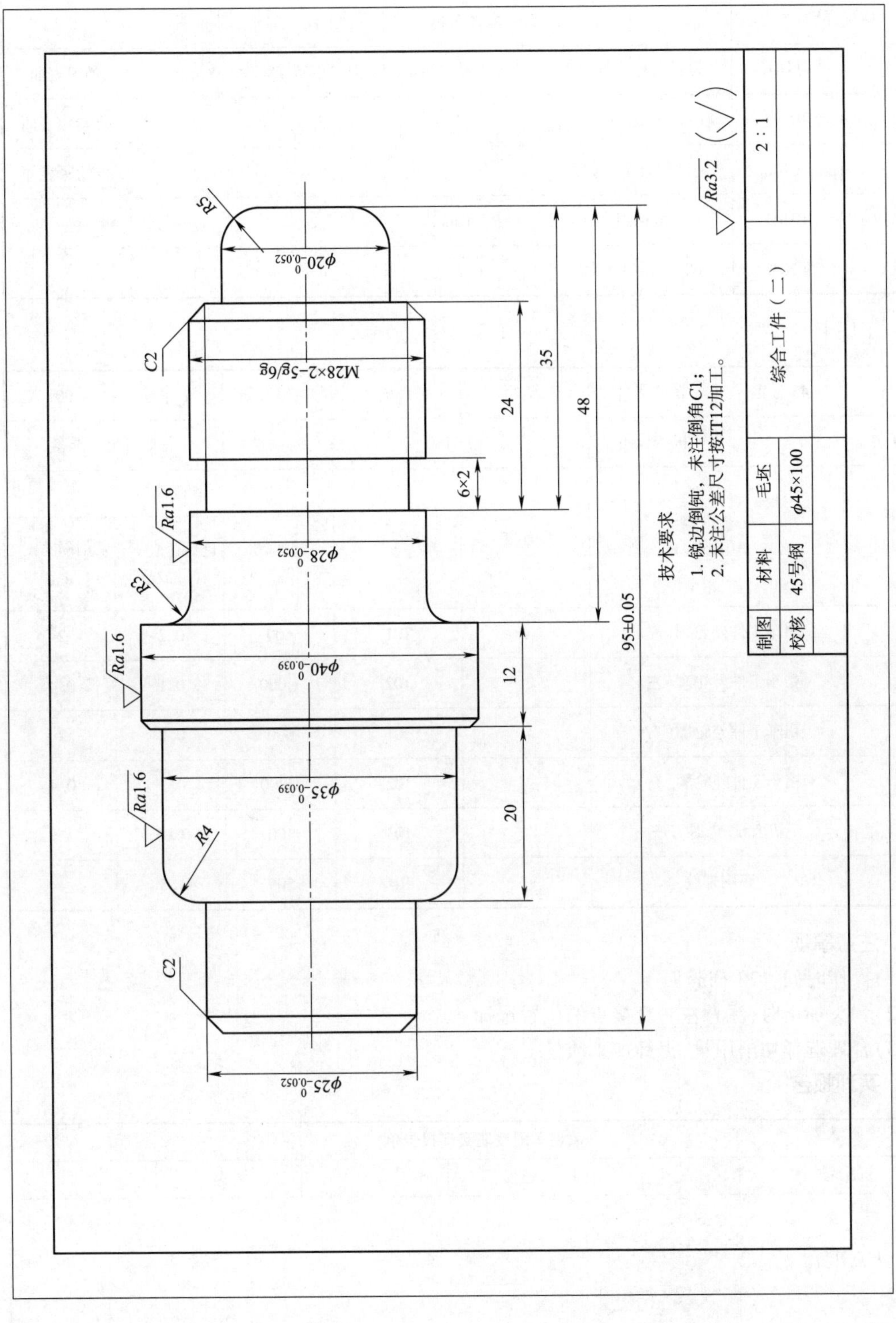

图 5-19　综合件的加工项目图样

2)刀具卡

实训课题		5.7	零件名称	综合工件(二)	零件图号	5-7
序号	刀具号	刀具名称及规格	刀尖半径 R/mm	刀尖位置 T	数量/个	加工表面
(1)	T0101	90°硬质合金右偏刀	0.4	3	1	外轮廓表面
(2)	T0202	90°硬质合金右偏刀	0.4	3	1	外轮廓表面
(3)	T0303	车槽刀	B = 4 mm		1	
(4)	T0404	60°外螺纹车刀	0.2	0	1	

3)工序卡

材料	45号钢	零件图号	5-7	系统	FANUC oi	工序号	001
程序名		机床设备	CAK6140		夹具名称	三爪自定心卡盘	
操作序号	工步内容(走刀路线)		G功能	T刀具	切削用量		
					转速 S/(r/min)	进给速度 F/(mm/r)	切削深度 α_p/mm
(1)	粗车工件外轮廓(左)			T01	600	0.2	2
(2)	精车工件外轮廓(左)			T02	1 000	0.1	0.4
(3)	粗车工件外轮廓(右)			T01	600	0.2	2
(4)	精车工件外轮廓(右)			T02	1 000	0.1	0.4
(5)	切削6×2退刀槽			T03	400	0.05	
(6)	车削螺纹			T04	500	1.5	

3. 注意事项

(1)操作时间:120 min。

(2)调头加工时,注意左右交接点的位置选择。

(3)合理选择切削用量,提高加工质量。

4. 实训报告

数控车削技能实训报告单					
机床号		班级		姓名	
基点计算					

零件程序	
问题分析	
学习心得	
教师评价	指导教师：

5. 评分标准

考核评分表						
检查项目		技术要求	配分	评分标准	检查结果	得分
机床操作	1	按步骤开机、检查、润滑	2	不正确无分		
	2	回机床参考点	2	不正确无分		
	3	按程序格式输入程序,检查及修改	2	不正确无分		
	4	程序轨迹检查	2	不正确无分		
	5	工、夹、刀具的正确安装	2	不正确无分		
	6	按指定方式对刀	2	不正确无分		
	7	检查对刀	2	不正确无分		

外圆	8	$\phi25_{-0.052}^{0}$ mm $Ra1.6$ μm	4/4	超差0.01扣4分,降级无分		
	9	$\phi35_{-0.039}^{0}$ mm $Ra1.6$ μm	4/4	超差0.01扣4分、降级无分		
	10	$\phi40_{-0.039}^{0}$ mm $Ra1.6$ μm	4/4	超差0.01扣4分、降级无分		
	11	$\phi28_{-0.052}^{0}$ mm $Ra3.2$ μm	4/4	超差0.01扣4分、降级无分		
	12	$\phi20_{-0.052}^{0}$ mm $Ra3.2$ μm	4/4	超差0.01扣4分、降级无分		
长度	13	(95±0.11)mm	3	超差无分		
	14	20 mm	3	超差无分		
	15	24 mm	3	超差无分		
	16	35 mm	3	超差无分		
	17	60 mm	6	超差无分		
螺纹	18	M28×2-5g/6g	8	不符无分		
其他	19	$C1$	2	不符无分		
	20	$R4$、$R5$、$R7$	9	不符无分		
	21	未注倒角 $C1$	2	不符无分		
	22	遵守安全操作规程	10	违反扣3分/次		
总配分			100	总得分		
加工开始时间：				加工日期：	检查：	
加工结束时间：				加工时间：	评分：	

6. 常用量具——公法线千分尺

1)三角形螺纹的测量

(1)单项测量法。

①测量大径:用游标卡尺测量。

②测量螺距:用钢直尺、游标卡尺或螺距规进行测量。

③测量中径:用螺纹千分尺测量或者三针测量。

(2)综合测量是采用螺纹量规对螺纹各主要部分的使用精度同时进行综合检验的一种测量方法。这种方法效率高,使用方便,能较好地保证螺纹的互换性,广泛应用于对标准螺纹或大批量生产螺纹时的测量。

2)螺纹车削加工中防止乱扣和重新对刀

车削螺纹时当工件螺距不能被丝杠螺距整除时,会发生第一次进刀完毕后,第二刀按下开合螺母时,车刀刀尖已不在第一刀的螺旋槽里,而是偏左或偏右,从而把螺纹车乱的现象,这就是乱扣。车削螺纹前应首先确定被加工螺纹的螺距是否会乱扣,如果乱扣,则采用倒顺车法。倒顺车法就是每车一刀后,立即将车刀径向退出,不提开合螺母,而是开倒车使车刀退回到开始位置,然后再进刀车削,反复多次,直到将螺纹车好为止。

在车削螺纹时如果发生车刀损坏,重新换刀必须进行重新对刀,否则会将螺纹车乱。具体方法是:选择较低的主轴转速,合上开合螺母,启动车床,利用小拖板将车刀对到螺旋槽中,记下刻度后退刀,然后进行正常车削。

3)公法线千分尺的使用方法

公法线千分尺的基本结构简图如图 5-20 所示。

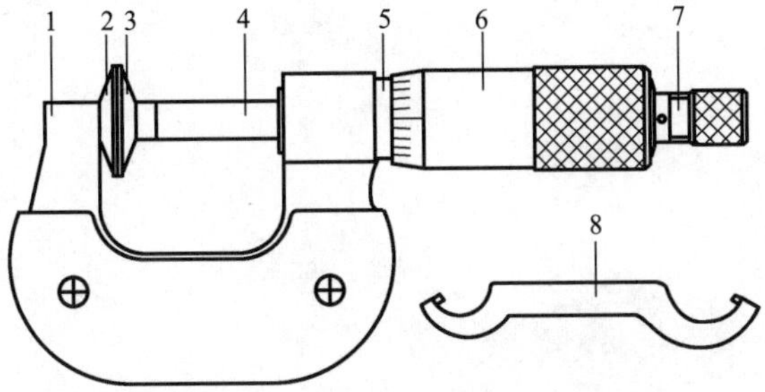

图 5-20　公法线千分尺基本结构简图

1—尺架;2—固定测头;3—活动测头;4—测微螺杆;5—固定套管;6—微分筒;7—测力装置;8—扳子

(1)使用前,保持千分尺测量面清洁干净。

(2)使用时,必须先归零。

(3)将被测量工件放入两测量面之间,调微分筒,使工作面快速接触到被测物后,调测力装置,听到三声"咔咔咔"时停止。

(4)千分尺读数。

5.8　螺纹套的加工实训

图 5-21 所示为螺纹套加工项目图样。

1. 实训目标

(1)掌握套类零件的编程及加工方法。

(2)掌握镗刀的对刀方法。

(3)正确使用量具测量内孔及相关尺寸。

2. 工艺分析

1)加工方案

根据零件的尺寸和毛坯尺寸 ϕ45 mm × 45 mm,确定加工方案。

加工零件时先加工零件右端,后调头,加工零件左端。

零件右端加工步骤如下。

(1)采用三爪自定心卡盘装夹。

(2)零件伸出卡盘 25 mm。

(3)车端面。

(4)钻中心孔。

(5)用 20 mm 的钻头钻通孔。

(6)粗、精加工零件右端轮廓至 ϕ36 mm × 20 mm。

(7)镗孔的倒角。

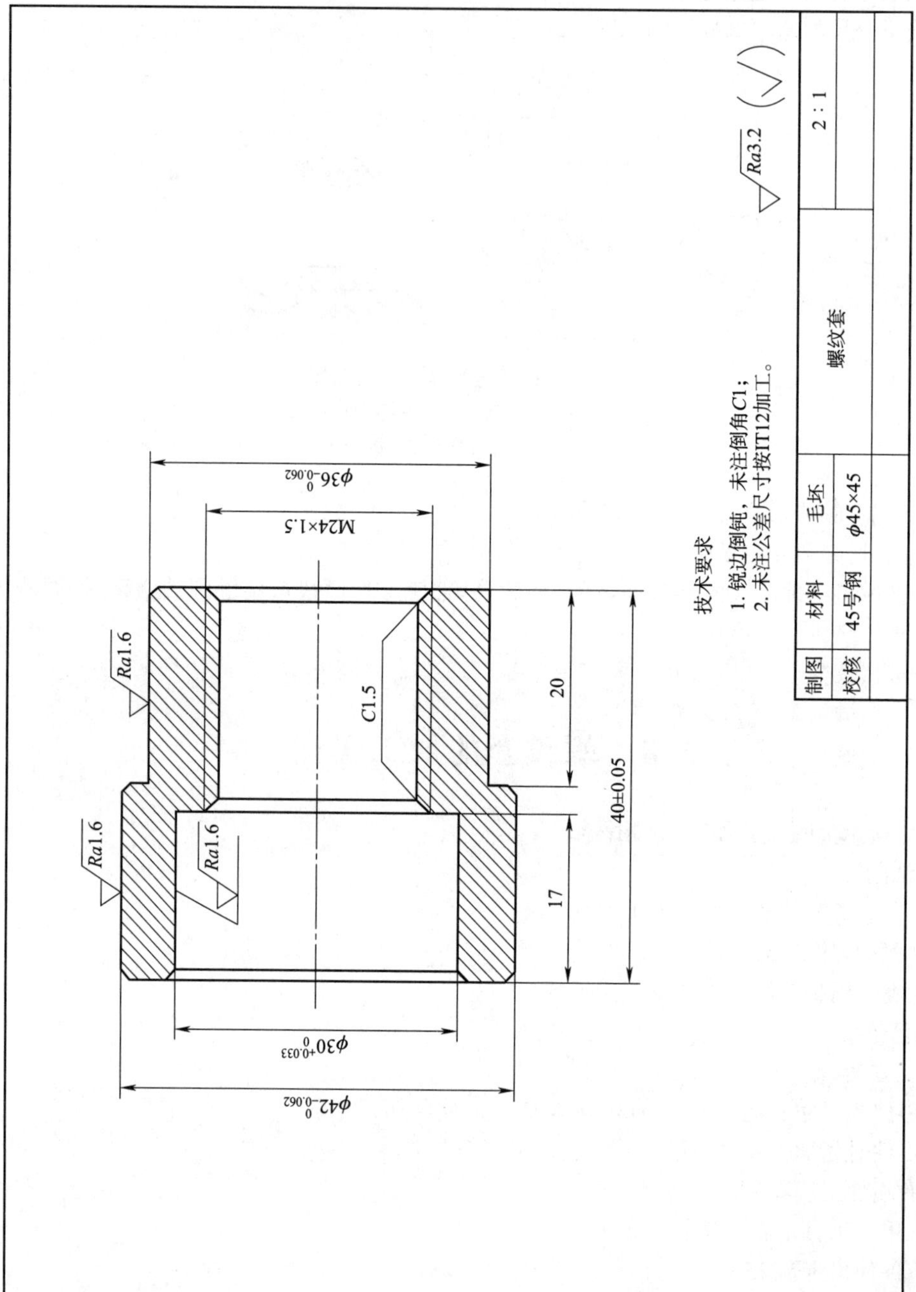

图 5-21 螺纹套加工项目图样

零件左端加工步骤如下。

(1)调头装夹 ϕ36 mm 部分(校正)。

(2)切削端面至总长要求。

(3)粗、精加工零件内轮廓至尺寸要求。

(4)粗、精加工内螺纹至尺寸要求。

(5)粗、精加工零件左端轮廓至尺寸要求。

2)刀具卡

实训课题		5.8	零件名称	螺纹套	零件图号	5-8
序号	刀具号	刀具名称及规格	刀尖半径 R/mm	刀尖位置 T	数量/个	加工表面
(1)		中心钻			1	右端面
(2)		ϕ18 mm 钻头			1	钻孔
(3)	T0101	93°右偏外圆刀	0.4	3	1	外轮廓表面
(4)	T0202	镗孔刀	0.4	2	1	倒角
(5)	T0202	镗孔刀	0.4	2	1	镗孔
(6)	T0303	60°内螺纹车刀	0.2	0	1	车削内螺纹

3)工序卡

材料	45 号钢	零件图号	5-8	系统	FANUC oi	工序号	001
程序名		机床设备	CAK6140		夹具名称	三爪自定心卡盘	
操作序号	工步内容(走刀路线)		G 功能	T 刀具	切削用量		
					转速 S/(r/min)	进给速度 F/(mm/r)	切削深度 α_p/mm
(1)	中心钻				800		
(2)	钻孔				400		
(3)	粗车工件外轮廓(右)			T01	600	0.2	2
(4)	精车工件外轮廓(右)			T01	1 000	0.1	0.4
(5)	镗孔倒角			T02	600		
(6)	粗车工件外轮廓(左)			T01	600	0.2	2
(7)	精车工件外轮廓(左)			T01	1 000	0.1	0.4
(8)	粗镗孔			T02	600	0.2	1.5
(9)	精镗孔			T02	800	0.1	0.4
(10)	车削 M24×1.5 内螺纹			T04	500	1.5	

3. 注意事项

(1)操作时间:120 min。

(2)注意内孔的编程与外部编程的区别。

4. 实训报告

数控车削技能实训报告单					
机床号		班级		姓名	
基点计算					
零件程序					
问题分析					
学习心得					
教师评价	指导教师：				

5. 评分标准

考核评分表						
检查项目		技术要求	配分	评分标准	检查结果	得分
外圆	1	$\phi36_{-0.062}^{0}$ mm $Ra1.6$ μm	6/4	超差0.02扣2分、降级无分		
	2	$\phi42_{-0.062}^{0}$ mm $Ra1.6$ μm	6/4	超差0.02扣2分、降级无分		

内孔	3	$\phi30^{+0.033}_{0}$ mm $Ra1.6$ μm	6/4	超差 0.02 扣 2 分、降级无分		
螺纹	4	M24 mm × 1.5 mm	15	不符无分		
长度	5	(40 ± 0.05) mm	10	超差无分		
	6	17 mm	5	降级无分		
	7	20 mm	5	降级无分		
其他	8	$C1.5$	2	不符无分		
	9	未注倒角 $C1$	8	不符无分		
	10	遵守安全操作规程	10	违反扣 3 分/次		
	11	技训报告单	15	不正确无分		
总配分			100	总得分		
加工开始时间：				加工日期：	检查：	
加工结束时间：				加工时间：	评分：	

6. 常用量具——螺纹塞规

螺纹塞规的外形图如图 5-22 所示。

检验方法：如果被测螺纹能够与螺纹通规旋合通过，且与螺纹止规不完全旋合通过（螺纹止规只允许与被测螺纹两段旋合，旋合量不得超过两个螺距），就表明被测螺纹的作用中径没有超过其最大实体牙型的中径，且单一中径没有超出其最小实体牙型的中径，那么就可以保证螺纹旋合性和连接强度，则被测螺纹中径合格；否则不合格。

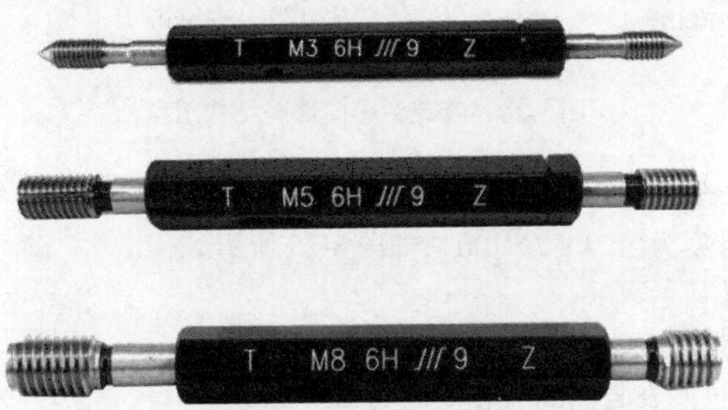

图 5-22　螺纹塞规

7. 麻花钻

麻花钻是一种形状较复杂的双刃钻孔或扩孔的标准刀具。一般用于孔的粗加工（IT11 以下精度及表面粗糙度 Ra 25 ~ 6.3 μm），也可用于加工攻丝、铰孔、拉孔、镗孔、磨孔的预制孔。

1）麻花钻的构造

标准麻花钻是由以下 3 部分组成的。

（1）装夹部分：是钻头的尾部，用于与机床连接，并传递扭矩和轴向力。按麻花钻直径的大小，分为直柄（直径 < 12 mm）和锥柄（直径 > 12 mm）两种。

（2）颈部：是工作部分和尾部间的过渡部分，供磨削时砂轮退刀和打印标记用。直柄钻头没有颈部。

(3)工作部分:是钻头的主要部分,前端为切削部分,承担主要的切削工作;后端为导向部分,起引导钻头的作用,也是切削部分的后备部分。

2)麻花钻的结构特性

如图 5-23 所示,钻头的工作部分有两条对称的螺旋槽,是容屑和排屑的通道。导向部分有两条棱边,用以减少与加工孔壁的摩擦,棱边直径磨有(0.03~0.12):100 的倒锥量(即直径由切削部分顶端向尾部逐渐减小),从而形成了副偏角 k_r,如图 5-24 所示。

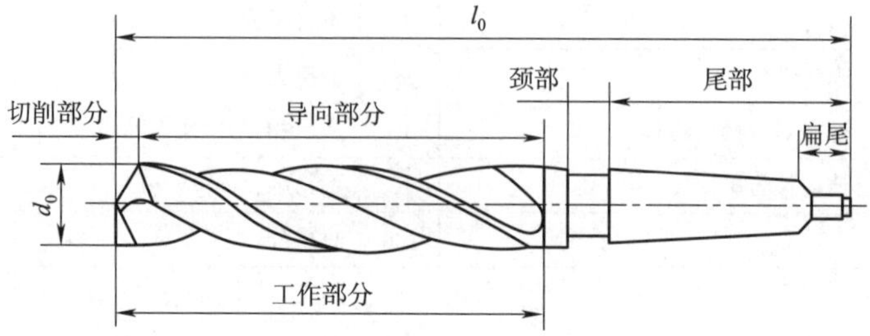

图 5-23　麻花钻的组成

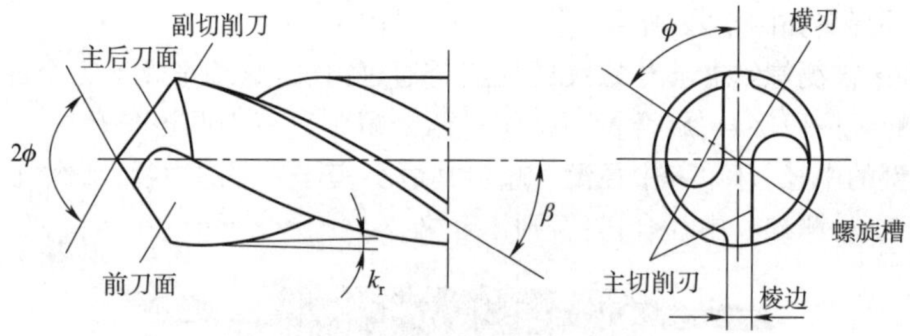

图 5-24　麻花钻导向部分结构示意

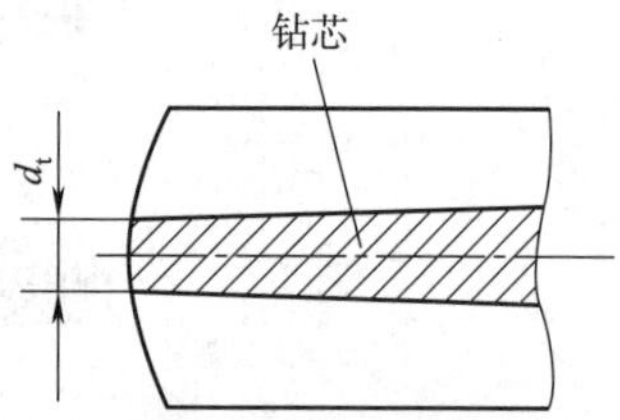

图 5-25　钻芯结构示意

麻花钻的两个主切削刃由钻芯连接,为了增加钻头的强度和刚度,钻芯制成正锥体(锥度为(1.4~2):100),如图 5-25 所示。

3)麻花钻的主要几何参数

前刀面:螺旋槽的螺旋面。

主后刀面:与工件过渡表面(孔底)相对的端部两曲面。

副后刀面:与工件已加工表面(孔壁)相对的两条棱边。

主切削刃:螺旋槽与主后刀面的两条交线。

副切削刃:棱边与螺旋槽的两条交线。

横刃:两后刀面在钻芯处的交线。

基面:过主切削刀的选定点,包括钻头轴线的平面。由于切削刃上各点的切削速度方向不同,故基面也不同。

切削平面:切削刃上任意一点的切削平面是沿该点切削速度方向,且相切于该点加工表面的平面。切削刃上各点的切削平面与基面在空间上互相垂直,且位置是变化的。

8. 中心孔

(1)中心孔的形式分为 A 型(不带护锥)、B 型(带护锥)、C 型(带螺纹)、R 型(弧形)4 种。

(2)中心孔的标记如图 5-26 所示。

(a)完工零件保留中心孔　(b)完工零件可以保留中心孔　(c)完工零件不允许保留中心孔

图 5-26　中心孔标记

5.9　配合件的加工实训(一)

图 5-27 ~ 图 5-29 所示为配合件的加工项目图样。

1. 实训目标

(1)掌握一般轴类零件加工程序的编制方法和加工刀具的选择。

(2)掌握配合件的加工方法与检测方法。

2. 工艺分析

1)加工方案

根据零件的尺寸和毛坯尺寸 $\phi45$ mm × 85 mm、$\phi45$ mm × 45 mm,确定加工方案。

工件 1:先加工零件右端,后调头加工零件左端。工件 2:先加工零件右端,后调头加工零件左端。

(1)工件 1 的加工方案如下。

零件右端加工步骤如下。

①采用三爪自定心卡盘装夹。

②零件伸出卡盘 60 mm。

③车端面。

④粗、精加工零件左端轮廓至 $\phi42$ mm × 50 mm。

⑤切槽 4 mm × 2 mm 至尺寸要求。

⑥粗、精加工螺纹至尺寸要求。

零件左端加工步骤如下。

①调头装夹 $\phi30$ mm 部分(校正)。

②切削端面保证总长。

③粗、精加工零件右端轮廓至尺寸要求。

(2)工件 2 的加工方案如下。

零件右端加工步骤如下。

①采用三爪自定心卡盘装夹。

②零件伸出卡盘 25 mm。

③车端面。

④钻中心孔。

⑤用 $\phi20$ mm 的钻头钻通孔。

⑥粗、精加工零件右端轮廓至 $\phi36$ mm × 20 mm。

⑦镗孔的倒角。

零件左端加工步骤如下。

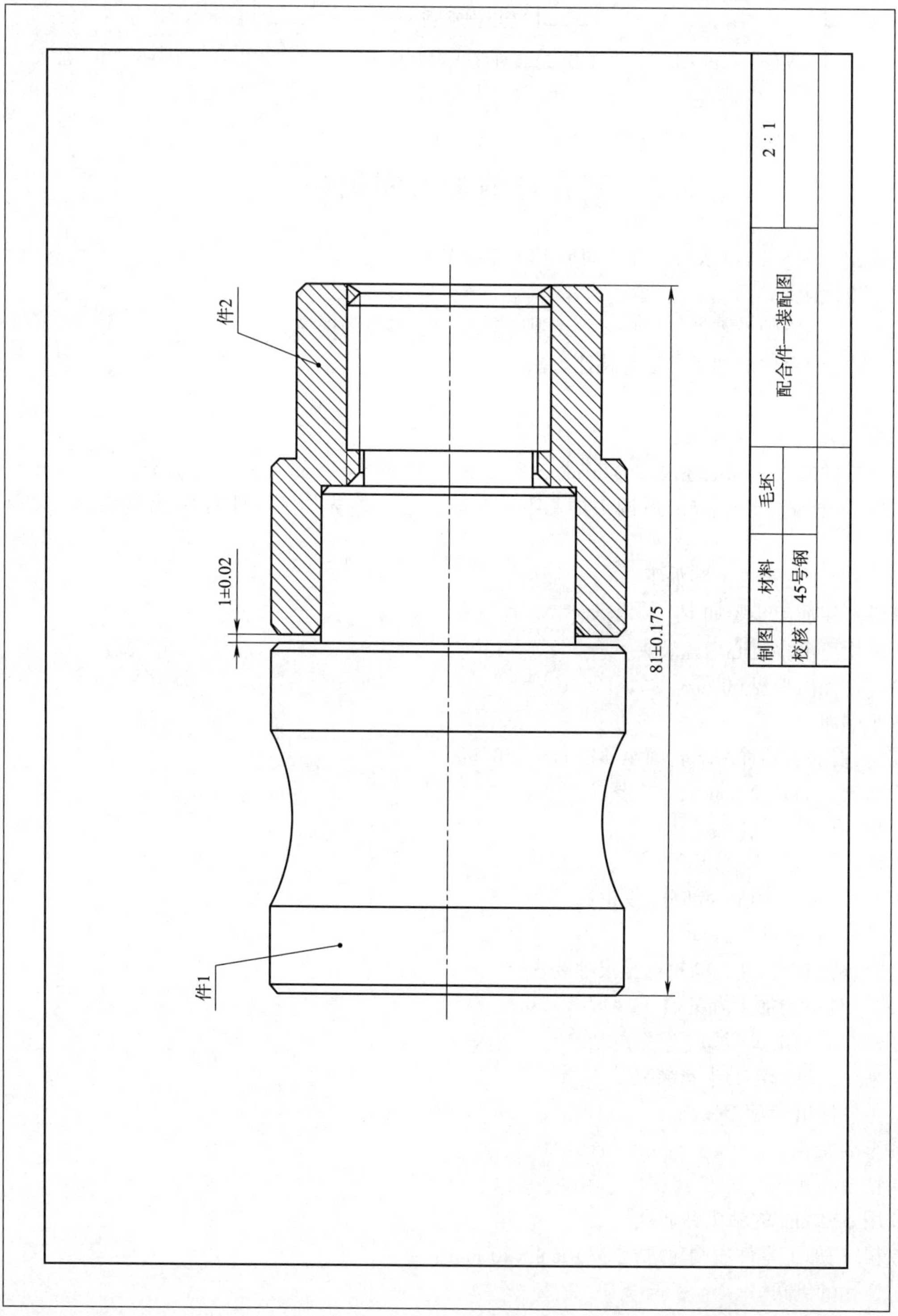

图 5-27　配合工件（一）装配图

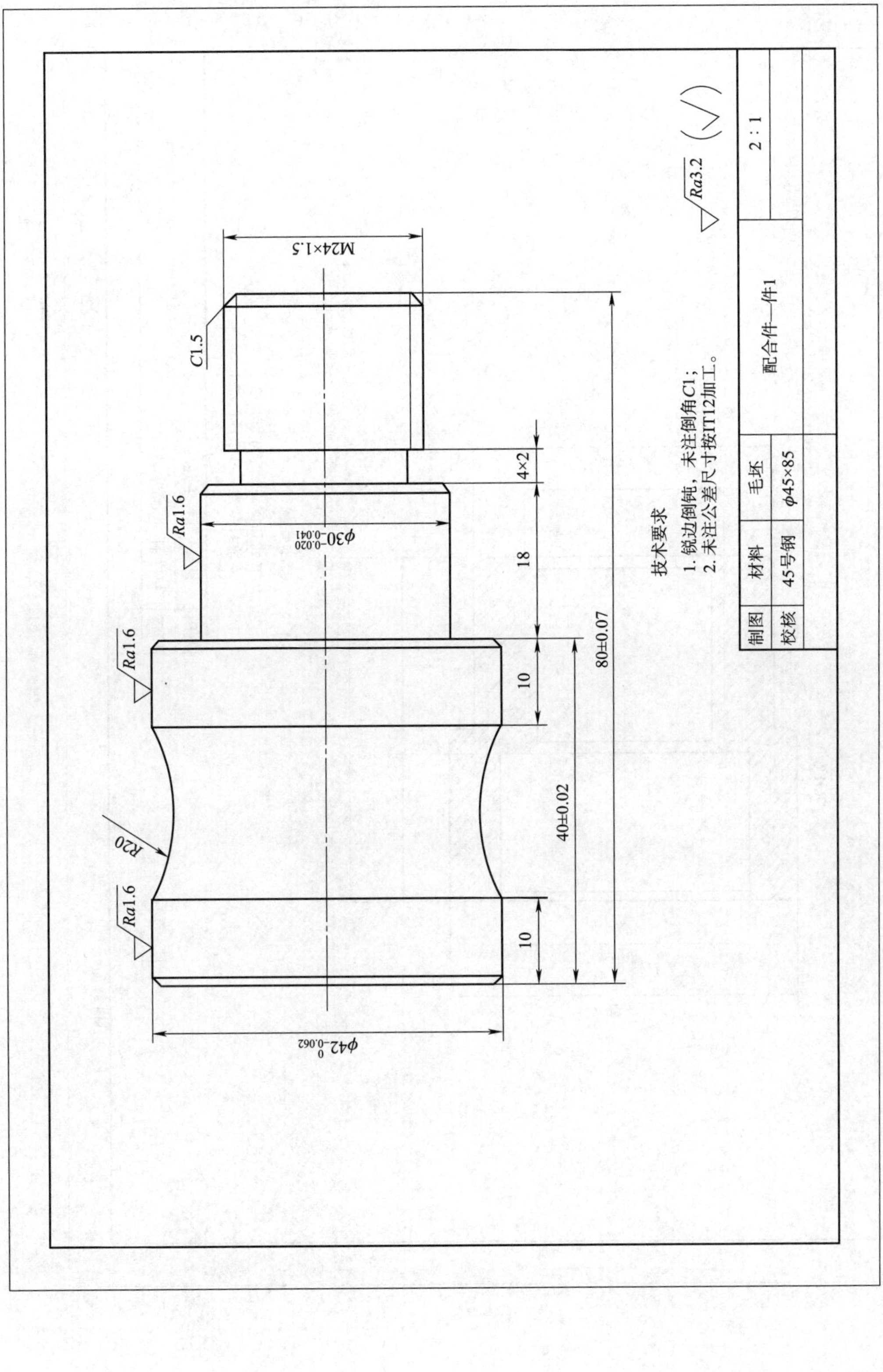
M24×1.5
C1.5
4×2
18
10
10
80±0.07
40±0.02
$\phi30^{-0.020}_{-0.041}$
$\phi42^{0}_{-0.062}$
R20
Ra1.6
Ra1.6
Ra1.6
Ra3.2
技术要求
1. 锐边倒钝，未注倒角C1；
2. 未注公差尺寸按IT12加工。
配合件一件1
2 : 1
制图
校核
材料
45号钢
毛坯
ϕ45×85

图 5-28　配合件（1）轴

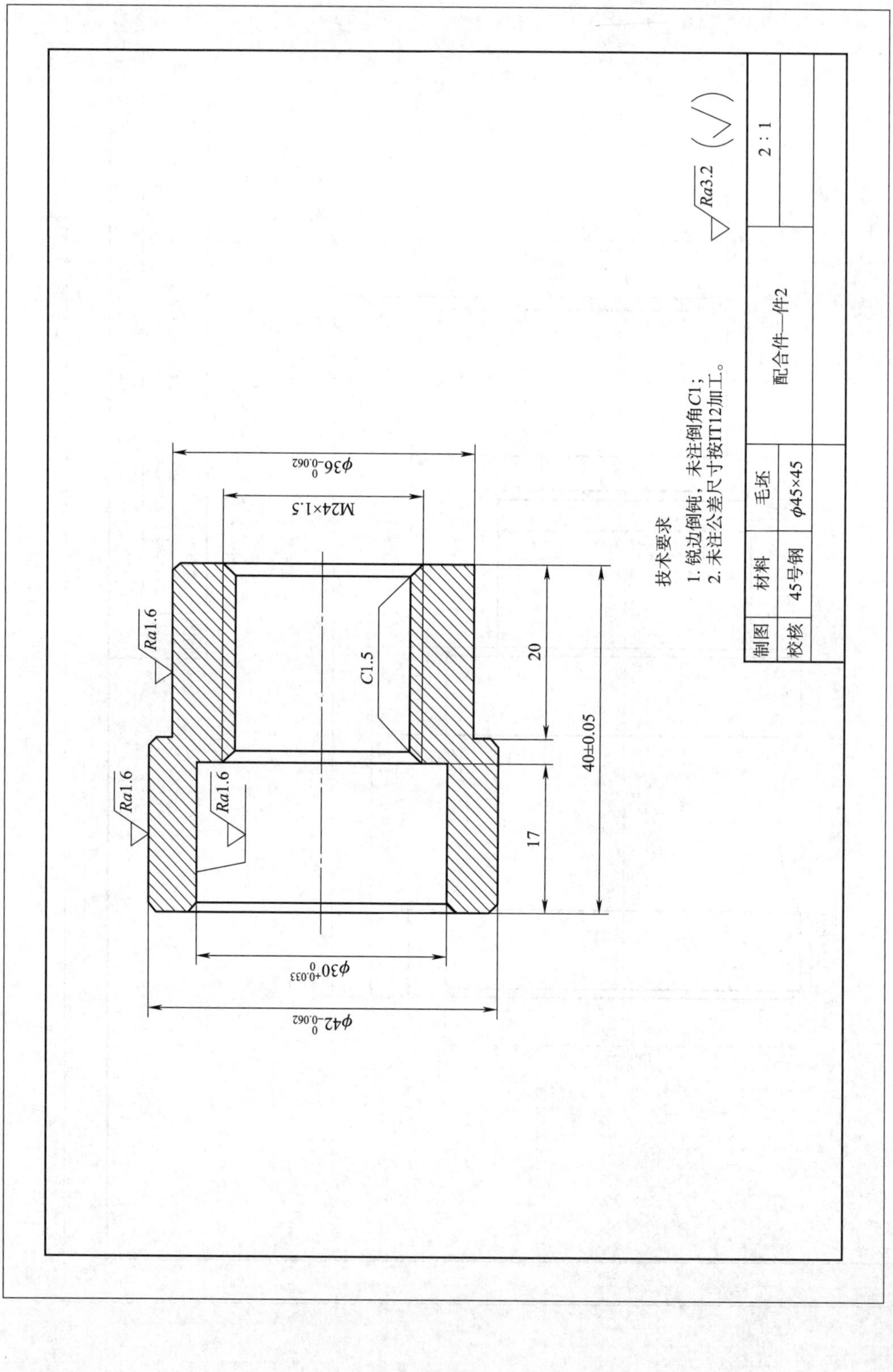
φ36-0.062 0
M24×1.5
Ra1.6
Ra1.6
Ra1.6
C1.5
20
17
40±0.05
φ30+0.033 0
φ42-0.062 0
技术要求
1. 锐边倒钝，未注倒角C1；
2. 未注公差尺寸按IT12加工。
Ra3.2
制图
材料
毛坯
校核
45号钢
φ45×45
配合件—件2
2∶1

图 5-29　配合件(2)套

①调头装夹 $\phi36$ mm 部分(校正)。
②切削端面至总长要求。
③粗、精加工零件内轮廓至尺寸要求。
④粗、精加工内螺纹至尺寸要求。
⑤粗、精加工零件左端轮廓至尺寸要求。
2)件1刀具卡

实训课题		5.9	零件名称	配合件1轴	零件图号	5-9-1
序号	刀具号	刀具名称及规格	刀尖半径 R/mm	刀尖位置 T	数量/个	加工表面
(1)	T0101	90°硬质合金右偏刀	0.4	3	1	外轮廓表面
(2)	T0202	90°硬质合金右偏刀	0.4	3	1	外轮廓表面
(3)	T0303	车槽刀	B=4 mm		1	
(4)	T0404	60°外螺纹车刀	0.2	0	1	

3)件1工序卡

材料	45号钢	零件图号	5-9-1	系统	FANUC oi	工序号	001
程序名		机床设备	CAK6140		夹具名称	三爪自定心卡盘	
操作序号	工步内容(走刀路线)		G功能	T刀具	切削用量		
					转速 S/(r/min)	进给速度 F/(mm/r)	切削深度 α_p/mm
(1)	粗车工件外轮廓(右)						
(2)	精车工件外轮廓(右)						
(3)	切削4×2退刀槽						
(4)	车削螺纹						
(5)	粗车工件外轮廓(左)						
(6)	精车工件外轮廓(左)						

4)件2刀具卡

实训课题		5.9	零件名称	配合件2套	零件图号	5-9-2
序号	刀具号	刀具名称及规格	刀尖半径 R/mm	刀尖位置 T	数量/个	加工表面
(1)		中心钻			1	右端面
(2)		$\phi18$ mm 钻头			1	钻孔
(3)	T0101	93°右偏外圆刀	0.4	3	1	外轮廓表面
(4)	T0202	镗孔刀	0.4	2	1	倒角
(5)	T0202	镗孔刀	0.4	2	1	镗孔
(6)	T0303	60°内螺纹车刀	0.2	0	1	车削内螺纹

5)件 2 工序卡

<table>
<tr><td>材料</td><td>45 号钢</td><td>零件图号</td><td>5-9-2</td><td>系统</td><td>FANUC oi</td><td>工序号</td><td>002</td></tr>
<tr><td>程序名</td><td></td><td>机床设备</td><td colspan="2">CAK6140</td><td>夹具名称</td><td colspan="2">三爪自定心卡盘</td></tr>
<tr><td rowspan="2">操作序号</td><td rowspan="2">工步内容
(走刀路线)</td><td rowspan="2">G 功能</td><td rowspan="2">T 刀具</td><td colspan="3">切削用量</td></tr>
<tr><td>转速 S/(r/min)</td><td>进给速度 F/(mm/r)</td><td>切削深度 α_p/mm</td></tr>
<tr><td>(1)</td><td>中心钻</td><td></td><td></td><td></td><td></td><td></td></tr>
<tr><td>(2)</td><td>钻孔</td><td></td><td></td><td></td><td></td><td></td></tr>
<tr><td>(3)</td><td>粗车工件外轮廓(右)</td><td></td><td></td><td></td><td></td><td></td></tr>
<tr><td>(4)</td><td>精车工件外轮廓(右)</td><td></td><td></td><td></td><td></td><td></td></tr>
<tr><td>(5)</td><td>镗孔倒角</td><td></td><td></td><td></td><td></td><td></td></tr>
<tr><td>(6)</td><td>粗车工件外轮廓(左)</td><td></td><td></td><td></td><td></td><td></td></tr>
<tr><td>(7)</td><td>精车工件外轮廓(左)</td><td></td><td></td><td></td><td></td><td></td></tr>
<tr><td>(8)</td><td>粗镗孔</td><td></td><td></td><td></td><td></td><td></td></tr>
<tr><td>(9)</td><td>精镗孔</td><td></td><td></td><td></td><td></td><td></td></tr>
<tr><td>(10)</td><td>车削 M24 × 1.5 内螺纹</td><td></td><td></td><td></td><td></td><td></td></tr>
</table>

3. 注意事项

(1)操作时间:240 min。

(2)二次装夹时,不能损伤零件已加工表面。

(3)装夹内、外螺纹车刀时,用三角螺纹样板对螺纹刀。

4. 实训报告

<table>
<tr><td colspan="6">数控车削技能实训报告单</td></tr>
<tr><td>机床号</td><td></td><td>班级</td><td></td><td>姓名</td><td></td></tr>
<tr><td>基点计算</td><td colspan="5"></td></tr>
<tr><td>零件程序</td><td colspan="5"></td></tr>
</table>

问题分析	
学习心得	
教师评价	指导教师：

5. 评分标准

考核评分表							
检查项目			技术要求	配分	评分标准	检查结果	得分
件 1	外圆	1	$\phi42_{-0.062}^{0}$ mm $Ra1.6$ μm	4/1	超差 0.01 扣 2 分、降级无分		
		2	$\phi30_{-0.041}^{-0.020}$ mm $Ra1.6$ μm	4/1	超差 0.01 扣 2 分、降级无分		
	沟槽	3	4 mm × 2 mm	2			
	螺纹	4	M24 mm × 1.5 mm	5	降级无分		
	长度	5	(40 ± 0.02) mm	4	超差无分		
		6	18 mm	2	降级无分		
		7	10 mm	2	降级无分		
	圆弧	8	$R20$ mm $Ra1.6$ μm	4/1	不符无分、降级无分		
	倒角	9	$C1$ $C1.5$	1			
件 2	外圆	10	$\phi42_{-0.062}^{0}$ mm $Ra1.6$ μm	4/1	超差 0.01 扣 2 分、降级无分		
		11	$\phi36_{-0.062}^{0}$ mm $Ra1.6$ μm	4/1	超差 0.01 扣 2 分、降级无分		
	内孔	12	$\phi30_{0}^{+0.033}$ mm $Ra1.6$ μm	4/1	超差 0.01 扣 2 分、降级无分		
	螺纹	13	M24 mm × 1.5 mm	5	降级无分		
	长度	14	(80 ± 0.07) mm	4	超差无分		
		15	20 mm	2	降级无分		
	倒角	16	$C1$ $C1.5$	2	不符无分		
配合		17	螺纹配合	10	不符无分		
		18	(1 ± 0.02) mm	10	超差 0.01 扣 5 分		
		19	(81 ± 0.07) mm	10	超差 0.01 扣 5 分		
其他		20	锐边倒角	1	不符无分		
		21	遵守安全操作规程	10	违反扣总分 3 分/次		

总配分	100	总得分	
加工开始时间：		加工日期：	检查：
加工结束时间：		加工时间：	评分：

6. 常用量具——塞尺

塞尺的种类非常多，下面介绍常用塞尺——单片塞尺和数字显示型楔形塞尺。

1）概述

单片塞尺是由一组具有不同厚度级差的薄钢片组成的量规（见图5-30）。塞尺用于测量间隙尺寸。在检验被测尺寸是否合格时，可以用通止法判断，也可由检验者根据塞尺与被测表面配合的松紧程度来判断。塞尺一般用不锈钢制造，最薄的为0.02 mm，最厚的为3 mm。自0.02～0.1 mm间，各钢片厚度级差为0.01 mm；自0.1～1 mm间，各钢片的厚度级差一般为0.05 mm；自1 mm以上，钢片的厚度级差为1 mm。

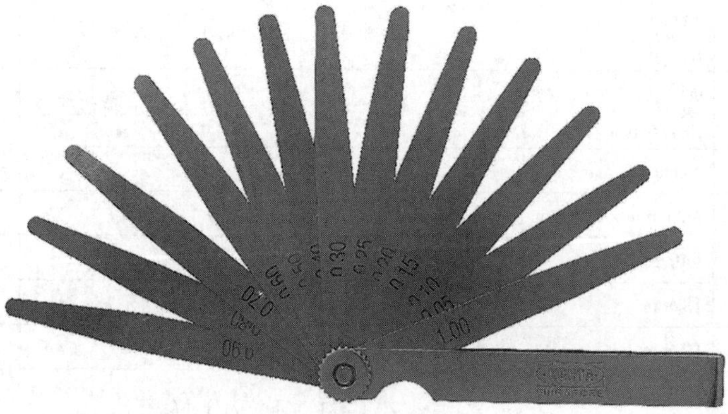

图5-30　单片塞尺

2）定义

塞尺又称测微片或厚薄规，是用于检验间隙的测量器具之一。其横截面为直角三角形，在斜边上有刻度，利用锐角正弦直接将短边的长度表示在斜边上，这样就可以直接读出缝的大小。

使用塞尺前必须先清除塞尺和工件上的污垢与灰尘。使用时可用一片或数片重叠插入间隙，以稍感拖滞为宜。测量时动作要轻，不允许硬插，也不允许测量温度较高的零件。

3）使用方法

（1）用干净的布将塞尺测量表面擦拭干净，不能在塞尺沾有油污或金属屑末的情况下进行测量，否则将影响测量结果的准确性。

（2）将塞尺插入被测间隙中，来回拉动塞尺，感到稍有阻力，说明该间隙值接近塞尺上所标出的数值。如果拉动时阻力过大或过小，则说明该间隙值小于或大于塞尺上所标出的数值。

（3）进行间隙的测量和调整时，先选择符合间隙规定的塞尺插入被测间隙中，然后一边调整，一边拉动塞尺，直到感觉稍有阻力时拧紧锁紧螺母，此时塞尺所标出的数值即为被测间隙值。

4）使用注意事项

（1）使用塞尺前须确认是否经校验及是否在校验有效期内。

（2）不允许在测量过程中剧烈弯折塞尺，或用较大的力硬将塞尺插入被检测间隙，否则将损坏塞尺的测量表面或零件表面的精度。

(3)根据结合面的间隙情况选用塞尺片数,片数愈少愈好。

(4)不能测量温度较高的工件。

(5)用塞尺时必须注意正确的方法(测间隙必须垂直于被测面,测断差必须将塞尺放平)。

(6)读数时,按塞尺片上所标数值直接读数即可。

(7)塞尺必须定期保养。

(8)使用完后,应将塞尺擦拭干净,并涂上一薄层工业凡士林,然后将塞尺折回夹框内,以防锈蚀、弯曲、变形而损坏。

(9)塞尺不用时必须放入盒子保护,以防生锈变色而影响使用。

(10)存放时,不能将塞尺放在重物下,以免损坏塞尺。

5.10　配合件的加工实训(二)

图5-31～图5-33所示为配合件的加工项目图样。

1. 实训目标

(1)根据装配图和零件图合理编制加工工艺。

(2)熟练掌握锥套配合件加工程序的编制、加工刀具的选择和加工操作方法。

(3)能对加工质量进行分析,并能合理安排加工工艺。

2. 工艺分析

1)加工方案

根据零件的尺寸和毛坯尺寸 ϕ45 mm×150 mm,确定加工方案。

(1)加工零件3外轮廓后切断。

①装夹毛坯,伸出卡盘35 mm。

②车端面。

③钻中心孔,钻孔 ϕ15 mm×35 mm。

④粗、精加工零件3左端至尺寸要求。

⑤加工零件3内倒角。

⑥切断,总长留0.5 mm余量。

(2)加工零件2外轮廓后切断。

①装夹毛坯,伸出卡盘55 mm。

②车端面。

③粗、精加工零件2外轮廓至尺寸要求。

④切断,总长留0.5 mm余量。

(3)加工零件1。

加工零件1时先加工零件左端,后调头加工零件右端。

零件左端加工步骤如下。

①采用三爪自定心卡盘装夹。

②零件伸出卡盘60 mm。

③车端面。

④粗、精加工零件左端轮廓至 ϕ42 mm×47 mm。

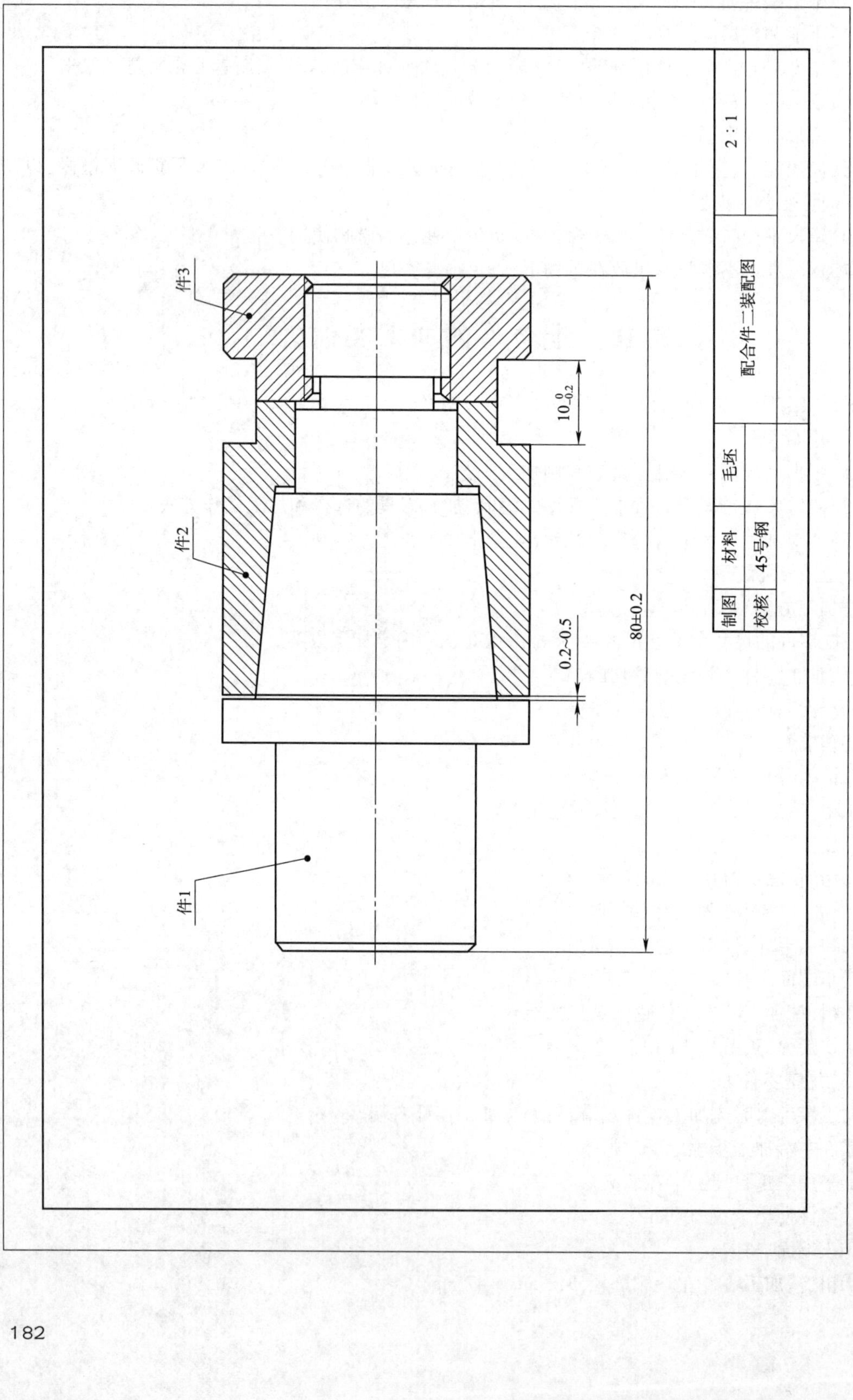

图 5-31　配合件（二）装配图

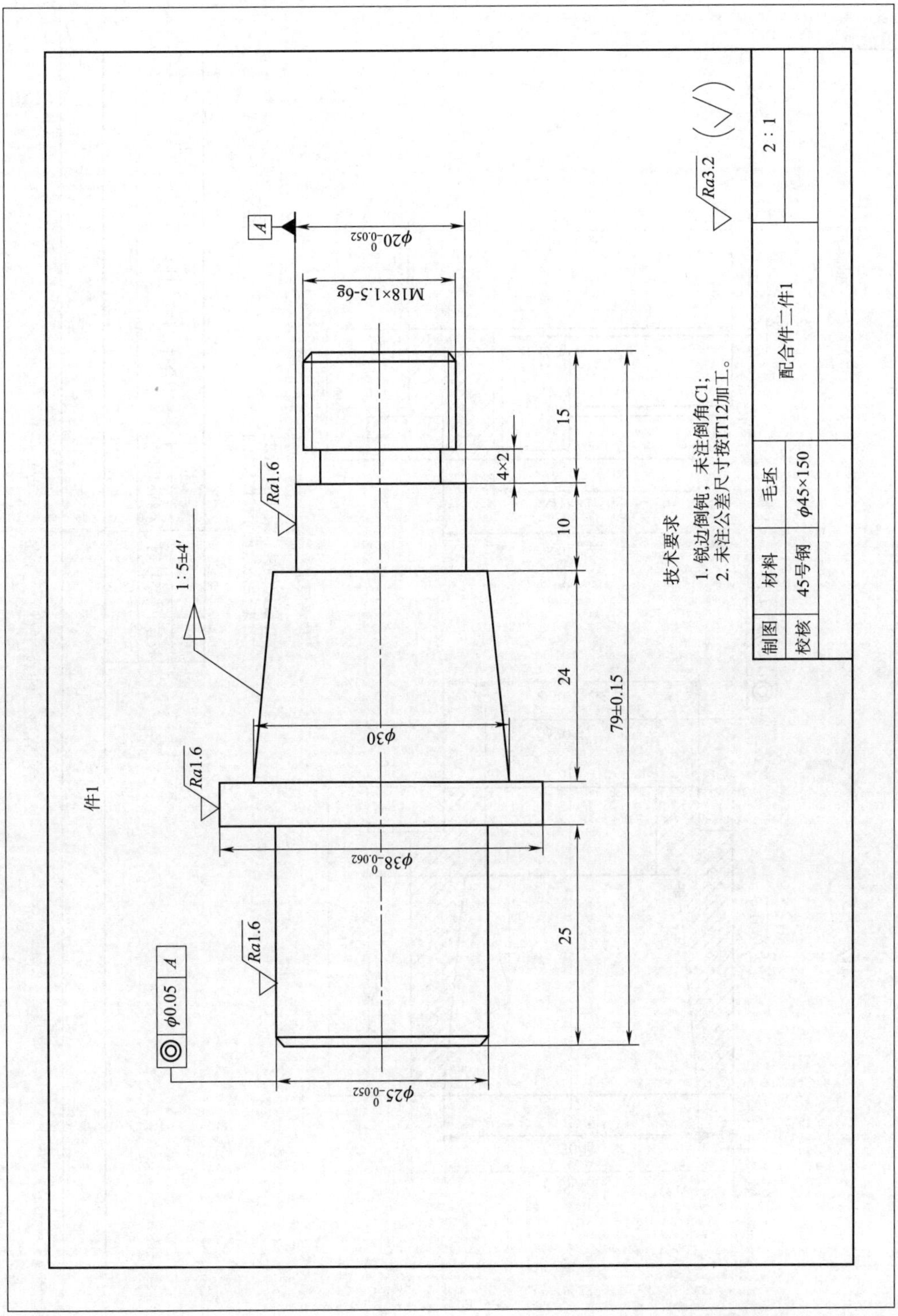
件1
A
φ20$^{0}_{-0.052}$
M18×1.5-6g
15
4×2
10
24
79±0.15
φ30
25
φ38$^{0}_{-0.062}$
φ25$^{0}_{-0.052}$
Ra1.6
Ra1.6
Ra1.6
1∶5±4′
φ0.05 A
Ra3.2 (√)
技术要求
1. 锐边倒钝，未注倒角C1;
2. 未注公差尺寸按IT12加工。
配合件二件1
2∶1
制图 材料 毛坯
校核 45号钢 φ45×150

图 5-32　配合工件(二)轴

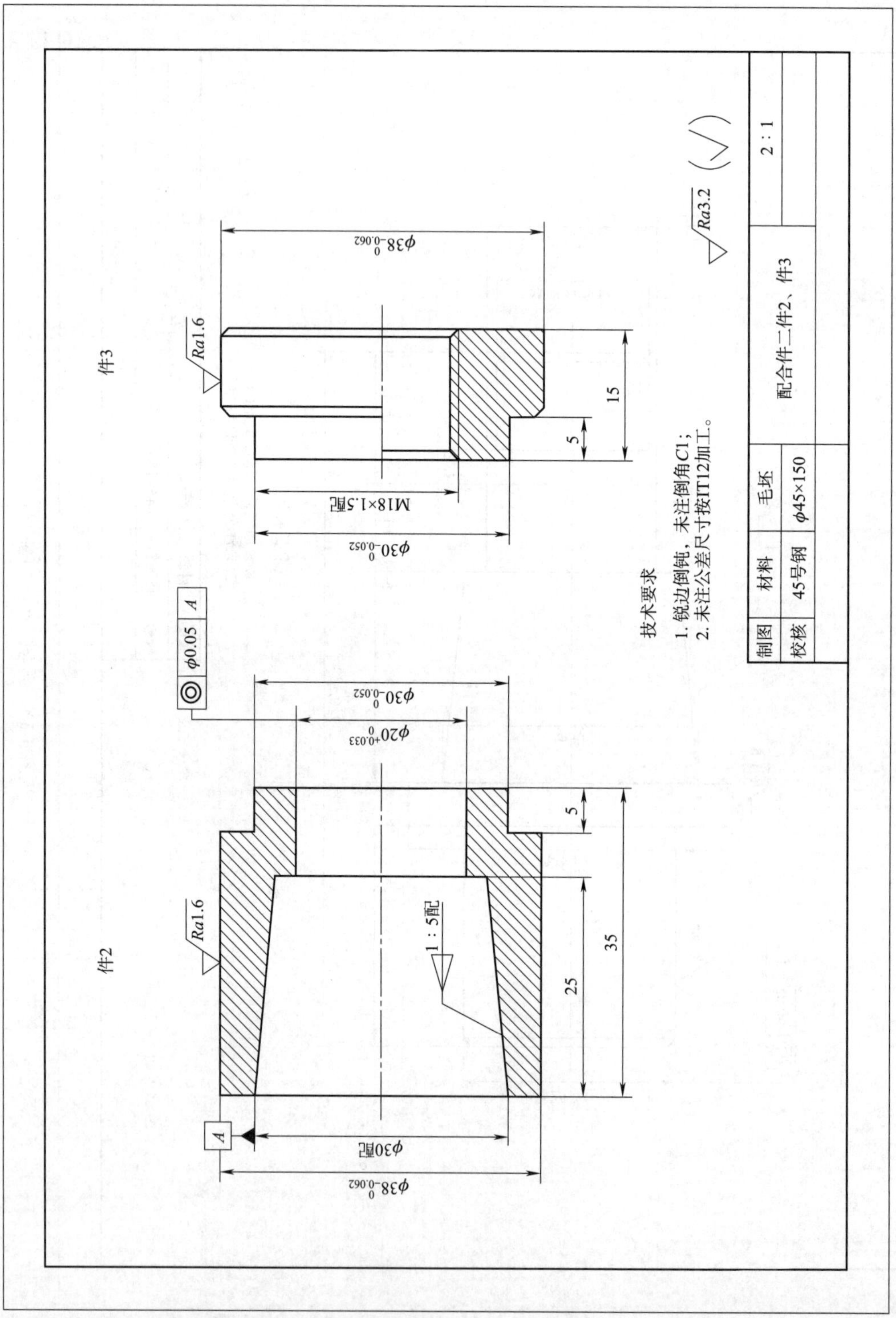
件2
件3
Ra1.6
Ra1.6
Ra3.2
φ0.05 A
A
φ38$^{0}_{-0.062}$
φ30配
φ30$^{0}_{-0.052}$
φ20$^{+0.033}_{0}$
1∶5配
25
35
5
15
5
M18×1.5配
φ30$^{0}_{-0.052}$
φ38$^{0}_{-0.062}$
技术要求
1. 锐边倒钝，未注倒角C1；
2. 未注公差尺寸按IT12加工。
配合件二件2、件3
2∶1
制图
材料
毛坯
校核
45号钢
φ45×150

图 5-33　配合工件（二）套

零件右端加工步骤如下。

①调头装夹 ϕ35 mm 部分(校正)。

②切削端面保证总长。

③粗、精加工零件右端轮廓至尺寸要求。

④切槽 6 mm×2 mm 至尺寸要求。

⑤粗、精加工螺纹至尺寸要求。

(4)加工零件 2 内轮廓。

①零件 2 调头装夹(校正)。

②车端面至总长要求。

③钻中心孔、钻孔 ϕ18×35。

④粗、精加工零件 2 内孔至尺寸要求。

(5)加工零件 3 内螺纹。

①零件 3 调头装夹(校正)。

②车端面至总长要求。

③粗、精加工零件 3 内孔至尺寸要求。

④粗、精加工内螺纹至尺寸要求。

2)件 1 刀具卡

实训课题		5.10	零件名称	配合件二件 1	零件图号	5-10-1
序号	刀具号	刀具名称及规格	刀尖半径 R/mm	刀尖位置 T	数量/个	加工表面
(1)	T0101	90°硬质合金右偏刀	0.4	3	1	外轮廓表面
(2)	T0202	90°硬质合金右偏刀	0.4	3	1	外轮廓表面
(3)	T0303	车槽刀	B=4 mm		1	
(4)	T0404	60°外螺纹车刀	0.2	0	1	

3)件 1 工序卡

材料	45 号钢	零件图号	5-10-1	系统	FANUC oi	工序号	001
程序名		机床设备	CAK6140		夹具名称	三爪自定心卡盘	
操作序号	工步内容(走刀路线)		G 功能	T 刀具	切削用量		
					转速 S/(r/min)	进给速度 F/(mm/r)	切削深度 α_p/mm
(1)	粗车工件外轮廓(左)						
(2)	精车工件外轮廓(左)						
(3)	粗车工件外轮廓(右)						
(4)	精车工件外轮廓(右)						
(5)	切削 4×2 退刀槽						
(6)	车削螺纹						

4)件 2、件 3 刀具卡

实训课题		5.10	零件名称	配合件 件 2、件 3	零件图号	5-10-2
序号	刀具号	刀具名称及规格	刀尖半径 *R*/mm	刀尖位置 *T*	数量/个	加工表面
(1)		中心钻			1	右端面
(2)		ϕ18 mm 钻头			1	钻孔
(3)	T0101	93°右偏外圆刀	0.4	3	1	外轮廓表面
(4)	T0202	车断刀	*B* = 4 mm			车断
(5)	T0303	镗孔刀	0.4	2	1	镗孔
(6)	T0404	60°内螺纹车刀	0.2	0	1	车削内螺纹

5)件 2、件 3 工序卡

材料	45 号钢	零件图号	5-10-2	系统	FANUC oi	工序号	002
程序名		机床设备	CAK6140		夹具名称	三爪自定心卡盘	
操作序号	工步内容(走刀路线)		G 功能	T 刀具	切削用量		
					转速 *S*/(r/min)	进给速度 *F*/(mm/r)	切削深度 α_p/mm
(1)	中心钻						
(2)	钻孔						
(3)	粗车件 3 外轮廓(左)						
(4)	精车件 3 外轮廓(左)						
(5)	粗精镗内倒角						
(6)	切断						
(7)	粗车件 2 外轮廓(右)						
(8)	精车件 2 外轮廓(右)						
(9)	切断						
(10)	中心钻						
(11)	钻孔						
(12)	粗镗孔件 2						
(13)	精镗孔件 2						
(14)	粗镗孔件 3						
(15)	精镗孔件 3						
(16)	车内 M18×1.5 内螺纹						

3. 注意事项

(1)操作时间:240 min。

(2)准确计算出内、外锥及锥端倒角的坐标。

(3)二次装夹后,不能损伤零件已加工表面。

4. 实训报告

<table>
<tr><td colspan="6">数控车削技能实训报告单</td></tr>
<tr><td>机床号</td><td></td><td>班级</td><td></td><td>姓名</td><td></td></tr>
<tr><td>基点计算</td><td colspan="5"></td></tr>
<tr><td>零件程序</td><td colspan="5"></td></tr>
<tr><td>问题分析</td><td colspan="5"></td></tr>
<tr><td>学习心得</td><td colspan="5"></td></tr>
<tr><td>教师评价</td><td colspan="5">指导教师:</td></tr>
</table>

5. 评分标准

考核评分表							
检查项目			技术要求	配分	评分标准	检查结果	得分
件 1	外圆	1	$\phi38_{-0.062}^{0}$ mm $Ra1.6$ μm	3/1	超差 0.02 扣 2 分、降级无分		
		2	$\phi25_{-0.052}^{0}$ mm $Ra1.6$ μm	3/1	超差 0.02 扣 2 分、降级无分		
		3	$\phi20_{-0.052}^{0}$ mm $Ra1.6$ μm	3/1	超差 0.02 扣 2 分、降级无分		
	沟槽	4	4 mm × 2 mm	2	降级无分		
	螺纹	5	M18 × 1.5-6g	5	降级无分		
	圆锥	6	1∶5	2	不符无分		
	同轴度	7	$\phi0.05$ mm	3	超差无分		
	长度	8	(79 ± 0.15) mm	3	超差无分		
		9	25 mm	1	降级无分		
		10	24 mm	1	降级无分		
		11	15 mm	1	降级无分		
		12	10 mm	1	降级无分		
	倒角	13	2 处 $C1$	1	不符无分		
件 2	外圆	14	$\phi38_{-0.062}^{0}$ mm $Ra1.6$ μm	3/1	超差 0.02 扣 2 分、降级无分		
		15	$\phi30_{-0.052}^{0}$ mm $Ra3.2$ μm	3/1	超差 0.02 扣 2 分、降级无分		
	内孔	16	$\phi20_{0}^{+0.033}$ mm $Ra1.6$ μm	3/1	超差 0.02 扣 2 分、降级无分		
	圆锥	17	1∶5	3	不符无分		
	长度	18	35 mm	2	降级无分		
		19	25 mm	2	降级无分		
		20	5 mm	2	降级无分		
	同轴度	21	$\phi0.05$ mm	3	超差无分		
件 3	外圆	22	$\phi38_{-0.062}^{0}$ mm $Ra1.6$ μm	3/1	超差 0.02 扣 2 分、降级无分		
		23	$\phi30_{-0.062}^{0}$ mm $Ra3.2$ μm	3/1	超差 0.02 扣 2 分、降级无分		
	螺纹	24	M18 mm × 1.5 mm	5	超差无分		
	长度	25	15 mm	2	降级无分		
		26	5 mm	2	降级无分		

配合	27	螺纹配合	5	不符无分		
	28	锥配	5	不符无分		
	29	0.2～0.5 mm	5	不符无分		
	30	$10_{-0.2}^{\ 0}$ mm	5	超差无分		
	31	(81±0.2) mm	5	超差无分		
其他	32	未注倒角 C0.5	2	不符无分		
	33	遵守安全操作规程		违反扣 2 分/次		
总配分			100	总得分		
加工开始时间：				加工日期：	检查：	
加工结束时间：				加工时间：	评分：	

6. 常用量具——内测千分尺

内测千分尺的使用方法：

(1) 图 5-34 所示为内测千分尺。测量前应先清洁测量面，并校准零位。

(2) 测量内孔时，将其测量触头测量面支撑在被测量表面上，调整微分筒，使微分筒一侧的测量面在孔的径向界面内摆动，找出最小尺寸。然后拧紧固定螺钉，取出并读数。

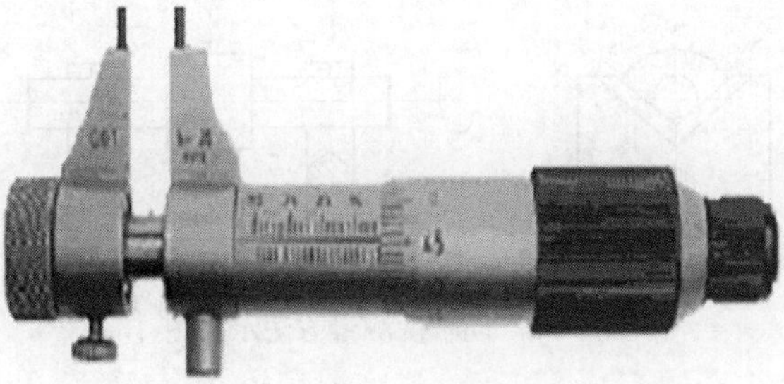

图 5-34　内测千分尺

7. 常用量具——量块

量块通过两个测量面之间的长度来复现长度量值，是单值实物量具，如图 5-35 所示。

图 5-35　量块

量块是在长度计量工作中经常使用的计量器具，主要有以下几种功能。

(1) 作为长度标准，传递尺寸量值。

(2) 用于检定测量仪器的示值误差。

(3)作为标准件,用比较法测量工件尺寸,或用来校准、调整测量器具的零位。

(4)用于直接测量零件尺寸。

(5)用于精密机床的调整和机械加工中精密划线。对长度计量单位的统一和量值传递准确可靠起着重要作用。

注意:一定要避免用手直接抓取量块,特别是使用后清洗放置阶段,否则很容易生成锈斑。不要直接接触量块的测量面,对于比较大的量块,使用的时候可以配戴手套然后抓取非工作面。测量过程不可以用手(即使戴着手套)握着量块,这是出于温度影响的考虑。几天不用清洗放置时要注意手套接触过的部位,清洗并涂油。存储时尽量避免自然光直接照射。

8. 同轴度的测量方法

1)方法一:打表测量法

用两个相同的刃口状V形架支承基准部位,然后用打表法测量被测部位。

(1)测量器具准备:百分表、表座、表架、刃口状V形架、平板、被测件、全棉布数块、防锈油等。

(2)测量步骤如下。

①将准备好的刃口状V形架放置在平板上,并调整水平。

②将被测零件基准轮廓要素的中截面(两端圆柱的中间位置)放置在两个等高的刃口状V形架上,基准轴线由V形架模拟,如图5-36所示。

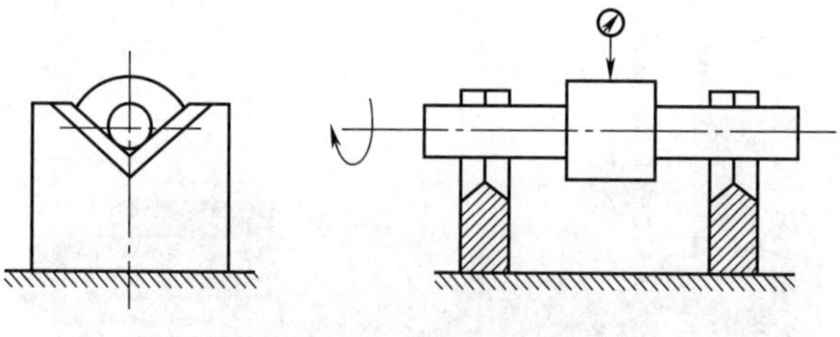

图5-36　同轴度测量方法示意图

③安装好百分表、表座、表架,调节百分表,使测头与工件被测外表面接触,并有1~2圈的压缩量。

④缓慢而均匀地转动工件一周,并观察百分表指针的波动,取最大读数 M_{max} 与最小读数 M_{min} 的差值之半,作为该截面的同轴度误差。

⑤转动被测零件,按上述方法测量四个不同截面(截面 A、B、C、D),取各截面测得的最大读数 M_{imax} 与最小读数 M_{imin} 差值之半中的最大值(绝对值)作为该零件的同轴度误差。

⑥完成检测报告,整理实验器具。

(3)数据处理。

①先计算出单个测量截面上的同轴度误差值,即 $\Delta=(M_{max}-M_{min})/2$。

②取各截面上测得的同轴度误差值中的最大值,作为该零件的同轴度误差。

(4)检测报告。按步骤完成测量并将被测件的相关信息及测量结果填入检测报告单中,并检验零件的行为误差是否合格。

2)方法二:利用数据采集仪连接百分表测量法

(1)测量仪器:偏摆仪、百分表、数据采集仪。

(2)测量原理:数据采集仪会从百分表中自动读取测量数据的最大值和最小值,然后由数据采集仪软件中的计算软件自动计算出所测产品的圆度误差,最后数据采集仪会自动判断所测零件的同轴度误差是否在同轴度范围内。如果所测同轴度误差大于同轴度公差值,采集仪会自动发出报警功能,提醒相关操作人员该产品不合格。测量效果如图 5-37 所示。

图 5-37　数据采集仪连接百分表测量同轴度误差示意图

(3)使用此方法有以下几方面的优势。

①无须人工用肉眼去读数,可以减少由于人工读数产生的误差。

②无须人工去处理数据,数据采集仪会自动计算出同轴度误差值。

③测量结果报警,一旦测量结果不在同轴度公差带时,数据采集仪就会自动报警。

5.11　其他零件加工实训

1. 阶梯轴的加工实训

图 5-38 所示为阶梯轴的加工项目图样。

2. 锥面零件的加工实训

图 5-39 所示为锥面零件的加工项目图样。

3. 球面零件的加工实训

图 5-40 所示为球面零件的加工项目图样。

4. 槽的加工实训

如图 5-41 所示为槽的加工项目图样。

5. 套的加工实训

图 5-42 所示为套的加工项目图样。

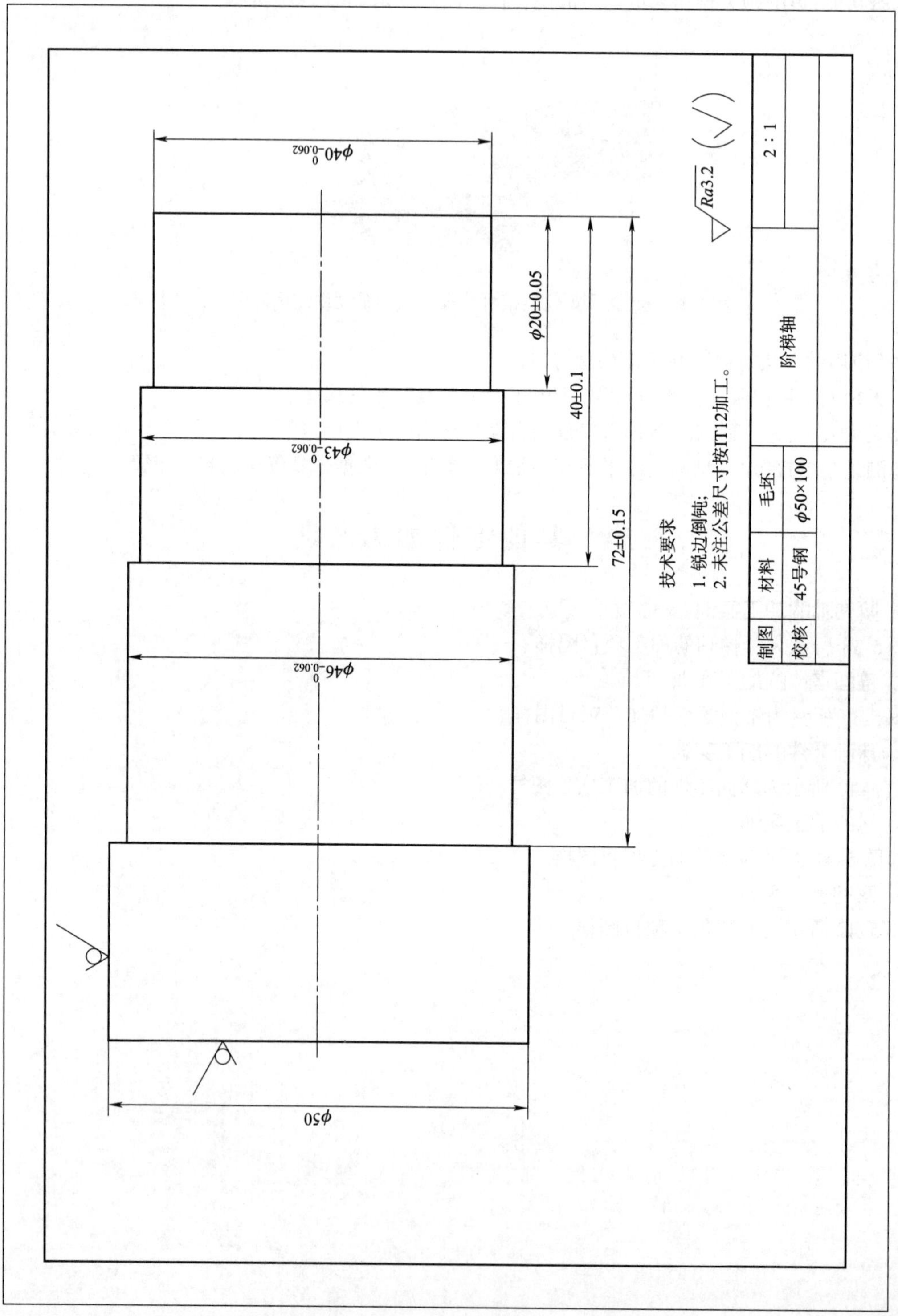

φ40 0 -0.062
φ20±0.05
40±0.1
72±0.15
φ43 0 -0.062
φ46 0 -0.062
φ50
Ra3.2
技术要求
1. 锐边倒钝;
2. 未注公差尺寸按IT12加工。
阶梯轴
2 : 1
制图
校核
材料
45号钢
毛坯
φ50×100

图 5-38 阶梯轴

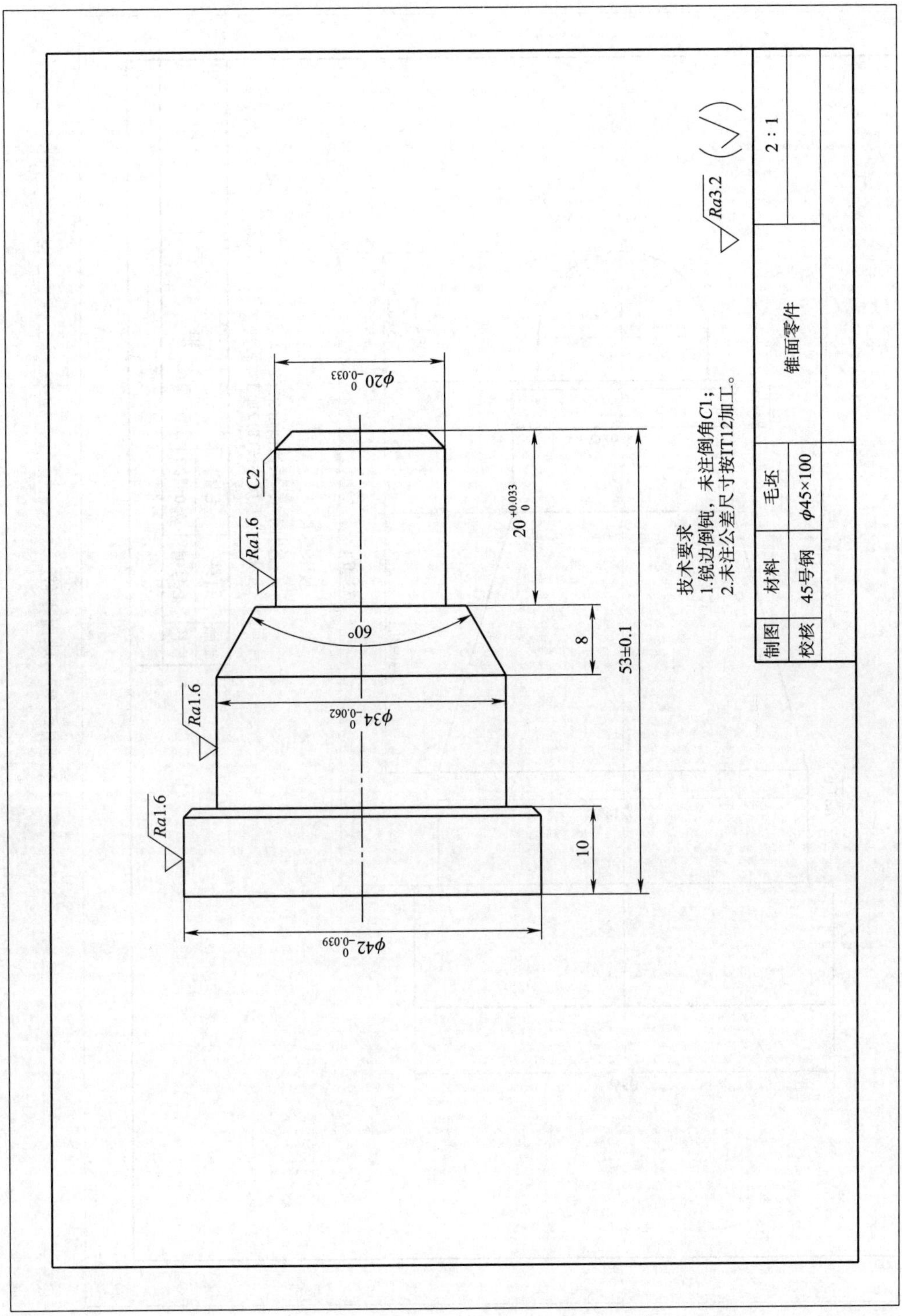
φ20 0 −0.033
C2
Ra1.6
20 +0.033 0
60°
8
53±0.1
Ra1.6
φ34 0 −0.062
Ra1.6
10
φ42 0 −0.039
Ra3.2 (√)
技术要求
1.锐边倒钝，未注倒角C1；
2.未注公差尺寸按IT12加工。
2∶1
锥面零件
制图
校核
材料
45号钢
毛坯
φ45×100

图 5-39　锥面零件

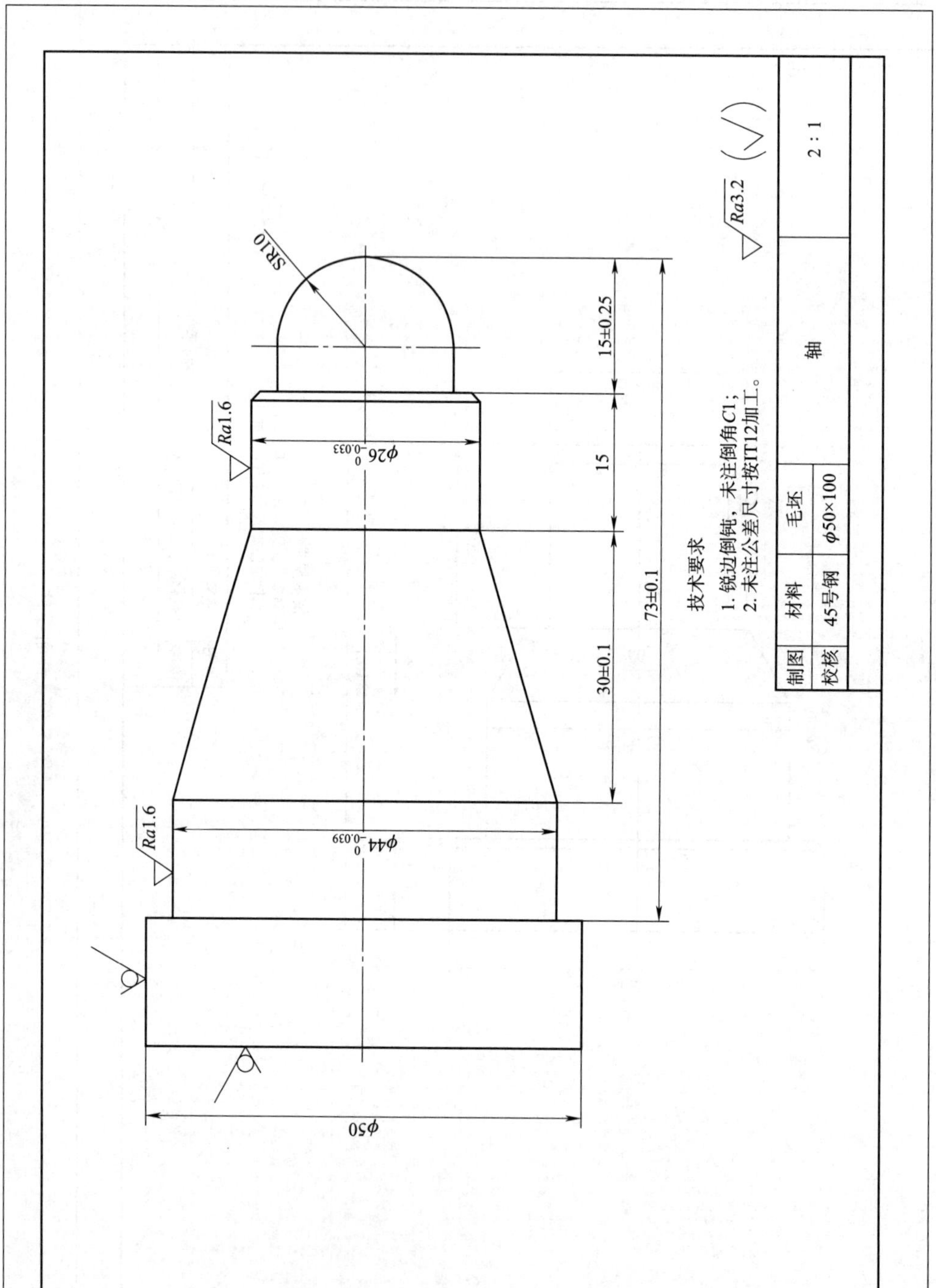
SR10
15±0.25
15
30±0.1
73±0.1
Ra1.6
Ra1.6
Ra3.2
φ26 0 −0.033
φ44 0 −0.039
φ50
技术要求
1. 锐边倒钝，未注倒角C1；
2. 未注公差尺寸按IT12加工。
轴
2 : 1
制图
校核
材料
45号钢
毛坯
φ50×100

图 5-40　球面零件

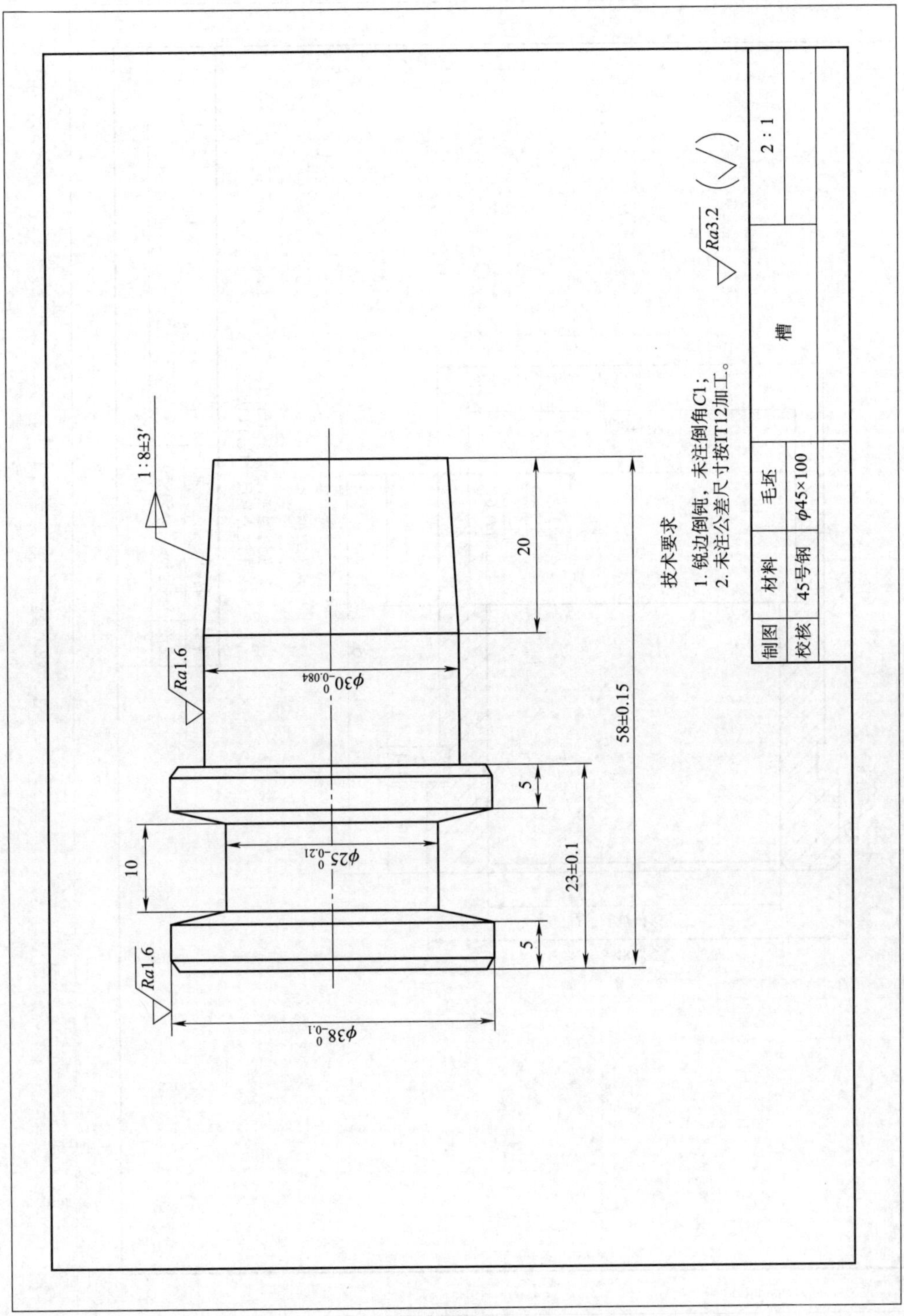
1:8±3′
20
58±0.15
5
23±0.1
10
5
Ra1.6
Ra1.6
$\phi30^{\ 0}_{-0.084}$
$\phi25^{\ 0}_{-0.21}$
$\phi38^{\ 0}_{-0.1}$
技术要求
1. 锐边倒钝，未注倒角C1；
2. 未注公差尺寸按IT12加工。
Ra3.2
制图
校核
材料
45号钢
毛坯
φ45×100
槽
2 : 1

图 5-41　槽

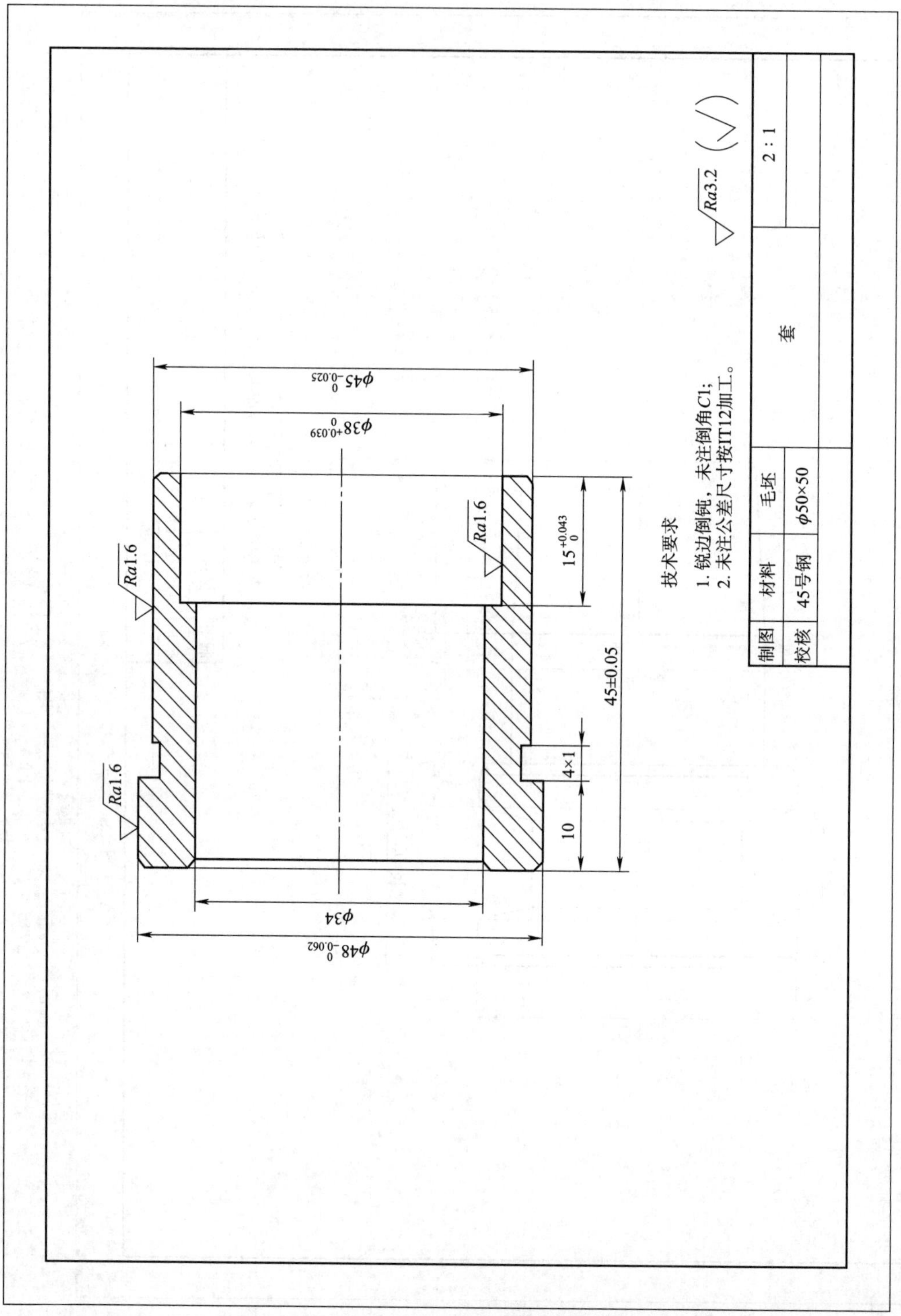
φ45$^{0}_{-0.025}$
φ38$^{+0.039}_{0}$
Ra1.6
Ra1.6
Ra1.6
15$^{+0.043}_{0}$
45±0.05
4×1
10
φ34
φ48$^{0}_{-0.062}$
Ra3.2
技术要求
1. 锐边倒钝，未注倒角C1;
2. 未注公差尺寸按IT12加工。
套
2 : 1
制图
校核
材料
45号钢
毛坯
φ50×50

图 5-42　套

参 考 文 献

[1]高枫,肖伟宁. 数控车削编程与操作训练[M].北京:高等教育出版社,2004.
[2]华茂发. 数控机床加工工艺[M].北京:机械工业出版社,2010.
[3]陈海魁. 机械制造工艺机床[M].北京:中国劳动社会保障出版社,2007.
[4]中国机械工业教育学会. 数控技术[M].北京:机械工业出版社,2001.

参考文献

[illegible]